国家重点研发计划项目"国家重要生态保护地生态功能协同提升与综合管控技术研究与示范"（2017YFC0506400）成果

自然保护地功能协同提升研究与示范丛书

中国自然保护地分类与空间布局研究

钟林生　虞　虎　等　著

科学出版社

北　京

内 容 简 介

本书基于中国重要自然保护地基础数据,系统梳理中国自然保护地的发展现状与问题;结合区域社会经济发展环境,探讨中国重要自然保护地(自然保护区、风景名胜区、森林公园、地质公园、湿地公园等)的布局特点,分析自然保护地空间合理布局要素,提出中国自然保护地分类系统,形成中国自然保护地优化布局方案,构建符合中国国情的自然保护地体系,以期为中国自然保护地体系建设提供技术支撑。

本书适合从事国家公园、自然保护区和自然公园等自然保护地管理和科研工作的人员参考使用;适合生态学、林学和地理学等高年级学生作为专业参考书。

审图号:GS 京(2022)0214 号

图书在版编目(CIP)数据

中国自然保护地分类与空间布局研究/钟林生等著. —北京:科学出版社,2022.10
(自然保护地功能协同提升研究与示范丛书)
ISBN 978-7-03-072500-4

Ⅰ.①中… Ⅱ.①钟… Ⅲ.①自然保护区–分类–研究–中国 ②自然保护区–空间规划–研究–中国 Ⅳ.①S759.992

中国版本图书馆 CIP 数据核字(2022)第 099251 号

责任编辑:马 俊 孙 青 / 责任校对:郑金红
责任印制:吴兆东 / 封面设计:刘新新

科 学 出 版 社 出版
北京东黄城根北街 16 号
邮政编码:100717
http://www.sciencep.com
北京建宏印刷有限公司 印刷
科学出版社发行 各地新华书店经销
*
2022 年 10 月第 一 版 开本:720×1000 1/16
2023 年 1 月第二次印刷 印张:14
字数:282 000
定价:198.00 元
(如有印装质量问题,我社负责调换)

本书著者委员会

主　任

钟林生

副主任

虞　虎

成　员

钟林生　虞　虎　张天新

张香菊　吴昱芳　曾瑜皙

陈东军　肖练练　朱冬芳

丛 书 序

　　自 1956 年建立第一个自然保护区以来，经过 60 多年的发展，我国已经形成了不同类型、不同级别的自然保护地与不同部门管理的总体格局。到 2020 年底，各类自然保护地数量约 1.18 万个，约占我国国土陆域面积的 18%，对保障国家和区域生态安全、保护生物多样性及重要生态系统服务发挥了重要作用。

　　随着我国自然保护事业进入了从"抢救性保护"向"质量性提升"的转变阶段，两大保护地建设和管理中长期存在的问题亟待解决：一是多部门管理造成的生态系统完整性被人为割裂，各类型保护地区域重叠、机构重叠、职能交叉、权责不清，保护成效低下；二是生态保护与经济发展协同性不够造成生态功能退化、经济发展迟缓，严重影响了区域农户生计保障与参与保护的积极性。中央高度重视国家生态安全保障与生态保护事业发展，继提出生态文明建设战略之后，于 2013 年在《中共中央关于全面深化改革若干重大问题的决定》中首次明确提出"建立国家公园体制"，随后，《中共中央国务院关于加快推进生态文明建设的意见》（2015 年）、《建立国家公园体制总体方案》（2017 年）和《关于建立以国家公园为主体的自然保护地体系的指导意见》（2019 年）等一系列重要文件，均明确提出将建立统一、规范、高效的国家公园体制作为加快生态文明体制建设和加强国家生态环境保护治理能力的重要途径。因此，开展自然保护地生态经济功能协同提升和综合管控技术研究与示范尤为重要和迫切。

　　在当前关于国家公园、自然保护地、生态功能区的研究团队众多、成果颇为丰硕的背景下，国家在重点研发计划"典型脆弱生态修复与保护研究"专项下支持了"国家重要生态保护地生态功能协同提升与综合管控技术研究与示范"项目，非常必要，也非常及时。这个项目的实施，正处于我国国家公园体制改革试点和自然保护地体系建设的关键时期，这虽然为项目研究增加了困难，但也使研究的成果有机会直接服务于国家需求。

　　很高兴看到闵庆文研究员为首席科学家的研究团队，经过 3 年多的努力，完成了该国家重点研发计划项目，并呈现给我们"自然保护地功能协同提升研究与示范丛书"等系列成果。让我特别感到欣慰的是，这支由中国科学院地理科学与资源研究所，以及中国科学院西北高原生物研究所和水生生物研究所、中国林业科学研究院、生态环境部环境规划院、北京大学、北京师范大学、中央民族大学、上海师范大学、神农架国家公园管理局等单位年轻科研人员组成的科研团队，克服重重困难，较好地完成了任务，并取得了丰硕成果。

从所形成的成果看，项目研究围绕自然保护地空间格局与功能、多类型保护地交叉与重叠区生态保护和经济发展协调机制、国家公园管理体制与机制等3个科学问题，综合了地理学、生态学、经济学、自然保护学、区域发展科学、社会学与民族学等领域的研究方法，充分借鉴国际先进经验并结合我国国情，从全国尺度着眼，以多类型保护地集中区和国家公园体制试点区为重点，构建了我国自然保护地空间布局规划技术与管理体系，集成了生态资产评估与生态补偿方法，创建了多类型保护地集中区生态保护与经济发展功能协同提升的机制与模式，提出了适应国家公园体制改革与国家公园建设新趋势的优化综合管理技术，并在三江源与神农架国家公园体制试点区进行了应用示范，为脆弱生态系统修复与保护、国家生态安全屏障建设、国家公园体制改革和国家公园建设提供了科技支撑。

欣慰之余，不由回忆起自己在自然保护地研究生涯中的一些往事。在改革开放之初，我曾有幸陪同侯学煜、杨含熙和吴征镒三位先生，先后考察了美国、英国和其他一些欧洲国家的自然保护区建设。之后，我和赵献英同志合作，于1984年在商务印书馆发表了《中国的自然保护区》，1989年在外文出版社发表了 *China's Nature Reserve*。1984～1992年，通过国家的推荐和大会的选举，我进入世界自然保护联盟（IUCN）理事会，担任该组织东亚区的理事，并承担了其国家公园和保护区委员会的相关工作。从1978年成立人与生物圈计划（MAB）中国国家委员会伊始，我就参与其中，还曾于1986～1990年担任过两届MAB国际协调理事会主席和执行局主席，1990年在MAB中国国家委员会秘书处兼任秘书长，之后一直担任副主席。

回顾自然保护地的发展历程，结合我个人的亲身经历，我看到了它如何从无到有、从向国际先进学习到结合我国自己的具体情况不断完善、不断创新的过程和精神。正是这种努力奋斗、不断创新的精神，支持了我们中华民族的伟大复兴。我国正处于一个伟大的时代，生态文明建设已经上升为国家战略，党和政府对于生态保护给予了前所未有的重视，研究基础和条件也远非以前的研究者所能企及，年轻的生态学工作者们理应做出更大的贡献。已届"鲐背之年"，我虽然不能和大家一起"冲锋陷阵"，但依然愿意尽自己的绵薄之力，密切关注自然保护事业在新形势下的不断创新和发展。

特此为序！

中国工程院院士

2021年9月5日

丛书前言

2016年10月,科技部发布的《"典型脆弱生态修复与保护研究"重点专项2017年度项目申报指南》(以下简称《指南》)指出:为贯彻落实《关于加快推进生态文明建设的意见》,按照《关于深化中央财政科技计划(专项、基金等)管理改革的方案》要求,科技部会同环境保护部、中国科学院、林业局等相关部门及西藏、青海等相关省级科技主管部门,制定了国家重点研发计划"典型脆弱生态修复与保护研究"重点专项实施方案。该专项紧紧围绕"两屏三带"生态安全屏障建设科技需求,重点支持生态监测预警、荒漠化防治、水土流失治理、石漠化治理、退化草地修复、生物多样性保护等技术模式研发与典型示范,发展生态产业技术,形成典型退化生态区域生态治理、生态产业、生态富民相结合的系统性技术方案,在典型生态区开展规模化示范应用,实现生态、经济、社会等综合效益。

在《指南》所列"国家生态安全保障技术体系"项目群中,明确列出了"国家重要生态保护地生态功能协同提升与综合管控技术"项目,并提出了如下研究内容:针对我国生态保护地(自然保护区、风景名胜区、森林公园、重要生态功能区等)类型多样、空间布局不尽合理、管理权属分散的特点,开展国家重要生态保护地空间布局规划技术研究,提出科学的规划技术体系;集成生态资源资产评估与生态补偿研究方法与成果,凝练可实现多自然保护地集中区域生态功能协同提升、区内农牧民增收的生态补偿模式,开发区内社区经济建设与自然生态保护协调发展创新技术;适应国家公园建设新趋势,研究多种类型自然保护地交叉、重叠区优化综合管理技术,选择国家公园体制改革试点区进行集成示范,为建立国家公园生态保护和管控技术、标准、规范体系和国家公园规模化建设与管理提供技术支撑。

该项目所列考核指标为:提出我国重要保护地空间布局规划技术和规划编制指南;集成多类型保护地区域国家公园建设生态保护与管控的技术标准、生态资源资产价值评估方法指南与生态补偿模式;在国家公园体制创新试点区域开展应用示范,形成园内社会经济和生态功能协同提升的技术与管理体系。

根据《指南》要求,在葛全胜所长等的鼓励下,我们迅速组织了由中国科学院地理科学与资源研究所、西北高原生物研究所、水生生物研究所,中国林业科学研究院,生态环境部环境规划院,北京大学,北京师范大学,中央民族大学,上海师范大学，神农架国家公园管理局等单位专家组成的研究团队，开始了紧张的准备工作，并按照要求提交了"国家重要生态保护地生态功能协同提升与综合管控技术研究与示范"项目申请书和经费预算书。项目首席科学家由我担任，项目设 6 个课题，分别由中国科学院地理科学与资源研究所钟林生研究员、中央民族大学桑卫国教授、北京师范大学曾维华教授、中国科学院地理科学与资源研究所闵庆文研究员、中国科学院西北高原生物研究所张同作研究员、中国科学院水生生物研究所蔡庆华研究员担任课题负责人。

颇为幸运也让很多人感到意外的是，我们的团队通过了由管理机构中国 21 世纪议程管理中心（以下简称"21 世纪中心"）2017 年 3 月 22 日组织的视频答辩评审和 2017 年 7 月 4 日组织的项目考核指标审核。项目执行期为 2017 年 7 月 1 日至 2020 年 6 月 30 日；总经费为 1000 万元，全部为中央财政经费。

2017 年 9 月 8 日，项目牵头单位中国科学院地理科学与资源研究所组织召开了项目启动暨课题实施方案论证会。原国家林业局国家公园管理办公室褚卫东副主任和陈君帜副处长，住房和城乡建设部原世界遗产与风景名胜管理处李振鹏副处长，原环境保护部自然生态保护司徐延达博士，中国科学院科技促进发展局资源环境处周建军副研究员，中国科学院地理科学与资源研究所葛全胜所长和房世峰主任等有关部门领导，中国科学院地理科学与资源研究所李文华院士、时任副所长于贵瑞院士，中国科学院成都生物研究所时任所长赵新全研究员，北京林业大学原自然保护区学院院长雷光春教授，中国科学院生态环境研究中心王效科研究员，中国环境科学研究院李俊生研究员等评审专家，以及项目首席科学家、课题负责人与课题研究骨干、财务专家、有关媒体记者等 70 余人参加了会议。

国家发展改革委社会发展司彭福伟副司长（书面讲话）和褚卫东副主任、李振鹏副处长和徐延达博士分别代表有关业务部门讲话，对项目的立项表示祝贺，肯定了项目所具备的现实意义，指出了目前我国重要生态保护地管理和国家公园建设的现实需求，并表示将对项目的实施提供支持，指出应当注重理论研究和实践应用的结合，期待项目成果为我国生态保护地管理、国家公园体制改革和以国家公园为主体的中国自然保护地体系建设提供科技支撑。周建军副研究员代表中国科学院科技促进发展局资源环境处对项目的立项表示祝贺，希望项目能够在理论和方法上有所创新，在实施过程中加强各课题、各单位的协同，使项目成果能够落地。葛全胜所长、于贵瑞副所长代表中国科学院地理科学与资源研究所对项目的立项表示祝贺，要求项目团队在与会各位专家、领导的指导下圆满完成任务，并表示将大力支持项目的实施，确保顺利完成。我作为项目首席科学家，从立项背景、研究目标、研究内容、技术路线、预期成果与考核指标等方面对项目作了简要介绍。

在专家组组长李文华院士主持下，评审专家听取了各课题汇报，审查了课题实施方案材料，经过质询与讨论后一致认为：项目各课题实施方案符合任务书规定的研发内容和目标要求，技术路线可行、研究方法适用；课题组成员知识结构合理，课题承担单位和参加单位具备相应的研究条件，管理机制有效，实施方案合理可行。专家组一致同意通过实施方案论证。

2017 年 9 月 21 日，为切实做好专项项目管理各项工作、推动专项任务目标有序实施，21 世纪中心在北京组织召开了"典型脆弱生态修复与保护研究"重点专项 2017 年度项目启动会，并于 22 日组织召开了"国家重要生态保护地生态功能协同提升与综合管控技术研究与示范"（2017YFC0506400）实施方案论证。以孟平研究员为组长的专家组听取了项目实施方案汇报，审查了相关材料，经质疑与答疑，形成如下意见：该项目提供的实施方案论证材料齐全、规范，符合论证要求。项目实施方案思路清晰，重点突出；技术方法适用，实施方案切实可行。专家组一致同意通过项目实施方案论证。专家组建议：①注重生态保护地与生态功能"协同"方面的研究；②关注生态保护地当地社区民众的权益；③进一步加强项目技术规范的凝练和产出，服务于专项总体目标。

经过 3 年多的努力工作，项目组全面完成了所设计的各项任务和目标。项目实施期间，正值我国国家公园体制改革试点和自然保护地体系建设的重要时期，改革的不断深化和理念的不断创新，对于项目执行而言既是机遇也是挑战。我们按照项目总体设计，并注意跟踪现实情况的变化，既保证科学研究的系统性，也努力服务于国家现实需求。

在 2019 年 5 月 23 日的项目中期检查会上，以舒俭民研究员为组长的专家组，给出了"按计划进度执行"的总体结论，并提出了一些具体意见：①项目在多类型保护地生态系统健康诊断与资产评估、重要生态保护地承载力核算与经济生态协调性分析、生态功能协同提升、国家公园体制改革与自然保护地体系建设、国家公园建设与管理以及三江源与神农架国家公园建设等方面取得了系列阶段性成果，已发表学术论文 31 篇（其中 SCI 论文 8 篇），出版专著 1 部，获批软件著作权 2 项，提出政策建议 8 份（其中 2 份获得批示或被列入全国政协大会提案），完成图集、标准、规范、技术指南等初稿 7 份，完成硕/博士学位论文 5 篇，4 位青年骨干人员晋升职称。完成了预定任务，达到了预期目标。②项目组织管理符合要求。③经费使用基本合理。并对下一阶段工作提出了建议：①各课题之间联系还需进一步加强；注意项目成果的进一步凝练，特别是在国家公园体制改革区的应用。②加强创新性研究成果的产出和凝练，加强成果对国家重大战略的支撑。

在 2021 年 3 月 25 日举行的课题综合绩效评价会上，由中国环境科学研究院舒俭民研究员（组长）、国家林业和草原局调查规划设计院唐小平副院长、北京林业大学雷光春教授、中国矿业大学（北京）胡振琪教授、中国农业科学院杨庆文研究员、国务院发展研究中心苏杨研究员、中国科学院生态环境研究中心徐卫华研究员等组成的专家组，在听取各课题负责人汇报并查验了所提供的有关材料后，经质疑与讨论，所有课题均顺利通过综合绩效评价。

"自然保护地功能协同提升研究与示范丛书"即是本项目成果的最主要体现，汇集了项目及各课题的主要研究成果，是 10 家单位 50 多位科研人员共同努力的结果。丛书包含 7 个分册，分别是《自然保护地功能协同提升和国家公园综合管理的理论、技术与实践》《中国自然保护地分类与空间布局研究》《保护地生态资产评估和生态补偿理论与实践》《自然保护地经济建设和生态保护协同发展研究方法与实践》《国家公园综合管理的理论、方法与实践》《三江源国家公园生态经济功能协同提升研究与示范》《神农架国家公园体制试点区生态经济功能协同提升研究与示范》。

除这套丛书之外，项目组成员还编写发表了专著《神农架金丝猴及其生境的研究与保护》和《自然保护地和国家公园规划的方法与实践应用》，并先后发表学术论文 107 篇（其中 SCI 论文 35 篇，核心期刊论文 72 篇），获得软件著作权 7 项，培养硕士和博士研究生及博士后研究人员 25 名，还形成了以指南和标准、咨询报告和政策建议等为主要形式的成果。其中《关于国家公园体制改革若干问题的提案》《关于加强国家公园跨界合作促进生态系统完整性保护的提案》《关于在国家公园与自然保护地体系建设中注重农业文化遗产发掘与保护的提案》《关于完善中国自然保护地体系的提案》等作为提案被提交到 2019～2021 年的全国政协大会。项目研究成果凝练形成的 3 项地方指导性规划文件[《吉林红石森林公园功能区调整方案》《黄山风景名胜区生物多样性保护行动计划（2018—2030 年）》《三江源国家公园数字化监测监管体系建设方案》]，得到有关地方政府或管理部门批准并在工作中得到实施。16 项管理指导手册，其中《国家公园综合管控技术规范》《国家公园优化综合管理手册》《多类型保护地生态资产评估标准》《生态功能协同提升的国家公园生态补偿标准测算方法》《基于生态系统服务消费的生态补偿模式》《多类型保护地生态系统健康评估技术指南》《基于空间优化的保护地生态系统服务提升技术》《多类型保护地功能分区技术指南》《保护地区域人地关系协调性甄别技术指南》《多类型保护地区域经济与生态协调发展路线图设计指南》《自然保护地规划技术与指标体系》《自然保护地（包括重要生态保护地和国家公园）规划编制指南》通过专家评审后，提交到国家林业和草原局。项目相关研究内容及结论在国家林业和草原局办公室关于征求《国家公园法（草案）（征求意见稿）》《自然保护地法（草案第二稿）（征求意见稿）》的反馈意见中得到应用。2021 年 6 月 7 日，国家林业和草原局自然保护地司发函对项目成果给予肯定，函件内容如下。

"国家重要生态保护地生态功能协同提升与综合管控技术研究与示范"项目组：

"国家重要生态保护地生态功能协同提升与综合管控技术研究与示范"项目是国家重点研发计划的重要组成部分，热烈祝贺项目组的研究取得了丰硕成果。

该项目针对我国自然保护地体系优化、国家公园体制建设、自然保护地生态功能协同提升等开展了较为系统的研究，形成了以指南和标准、咨询报告和政策建议等为主要形式的成果。研究内容聚焦国家自然保护地空间优化布局与规划、多类型保护地经济建设与生态保护协调发展、国家公园综合管控、国家公园管理体制改革与机制建设等方面，成果对我国国家公园等自然保护地建设管理具有较高的参考价值。

诚挚感谢以闵庆文研究员为首的项目组各位专家对我国自然保护地事业的关注和支持。期望贵项目组各位专家今后能够一如既往地关注和支持自然保护地事业，继续为提升我国自然保护地建设管理水平贡献更多智慧和科研成果。

国家林业和草原局自然保护地管理司
2021 年 6 月 7 日

在项目执行期间，为促进本项目及课题关于自然保护地与国家公园研究成果的对外宣传，创造与学界同仁交流、探讨和学习的机会，在中国自然资源学会理事长成升魁研究员等的支持下，以本项目成员为主要依托，并联合有关高校和科研单位技术人员成立了"中国自然资源学会国家公园与自然保护地体系研究分会"，并组织了多次学术会议。为了积极拓展项目研究成果的社会效益，项目组还组织开展了"国家公园与自然保护地"科普摄影展，录制了《建设地球上最富人情味的国家公园》科普宣传片。

2021 年 9 月 30 日，中国 21 世纪议程管理中心组织以北京林业大学校长安黎哲教授为组长的项目综合绩效评价专家组，对本项目进行了评价。2022 年 1 月 24 日，中国 21 世纪议程管理中心发函通知：项目综合绩效评价结论为通过，评分为88.12 分，绩效等级为合格。专家组给出的意见为：①项目完成了规定的指标任务，资料齐全完备，数据翔实，达到了预期目标。②项目构建了重要生态保护地空间优化布局方案、规划方法与技术体系，阐明了保护地生态系统生态资产动态评价与生态补偿机制，提出了保护地经济与生态保护的宏观优化与微观调控途径，建立了国家公园生态监测、灾害预警与人类胁迫管理及综合管控技术和管理系统，在三江源、神农架国家公园体制试点区应用与示范。项目成果为国家自然保护地体系优化与综合管理及国家公园建设提供了技术支撑。③项目制定了内部管理制度和组织管理规范，培养了一批博士、硕士研究生及博士后研究人员。建议：进一步推动标准、规范和技术指南草案的发布实施，增强研发成果在国家公园和其他自然保护地的应用。

借此机会，向在项目实施过程中给予我们指导和帮助的有关单位领导和有关专家表示衷心的感谢。特别感谢项目顾问李文华院士和刘纪远研究员、项目跟踪专家舒俭民研究员和赵景柱研究员的指导与帮助，特别感谢项目管理机构中国 21 世纪议程管理中心的支持和帮助，特别感谢中国科学院地理科学与资源研究所及其重大项目办、科研处和其他各参与单位领导的支持及帮助，特别感谢国家林业和草原局（国家公园管理局）自然保护地管理司、国家公园管理办公室，以及三江源国家公园管理局、神农架国家公园管理局、武夷山国家公园管理局和钱江源国家公园管理局等有关部门和机构的支持和帮助。

作为项目负责人，我还要特别感谢项目组各位成员的精诚合作和辛勤工作，并期待未来能够继续合作。

2022 年 3 月 9 日

本 书 前 言

自然保护地是生态文明体制建设的重要空间载体,是中华民族的宝贵财富和建设美丽中国的重要象征,在维护国家生态安全中占据首要地位。自从 20 世纪50 年代以来,中国逐渐建立了自然保护区、风景名胜区、森林公园、地质公园、湿地公园、沙漠公园等多种类型的自然保护地体系。据不完全统计,到 2020 年底我国已建成各类自然保护地约 1.18 万个,其面积约占国土陆域面积的 18%,为促进生物多样性保护、自然遗产保存、生态环境质量改善和国家生态安全维护做出了突出贡献。

然而,伴随着社会经济的快速发展,自然保护地的多头管理、重叠设置、权责不清、保护与发展矛盾和管控措施针对性操作性不强等问题凸显,通过整合优化构建新的自然保护地体系势在必行。2017 年和 2019 年,中共中央办公厅、国务院办公厅相继印发了《建立国家公园体制总体方案》和《关于建立以国家公园为主体的自然保护地体系的指导意见》,明确提出要建立分类科学、布局合理、保护有力、管理有效的以国家公园为主体的自然保护地体系。

在国家重点研发计划课题(2017YFC0506401)资助下,我们开展了国家重要自然保护地空间布局规划技术研究,旨在梳理中国自然生态系统结构和功能,探讨中国重要自然保护地(自然保护区、风景名胜区、森林公园、地质公园、湿地公园等)的布局特点,分析自然保护地空间合理布局要素,提出中国自然保护地分类系统,形成中国自然保护地优化布局方案,构建符合中国国情的自然保护地体系,以期为中国自然保护地体系建设提供技术支撑。

本书是上述研究的成果,构建了中国自然保护地分类体系,并基于现有自然保护地布局合理性评价,开展了国家公园潜在区域识别、自然保护区空缺补充分析、自然公园和资源保存区建设的原则和措施探讨,共同形成了中国自然保护地体系布局优化的参考方案。本书主要撰写人员及分工如下:第一章钟林生、虞虎,第二、第三章钟林生、吴昱芳,第四、第五章张香菊、钟林生,第六、第七、第八章虞虎,第九章钟林生、虞虎,其他参与图书出版工作的人员还包括曾瑜皙、陈东军、肖练练和朱冬芳,全书由钟林生、虞虎共同统稿和修订。

本研究得到诸多领导、专家,包括国家林业和草原局国家公园管理办公室褚卫东副主任,国家林业和草原局调查规划设计院副院长唐小平高级工程师、陈君帜处长、蒋亚芳处长,国务院发展研究中心苏杨研究员,中国科学院地理科学与资源研究所刘纪远研究员、闵庆文研究员、陈田研究员，中央民族大学桑卫国教授，北京师范大学曾维华教授、李晓文副教授，中国科学院水生生物研究所蔡庆华研究员，中国科学院西北高原生物研究所张同作研究员，中国环境科学研究院李俊生研究员，中国林业科学研究院李迪强研究员，北京林业大学雷光春教授、张玉钧教授，中国科学院生态环境研究中心徐卫华研究员，北京大学张天新副教授，中华环境保护基金会房志副秘书长等的支持，在此一并表示诚挚谢意！

  囿于作者的工作能力和学术水平，本书还存在许多不足之处，期望学术界同行和广大读者不吝指正，共同促进中国自然保护地建设的理论和实践发展！

钟林生 虞 虎

中国科学院地理科学与资源研究所

2021 年 12 月

目　　录

丛 书 序
丛书前言
本书前言

第一章　绪论 ………………………………………………………… 1
　　第一节　研究背景 ……………………………………………… 1
　　第二节　研究意义 ……………………………………………… 3
　　第三节　研究目标与内容 ……………………………………… 4
　　第四节　研究方法与技术路线 ………………………………… 6
第二章　自然保护地分类国际经验与国内研究进展 …………… 9
　　第一节　自然保护地定义 ……………………………………… 9
　　第二节　世界自然保护联盟自然保护地分类体系发展历程 … 9
　　第三节　国外自然保护地分类体系经验借鉴 ………………… 12
　　第四节　中国自然保护地分类体系研究进展 ………………… 32
第三章　中国自然保护地分类重构方案 ………………………… 39
　　第一节　现有自然保护地分类依据分析 ……………………… 39
　　第二节　分类原则与目标 ……………………………………… 43
　　第三节　自然保护地体系分类方案 …………………………… 44
第四章　中国自然保护地空间布局研究进展与现状分析 ……… 48
　　第一节　全国尺度的自然保护地空间布局研究进展 ………… 48
　　第二节　自然保护地尺度的空间布局研究进展 ……………… 50
　　第三节　自然保护地保护和利用现状 ………………………… 51
　　第四节　自然保护地布局现状 ………………………………… 56
　　第五节　重要自然保护地布局存在的问题 …………………… 64
第五章　中国重要自然保护地布局合理性评价与优化路径 …… 70
　　第一节　自然保护地布局合理性研究的意义与目的 ………… 70
　　第二节　自然保护地布局合理性评价研究进展 ……………… 72
　　第三节　自然保护地布局合理性评价分析 …………………… 74
　　第四节　自然保护地布局优化路径 …………………………… 84

第六章　中国国家公园建设区域遴选与布局研究 ⋯⋯⋯⋯⋯⋯ 89
　第一节　国家公园概念与设立特点 ⋯⋯⋯⋯⋯⋯⋯⋯⋯⋯⋯ 89
　第二节　国外国家公园设立标准 ⋯⋯⋯⋯⋯⋯⋯⋯⋯⋯⋯⋯ 98
　第三节　中国国家公园设立标准分析 ⋯⋯⋯⋯⋯⋯⋯⋯⋯⋯ 108
　第四节　中国国家公园建设潜在区域遴选 ⋯⋯⋯⋯⋯⋯⋯⋯ 116

第七章　中国国家级自然保护区布局优化研究 ⋯⋯⋯⋯⋯⋯⋯ 140
　第一节　自然保护区发展阶段分析 ⋯⋯⋯⋯⋯⋯⋯⋯⋯⋯⋯ 140
　第二节　自然保护区布局现状和问题 ⋯⋯⋯⋯⋯⋯⋯⋯⋯⋯ 143
　第三节　自然保护区空间布局研究进展 ⋯⋯⋯⋯⋯⋯⋯⋯⋯ 149
　第四节　国家级自然保护区空缺分析 ⋯⋯⋯⋯⋯⋯⋯⋯⋯⋯ 156

第八章　中国国家级自然公园与资源保存区布局优化 ⋯⋯⋯⋯ 173
　第一节　自然公园建设目标与功能 ⋯⋯⋯⋯⋯⋯⋯⋯⋯⋯⋯ 173
　第二节　国外典型国家自然公园发展情况 ⋯⋯⋯⋯⋯⋯⋯⋯ 175
　第三节　中国自然公园的布局特征与存在的问题 ⋯⋯⋯⋯⋯ 177
　第四节　中国自然公园布局优化策略 ⋯⋯⋯⋯⋯⋯⋯⋯⋯⋯ 186
　第五节　中国资源保存区概况与布局优化策略 ⋯⋯⋯⋯⋯⋯ 187

第九章　结论与建议 ⋯⋯⋯⋯⋯⋯⋯⋯⋯⋯⋯⋯⋯⋯⋯⋯⋯⋯ 190
　第一节　研究结论 ⋯⋯⋯⋯⋯⋯⋯⋯⋯⋯⋯⋯⋯⋯⋯⋯⋯⋯ 190
　第二节　研究建议 ⋯⋯⋯⋯⋯⋯⋯⋯⋯⋯⋯⋯⋯⋯⋯⋯⋯⋯ 192

主要参考文献 ⋯⋯⋯⋯⋯⋯⋯⋯⋯⋯⋯⋯⋯⋯⋯⋯⋯⋯⋯⋯⋯ 194

第一章 绪 论

自然保护地是保护生物多样性、改善生态环境质量、保障生态安全最有效的区域。自然保护地可以促进生态系统的自然进化、繁衍、自我平衡，并通过人工生态工程修复受到破坏的生态系统。同时，自然保护地为濒临灭绝的物种和一些分布区域狭小的特化物种提供天然的生存场所，为已经灭绝的生物保存原有的环境，有利于它们未来可能的基因恢复；作为生态建设的基本单位，自然保护地在保留自然本底、储备物种及其基因、保存生物多样性、维护自然生态平衡等方面发挥着重要、积极作用，具有不可替代的位置。因此，建立管理有效的自然保护地体系，一直得到国际社会和世界各国的普遍支持和高度重视。

经过多年探索，中国自然保护地建设在生态保护、规范管理、清晰资源归属、可持续利用和促进社区发展等方面取得了较大的进展。然而，在自然保护地建设过程中出现的类型划分不合理、保护对象完整性割裂、管理条块分割、保护与开发利用存在冲突等各种缺陷，严重阻碍着自然保护地事业的健康发展。党的十八届三中全会明确提出建立国家公园体制，标志着国家公园体制建设作为生态文明建设的重要举措提升到了国家战略层面。2017年和2019年，中共中央办公厅和国务院办公厅联合相继发布了《建立国家公园体制总体方案》和《关于建立以国家公园为主体的自然保护地体系的指导意见》。本研究以此为契机，尝试从科学的角度分析和厘清自然保护地类型划分依据，完善和优化中国自然保护地分类体系与空间布局，为中国国家公园体制的建设提供切实有效的理论借鉴。

第一节 研究背景

生态文明建设是关系人民福祉、关乎民族未来的中国特色社会主义事业的重要内容。为着力推进生态文明建设，更好地满足人民对美好生活的需要，2015年5月颁发的《中共中央 国务院关于加快推进生态文明建设的意见》（中发〔2015〕12号）明确指出要"牢固树立尊重自然、顺应自然、保护自然的理念，坚持绿水青山就是金山银山""建立国家公园体制，实行分级、统一管理，保护自然生态和自然文化遗产原真性、完整性"。2015年9月中共中央、国务院印发的《生态文明体制改革总体方案》（中发〔2015〕25号）明确要求"加强对重要生态系统的保护和永续利用，改革各部门分头设置自然保护区、风景名胜区、文化自然遗产、地质公园、森林公园等的体制,对上述保护地进行功能重组,合理界定国家公园范围"。2017 年 9 月,中共中央办公厅和国务院办公厅印发的《建立国家公园体制总体方案》指出,"建立国家公园体制是党的十八届三中全会提出的重点改革任务,是我国生态文明制度建设的重要内容,对于推进自然资源科学保护和合理利用,促进人与自然和谐共生,推进美丽中国建设,具有极其重要的意义"。因此,以生态环境保护为主要内容的生态文明建设成为中国当前及未来很长一段时间的战略选择。以建立国家公园体制为契机,加强自然保护地建设与管理是生态文明建设的重要内容,是加强保护重要生态系统和物种资源,切实保护珍稀濒危野生动植物及其自然生境的重要途径。

2018 年 3 月,中共中央印发《深化党和国家机构改革方案》。为统一行使全民所有自然资源资产所有者职责,统一行使所有国土空间用途管制和生态保护修复职责,着力解决自然资源所有者不到位、空间规划重叠等问题,国家组建自然资源部,将国土资源部的职责,国家发展和改革委员会的组织编制主体功能区规划职责,住房和城乡建设部的城乡规划管理职责,水利部的水资源调查和确权登记管理职责,农业部的草原资源调查和确权登记管理职责,国家林业局的森林、湿地等资源调查和确权登记管理职责,国家海洋局的职责,国家测绘地理信息局的职责整合,归并到自然资源部。这就为解决自然保护地多头管理、布局不均衡、空间范围交叠等问题提供了契机,同时也对梳理中国保护地建设现状和找准空间布局存在的问题提出了要求。

自 1956 年广东建立鼎湖山自然保护区以来,中国保护地建设已经历时 60 多年,形成了以自然保护区、森林公园、湿地公园、地质公园等为代表的类型多样、数量众多的自然保护地体系。据不完全统计,截至 2020 年底,我国各类自然保护地数量约 1.18 万个,其面积约占国土陆域面积的 18%,无论是在数量上还是在面积上都已居世界前列,奠定了以自然保护为核心的生态文明建设工作基础。但由于"自上而下"的保护地建立方式,保护地布局与地方政府申报积极性、机会成本等紧密相关。这与建立保护地的初衷——保护自然生态环境、维护区域生态安全和为全民提供研究、生态保护、教育、旅游服务的目标有些不相一致。一方面,"自上而下"的保护地建立方式无法覆盖亟须保护的全部自然生态区域。另一方面,政府积极性较高的区域保护地建立会呈集聚状态,一些保护价值不高的区域被划为保护地,致使民众混淆保护地的基本属性和根本宗旨。因此,亟须摸清全国重要自然保护地的布局状况,评价各地和整体的布局合理性,以此为依据进行自然保护地体系的空间调整,从全国层面构建布局合理、功能协调的自然保护地空间格局。

中国自然保护地分类研究始于 20 世纪 80 年代初的全国自然保护区区划工作,将自然保护区划为森林及其他植被类型、野生动物类型和自然历史遗迹 3 个类型,而且有专家进行了研究探索。但原有的分类标准都存在一定的局限，一是在保护地不止一个主要保护对象的情况下，容易出现类别不明的情况；二是无法充分体现保护区不同的管理目标，缺乏针对性的管理政策；三是无法体现不同自然保护地的重要程度，导致需要重点保护的地方无法得到有效的保护，从而削弱了保护成效，对中国自然环境状况不利。由于缺乏自然保护地体系的顶层设计，各类保护地面临功能区划不清晰、空间重叠、管理成效不高等问题，而且在管理体系中的机制、部门、职权等方面存在重叠（唐小平，2014；石金莲和卢春天，2015；欧阳志云等，2020）。与此同时，这些自然保护地类型划分与国际上广泛采用的世界自然保护联盟（IUCN）的自然保护地类型划分体系不一致，也造成国内外自然保护地建设管理方面的交流与合作出现一些障碍。因此，应厘清现有的自然保护地分类依据，重新构建与国际标准相适应又符合中国国情的自然保护地分类管理体系，指导中国自然保护地建设和有效管理，实现保护生态系统、生物多样性与自然资源等重要目标。

第二节　研究意义

一、促进自然保护地分类管理体制建设

长期以来，中国自然保护地的类别划分是以主管部门为基础，各类保护地存在自身的保护对象、开发利用强度、管理条例、规划建设规范等差异，拥有不同管理目标和管理要求的各类保护地建设选址在相同或相近的地理空间上，造成了保护地重叠、"九龙治水"问题的发生。例如，中国国家级自然保护地设计空间重叠的数量占总数的22%，风景名胜区、自然保护区、森林公园、水利风景区和湿地公园的重叠数量较多（马童慧等，2019）。目前各类自然保护地仍然缺少统一的分类体系，已有保护地之间存在着概念界定不清、分类体系混乱、主导功能模糊、地理空间重叠等诸多问题（彭杨靖等，2018）。这不仅造成现有自然保护地的保护效率与保护质量不高，并且严重阻碍了中国现有自然保护地的优化整合和国家公园体制建设。因此迫切需要建立一套适用于中国且有利于国际交流的自然保护地分类体系。

二、引导和支持自然保护地体系优化建设与合理布局

自然保护地体系建设是中共中央办公厅和国务院办公厅2019年颁布的《关于建立以国家公园为主体的自然保护地体系的指导意见》的重大改革目标，国家公园、自然保护区和各类自然公园都是中国重要的自然保护地类型。建立具有系统性、整体性和协同性发展目标的自然保护地体系迫在眉睫。而自然保护地体系构

建的关键是要厘清自然生态系统和保护地体系分类之间的关系，制定自然保护地体系的准入原则和门槛标准，并在空间上进行合理布局，以重构和优化新时期中国国家公园为主体的自然保护地体系格局，实现空间布局合理、功能协调的自然保护发展目标。

三、促进生态安全屏障功能作用的发挥

自然保护地在主体功能区划中属于国家禁止开发区域，是生态安全屏障的重要组成部分。自然保护地分布的不合理会造成部分生态脆弱区域无法得到有效保护，同时一些保护价值不高的区域利用率不高。自然保护地之间的交叉重叠则造成重叠区域的监督、管理困难和保护不力，内部功能分区不合理则直接影响自然保护地的空间管理成效。空间布局合理性会从多个方面影响自然保护地的生态保护效果和资源利用效率，影响禁止开发区域生态安全屏障作用的发挥。

四、保护中国重要的自然与文化遗产

重构自然保护地体系并分析优化布局方案，通过对维护自然与文化遗产的真实性和完整性生态系统和地理区域进行识别，推动自然和文化要素区域的协同保护水平提升，以维护自然和文化景观共生系统，最大限度地完整保护自然文化遗产地的特殊价值，强化中国自然保护地整体形象，实现自然文化遗产的可持续保存、传承与发展。

五、提高自然保护地体系的现代化治理水平

自然保护地是中国实施保护战略的基础，是建设生态文明的核心载体、美丽中国的重要象征，在维护国家生态安全中居于首要地位。本研究通过构建符合中国国情的重要自然保护地体系，提出自然保护地优化布局方案，能够为中国自然保护地体系建设和国家公园体制的科学布局、发展规划提供技术支撑，提高自然保护地体系的现代化治理水平。

第三节　研究目标与内容

一、研究目标

本研究依托 2017 年立项的国家重点研发计划课题，围绕申报指南中"开展国

家重要生态保护地空间布局规划技术研究"的要求，基于中国重要自然保护地基础数据库建设，结合全国自然保护地和国家公园体制建设，研究整合自然保护区、风景名胜区、森林公园、湿地公园、地质公园和重要生态功能区等不同类型的自然保护地，在系统梳理中国自然生态系统结构和功能的基础上，探讨中国自然保护地的分类体系现状、布局特点，分析自然保护地空间合理布局的影响要素，并且结合国际同类领域的理论和实践经验，提出符合中国国情的自然保护地分类体系方案，开展国家公园、自然保护地、自然公园和资源保存区的优化布局研究，以构建符合中国国情的自然保护地分类体系和分布理论参考方案，以期为中国自然保护地体系建设提供技术支撑。

二、研究内容

（一）自然保护地分类与布局现状分析

分析中国现有自然保护地类型特点，提出新的自然保护地分类体系，探讨中国自然保护地数量规模和总体布局等特征。具体研究内容包括以下两个方面。

1. 中国自然保护地分类研究

梳理国际上一些国家自然保护地分类体系特点，总结中国现有自然保护地分类的现状特征与存在的问题，结合中国生态文明建设的要求，探讨并提出中国新的自然保护地分类体系。

2. 中国自然保护地布局现状分析

基于中国国家级自然保护地数据库，结合中国国土生态安全、主体功能区、生态文明改革的发展要求，科学评价自然保护地在生物多样性和生态系统服务方面的对应性，以及中国自然保护地分布格局的合理性。

（二）自然保护地体系的优化布局方案

结合构建自然保护地体系的战略需求，研究国家公园遴选的指标体系和分析方法，研究国家级自然保护地优化布局方案，形成符合中国自然保护地体系的分级方案和建设布局方案。具体研究内容包括以下三个方面。

1. 国家公园遴选和布局方案研究

通过实地考察、资料收集整理、专家咨询等方法，总结发达国家的国家公园体制建设的主要特点与经验教训，建立国家公园遴选指标体系和评价方法，根据国家公园遴选名单，考虑生态类型、空间区位、保护类别等需求，形成中国国家公园建设的分类与分级系统，提出中国国家公园布局方案，为中国自然保护地建设提供经验借鉴。

2. 自然保护地优化布局方案研究

以国土生态安全为前提，根据全国自然保护地布局合理性评价结果，以提高自然生态系统保护效率、提升自然生态系统功能服务、优化区域经济社会发展为导向，提出中国国家级自然保护区的优化布局方案，形成符合生态文明改革方向的自然保护地体系。

3. 自然公园与资源保存区优化布局方案研究

从自然生态资源类型、自然和文化遗产价值、游憩利用价值、生态系统完整性、重点保护对象等方面，研究中国自然公园与资源保存区的发展现状、优化布局原则和思路。

第四节　研究方法与技术路线

一、研究方法

本研究主要采用文献分析、实地调查、比较研究、统计分析、空间分析等相结合的研究方法，评价中国现有自然保护地发展现状，比较国内外保护地建设的优点和成效，提出中国自然保护地的分类体系和布局方案。

（一）文献分析

根据研究课题需求进行相关文献资料的搜集，对已掌握的国内外文献资料进行整理、分析与提炼，对 IUCN 及国内外自然保护地分类体系的研究现状进行综述，明晰自然保护地的含义，了解其基本理论框架，发现背后隐含的规律性和本质性的内涵，为本研究奠定坚实理论基础和提供宝贵实践经验。

（二）实地调查

本研究对浙江省、福建省、贵州省、青海省、西藏自治区、新疆维吾尔自治区等典型省份的自然保护区、已建国家公园试点、国家森林公园、国家地质公园等对象进行了实地调查，了解自然保护地范围、功能分区、功能属性以及与当地经济社会发展之间的关系。

（三）比较研究

采用比较分析方法，针对中国自然保护地体系的发展现状，界定自然保护地的概念，通过比较不同国家的自然保护地体系的分类特点，发现中国现有自然保护地体系的不足之处。结合国外自然保护地体系分类方法的经验借鉴，构建具有中国特色的自然保护地体系。

（四）统计分析

在基础理论分析方面采用定性分析方法；在对自然保护地不同类型评价方面，为构建评价框架与方法提供基础数据支撑；在对国家公园遴选方面，采用指标体系评价方法，筛选国家公园建设的潜在区域。

（五）空间分析

采用 ArcGIS 空间分析软件研究自然保护地的优化布局模式，包括根据生态地理区的类型和层级分布，分析国家公园、自然保护区的空间分布模式，如利用交集取反工具分析国家级自然保护区的空缺区域分析，提出保护优先区的分布方案。

二、技术路线

基于对生态系统结构与功能、区域社会经济的分析，采用地理信息系统等多种分析手段，摸清中国不同类型自然保护地的布局现状与发展特征，分析自然保护地的空间布局特点、问题和需求，评价中国自然保护地的布局合理性，提出中国国家公园、自然保护区、自然公园和资源保存区的优化布局建议，构建符合中国国情的新的自然保护地体系。技术路线见图1-1。

（一）自然保护地发展现状与分类体系研究

总结中国不同类型自然保护地功能重置及其建设发展中的现状和问题，建设中国自然保护地基础数据库，构建中国自然保护地布局合理性评价指标体系；评估与研判自然保护地建设的历史成效、现实问题和发展演进，结合中国自然保护地的发展趋势和总体目标，识别中国自然保护地体系类型及其之间的关系。

（二）自然保护地优化布局方案研究

以保护地布局合理性评价为依据，以国土生态安全和生态系统功能服务为原则，考虑生态类型、空间区位、保护类别等需求，提出全国自然保护地的优化布局方案。根据国家公园的主导功能，构建评价指标体系，提出中国国家公园建设的潜在区域。

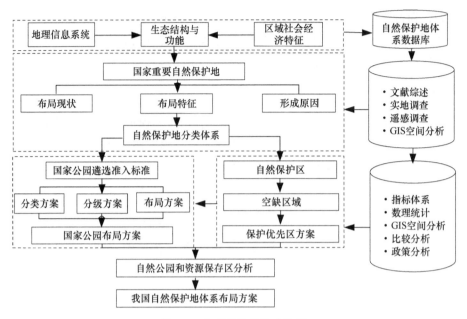

图 1-1　本书的总体技术路线

第二章 自然保护地分类国际经验与国内研究进展

自然保护地是全球大多数国家和地区以及国际保护战略的核心，受到各国政府和生物多样性公约等国际组织与相关机构的支持。自然保护地发展到现在，对其进行分类以更好地认定和管理一直以来受到重视。本章对自然保护地的定义进行界定，进而从 IUCN 自然保护地分类、全球典型国家自然保护地体系分析方案和特点进行系统综述，并总结分析中国自然保护地现行的分类方式。

第一节 自然保护地定义

"自然保护地"一词由英文"Nature Protected Area"翻译而来，IUCN 将其解释为"明确界定的地理空间，通过法律或其他有效方式获得认可、得到承诺和进行管理，以实现对自然及其所拥有的生态系统服务和文化价值的长期保护"（Dudley，2015）。1994 年，IUCN 下设的世界自然保护地委员会发布的《IUCN 自然保护地管理分类应用指南》（*IUCN Guideline for Applying Protected Area Management Categories*），根据管理目标建立了 6 类保护区分类系统，获得联合国《生物多样性公约》和多数国家的认可（Dudley，2008）。自然保护地具有以下共同特征：地理空间属性、自然属性、功能属性、确立方式、以自然特征为主等（彭杨靖等，2018）。

2019 年 6 月，中共中央办公厅和国务院办公厅印发的《关于建立以国家公园为主体的自然保护地体系的指导意见》提出，"自然保护地是由各级政府依法划定或确认，对重要的自然生态系统、自然遗迹、自然景观及其所承载的自然资源、生态功能和文化价值实施长期保护的陆域或海域"。目前中国的自然保护地主要包括 10 类，按始建时间顺序分别为：自然保护区、风景名胜区（自然景观类）、森林公园、地质公园、水利风景区（包括水库型、湿地型、自然河湖型）、湿地公园、海洋特别保护区、水产种质资源保护区、国家公园和沙漠公园（彭杨靖等，2018）。

综上可知，自然保护地涵盖了自然保护区以及其他类型自然保护地细类的概念范畴，它是所有受到保护的自然区域和地域的总称。

第二节 世界自然保护联盟自然保护地分类体系发展历程

全球大多数国家在 20 世纪相继建立了自然保护地，他们在建立自然保护地时大都根据自身国情制定适应性的管理途径，从全球统一性来说仍然缺乏一致的标准或技术。这种情况导致国家层面上出现了很多不同的保护地相关术语，并且在一些国际或区域会议上也产生多种国际性的保护地类型体系。

1933 年在伦敦举行的动植物保护大会上，国际上第一次试图将保护地类型进行规范。这次会议明确了 4 种保护地类型，即国家公园、严格自然保护地、动植物保护地、禁止狩猎采集的保护地。1942 年，在西半球自然保护和野生动植物保护会议上，也将保护地类型归为四大类：国家公园、国家自然保护地、自然遗产、严格的荒野保护地。

1962 年，世界自然保护联盟（IUCN）成立了国家公园与保护地委员会（即世界自然保护区委员会），该委员会为在美国西雅图举办的全球国家公园大会提供了一份《世界国家公园和自然保护地名录》。1966 年，IUCN 公布了世界国家公园与保护地名录的第二个版本，之后 IUCN 都定期发布世界国家公园和自然保护地名录。该名录中对自然保护地的分类采用了一个简单的分类系统，即把自然保护地分为国家公园、科研自然保护地和自然遗产三种类型。在 1972 年举办的第二届世界国家公园大会上，与会代表呼吁 IUCN 对不同保护地类型的目标进行统一定义，并研究制定适合的保护地标准和名称。

1978 年，IUCN 一个工作组在报告里描述了他们对保护地分类体系的看法，他们认为：①保护地分类体系能够帮助一些国家公园与其他形式的保护地相互补充；②保护地分类体系能够帮助一些国家建立可以反映该国需求的保护地管理类型体系；③保护地分类体系有助于 IUCN 收集和分析保护地数据；④撇开不同国家所用保护地命名方法的不同，保护地分类体系能够通过保护地管理目标来对其进行分类。该报告根据保护地管理目标的不同将保护地分为科研保护地（严格的自然保护地）、受管理的自然保护地（野生生物禁猎区）、生物圈保护区、国家公园与省立公园、自然纪念地（自然景物地）、保护性景观、世界自然历史遗产保护区、自然资源保护区、人类学保护区，以及多种经营管理区（资源经营管理区）10 个类别。

1984 年，世界国家公园与保护地委员会制定了改进保护区分类的目标。该委员会在 1990 年一个报告中指出新的分类体系将以 1978 年分类体系中的前 5 个类型为基础而舍弃后 5 个类型。1994 年，IUCN 在布宜诺斯艾利斯举行的大会上批准了这一分类体系。随后，《IUCN 自然保护地管理分类应用指南》于 1994 年发布，该指南对"保护地"进行了定义，即"保护地是专门设立的通过法律或其他有效途径实现保护与维持生物多样性目标的拥有自然及相关文化资源的区域"。同时根据保护地主要管理目标，将保护地分为 6 种类别（表 2-1）。

表 2-1　IUCN 自然保护地分类体系（1994 年版）

类别代码	类别名称	主要目的
Ia	严格的自然保护地	用于保护未经人类干扰的严格保护地
Ib	荒野保护地	用于保护受人类轻微干扰的保护地
II	国家公园	用于生态保护、科研工作、游憩活动的保护地
III	自然遗产	用于保护独特的自然特征的自然保护地
IV	栖息地/物种管理区	用于通过积极干预进行保护的保护地
V	陆地/海洋景观保护地	用于陆地/海洋景观保护和游憩的保护地
VI	加以管理的资源保护地	用于自然资源可持续利用的保护地

注：资料来源于《IUCN 自然保护地管理分类应用指南》。

IUCN 认为保护地分类体系为保护地的规划、建立和管理提供了全球标准。从 1994 年的《IUCN 自然保护地管理分类应用指南》出版至今，人们对保护地分类体系作用的认识一直在深化，保护地分类体系的用途日渐增多，有时已经超出了建立该体系时的初衷。

按照 IUCN 对保护地管理类别的分类系统，有利于明确不同性质保护地的建设目标、规划目标和管理目标；有利于建立一套对不同类别保护地的符合性、规范性、有效性评估的标准；有利于与国际保护体制接轨，取得共同语言；有利于数据的收集与信息的沟通，从而有利于科学研究与环境监测；有利于理顺国家相关部门对不同类别保护地的管理关系，避免多头管理。

其突出优点表现为：①有利于减少专业术语带来的混淆，各国可以使用分类体系中的共同语言进行交流；②证明了不同类型保护地管理目标可能有相同之处；③强调不同类别的保护地具有同等重要性，应该针对特定背景和目标选择合适的管理体制类别；④坚持对国家的保护地体系进行规划、评估，并使用完善的管理分类把保护地和大范围背景下的陆地和海洋景观结合在一起；⑤强调沟通与理解，促进国际交流与对比。

英国卡迪夫大学在 IUCN 支持下开展了关于 1994 年保护地分类体系应用和应用成效的研究项目，该项目的名称为"说同一种语言"。该项目研究成果在 2003 年于南非港口城市德班的世界国家公园大会上以草案形式公布并进行了讨论。2004年，《公园》（Parks）杂志刊登了一系列关于此研究成果的文章。这个项目有助于开启对该分类体系的回顾审查，并由此产生一套新的指南。IUCN 于 2008 年 10 月世界自然保护大会发布了自然保护地管理分类体系的新指南，在 2008 年的基础之上于 2013 年补充了新的内容（表 2-2）。

表 2-2 IUCN 自然保护地分类体系（2013 年版）

类别	名称	描述
Ia	严格的自然保护地	是受到严格保护的区域，建立目标是为了保护生物多样性，亦可能涵盖地质和地貌保护。这些区域中，人类活动、资源利用和影响受到严格控制，以确保其保护价值不受影响，它在科研监测中发挥着不可或缺的作用
Ib	荒野保护地	是大部分保留原貌，或仅有些微小的变动的区域，保存了其自然特征及影响，没有永久性或者明显的人类居住痕迹。管理目标是为了保持自然原貌
II	国家公园	是大面积的自然或接近自然的区域，重点是保护大面积完整的自然生态系统。设立目的是为了保护大规模的生态过程，以及相关的物种和生态系统特征。这些保护地为公众提供了理解环境友好型和文化兼容型社区的机会，如精神享受、科研、教育、娱乐和参观
III	自然历史遗迹或地貌	是为保护某一种特别自然历史遗迹所特设的区域，可能是地形地貌、海山、海底洞穴，也可能是洞穴甚至是古老的小树林这样依然存活的地质形态。这些区域通常面积较小，但通常具有较高的参观价值
IV	栖息地/物种管理区	主要用来保护某类物种或它的栖息地，在管理工作中也体现这种优先性。此类保护地需要经常性的、积极的干预工作，以满足某种物种或维持栖息地的需求，但这并非分类必须满足的
V	陆地/海洋景观保护地	是人类与自然长期相处产生的特点鲜明的区域，具有重要的生态、生物、文化和景观价值。对双方和谐相处状态的完整保护、对保护该区域并维护其长远发展、对本地自然保护和其他价值都至关重要
VI	自然资源可持续利用保护地	是保护生态系统和栖息地、文化价值和传统自然资源管理系统的区域。通常面积庞大，大部分地区处于自然状态之中，且该区域的主要保护目标是保证自然资源的低水平非工业利用与自然保护互相兼容

第三节 国外自然保护地分类体系经验借鉴

全球部分国家或地区建立了统一、完善的自然保护地体系，但是从总体上来说，仍然有一部分国家还在探索和致力于建立自然保护地的分类体系，以期能够形成与区域资源生态特色和经济社会发展相适应的自然保护地体系。由于各个国家在自然保护地建设的需求和优先考虑事务等方面的差异，并且法律、制度、财力支持等方面也存在巨大差异，因此在国别之间、地区之间，自然保护地体系的差别较为显著，在类型细分、管理目标、保护程度等方面也有所不同。

一、美国

（一）分类体系构成

美国自然保护地体系的发展已有一百多年的历史，早在 1864 年林肯总统就签署法令将加利福尼亚州的优胜美地山谷划定为保护区，随后 1872 年美国国会将怀俄明州 200 万英亩（1 英亩≈0.4047hm²）的土地划定为黄石国家公园，标志着全世界第一个国家公园的建立。如今美国已建立比较完善的、多层次的保护地体系，包括联邦层面的 7 个并行系统、5 个交叉系统，4 个属于国际公约或计划的分系统，以及各州（郡）的分系统和一些非政府组织建立的私人保护地分系统。具体如下所述。

1. 国家公园体系（National Park System，NPS）

美国国家公园体系分为 3 个广义的类型（自然型、历史型和游憩型）以及 20 个类别（表 2-3），共含 423 个单位，总面积 34.4 万 km^2，覆盖 50 个州，占国土总面积的 3.67%，其中国家公园 63 处。

表 2-3 美国国家公园体系一览表

类别	数量
国家战场（National Battlefields）	11
国家战场公园（National Battlefield Parks）	4
国家战场遗址（National Battlefield Site）	1
国家军事公园（National Military Parks）	9
国家历史公园（National Historical Parks）	61
国家历史遗迹（National Historic Sites）	74
国际历史遗迹（International Historic Sites）	1
国家湖滨（National Lakeshores）	3
国家纪念碑（National Memorial）	31
国家纪念地（National Monuments）	84
国家公园（National Parks）	63
国家公园路（National Parkways）	4
国家保存区（National Preserves）	19
国家保留地（National Reserves）	2
国家游憩区（National Recreation Areas）	18
国家河流（National Rivers）	4
国家原野、风景河流及沿河路（National Wild and Scenic Rivers & Riverways）	10
国家风景步道（National Scenic Trails）	3
国家海岸（National Seashores）	10
其他类别（other designations）	11
合计	423

注：数据来源于美国 NPS 网站（https://www.nps.gov/index.htm，2021 年 5 月信息）。

2. 国家森林体系（National Forest System，NFS）

1891 年美国国会通过森林保护区法（建立法），给予总统将部分公共地区设为森林保护区的权力，1897 年出台了基本管理法案，建立了保护区管理系统。1905 年农业部成立了美国森林署（United States Forest Service，USFS）。根据相关条款，国家给予农业部秘书处管理国家森林保护区的权力。1974 年《森林和牧场可持续资源规划法》（Forest and Range Land Renewable Resources Planning Act）把"国家森林系统"纳入章程，并将国家森林系统定义为：由美国森林署管理和为管理而命名的联邦拥有的森林、草场等相关土地单元构成的国家巨型系统，包括国家森林、购置单元、国家草场、土地利用项目区、研究和试验区等（表2-4）。

表2-4 美国森林署管理单元类别

类别	划定
国家森林	以永久保护国家森林为目标而建立的单元
购置单元	农业部秘书处批准和以前由国家森林保护委员会根据《星期法》批准的单元
国家草场	农业部根据《岸头–琼斯农场租用法》第三条批准建立的单元
土地利用项目区	农业部秘书处根据《岸头–琼斯农场租用法》第三条批准建立的单元
研究和试验区	农业部秘书处为森林和草场的研究和试验保留及定义的单元
国家保存区	为保护科学、风景、地质、水文、野生动植物（包括鱼类）、历史、文化和游憩价值建立的，提供多种利用方式并在资源可再生的条件下保持持续生产的单元
国家森林荒野地区	由国会指定的国家荒野保护系统的一部分地区
国家森林原始地区	森林署最高长官指定的原始地区
国家原野及风景河流	国会指定的原野及风景河流系统的一部分地区
国家游憩区	国会建立的公共户外游憩区域
国家风景研究区域	国会建立的可供利用和娱乐并保护和鼓励科学研究的某些海洋区域
国家狩猎庇护区和野生生物保护区	总统或国会指定的保护野生生物的地区
国家纪念地区域	国会指定作为国家纪念地的历史地标、历史和准历史建筑及其他具有历史和科学价值的事物所在地

3. 国家野生动植物庇护区体系（National Wildlife Refuge System）

国家野生动植物庇护区是美国鱼类及野生动植物管理局（United States Fish and Wildlife Service）所定义的保护地，国家野生动植物庇护区体系（表2-5）则是为保护动物和动物栖息地而管理的陆地和水域形成的网络。国家野生动植物庇护区占系统总面积的96%，其中有83%的庇护区系统土地分布在阿拉斯加州的16个庇护区内。除了庇护区以外，系统还包括国家湿地管理区及下属的水禽养殖区和协调区。

4. 国家景观保护体系（National Landscape Conservation System）

国家景观保护体系涵盖了美国西部土地上杰出的景观地区，其中许多地区通过国会和总统的指定而得到了认可和保护。国家景观保护体系关注这些地区的国家生态财富管理需求，管理这些区域是土地管理局土地多元利用任务的一部分，目标是为现代和后代维持公共土地的健康。国家景观保护体系分类如表2-6所示。

表 2-5　美国国家野生动植物庇护区体系

类别	划定	IUCN 归类
国家野生动植物庇护区	国家野生动植物庇护区体系中除了协调区和水禽养殖区的所有单元	IV/V/Ia
国家湿地管理区	主要负责管理水禽养殖的单元	IV
水禽养殖区	任何已属于候鸟狩猎和保护标记法管辖，或根据其他权威机构和管理政策纳入国家野生动植物庇护区体系下的湿地或壶穴地区	IV
协调区	任何在国家野生物庇护区体系下，依照国家和地方与野生动植物管理局的合作协定管理的所有单元	VI

表 2-6　美国国家景观保护体系

类别	授权者	数量
国家纪念地	总统或国会	15
国家保护区	国会	13
山地合作管理和保护区	国会	1
阿拉斯加国家级白山游憩地	国会	1
亚基纳自然风景区杰出自然地区	国会	1
荒野地	国会	161
荒野科研地	行政部门	624
国家原野风景河流	国会	38
国家历史游径	国会	10
国家风景游径	国会	2
上游水源森林保留地	国会	1

5. 国家荒野保护体系（National Wilderness Preservation System）

国家荒野保护体系是美国保护地体系中别具特色的分系统。国家荒野保护体系源于 1964 年的《荒野法案》。目前，美国国家荒野保护区单元有 702 个，分布在 44 个州，另外有 6 个州没有荒野保护区，全美共有 43.48 万 km² 的土地被纳入，占联邦公共土地的 15%，占美国国土面积的 4%。美国的大部分荒野在阿拉斯加，占荒野保护体系的 60%，而约三分之一（约 12 万 km²）的荒野保护区位于美国西部的 11 个州。

6. 美国海洋保护区系统（Marine Protected Areas System）

美国海洋保护区系统涵盖了岸线长达 22 680km 的几乎所有关于海洋区域的保护工作。1972 年国会授权国家海洋与气象局（National Oceanic and Atmospheric Administration，NOAA）建立两种海洋保护区：国家海洋庇护区和国家海口研究保护区。

7. 国家原野及风景河流系统（National Wild and Scenic Rivers System）

1968 年，美国《原野及风景河流法案》建立了国家原野及风景河流系统。法案规定国家被选取进入系统的河流及它们紧邻的环境，拥有非常杰出的风景、游憩、地质、生物、历史、文化和类似价值，应保持它们的自然流动状态，并因为人类及后代的利益和享用而保护它们。国家原野及风景河流系统中的河流有的属于联邦，有的属于州。法律规定系统应包括河流流经的州属土地部分。美国处于自然流动状态或者恢复成自然流动状态的原野、风景或游憩河流都将有资格进入国家原野及风景河流系统，并归为三类进行管理。

1）原野河流区：河流或河段无人工蓄水，一般只有步行小径可达，在流域或岸线呈现原始风貌，水质未被污染。这些代表了美国原始的遗迹。

2）风景河流区：河流或河段无人工蓄水，岸线和水域大部分尚处于原始状态，岸线大部分未被开发，但部分地区有公路可达。

3）游憩河流区：河流和河段已有公路、铁路可达，沿岸已经有所开发，过去可能已经有过人工蓄水和分流。

美国自然保护地分类管理体系庞大且复杂，除去以上 7 种子体系之外，还有国家步道系统、国防部工程部队管辖保护地、印第安保留区、自然研究区等自然保护地类型。

（二）分类体系特点

1. 全面覆盖，科学保护

美国的自然保护地体系包括了国家公园、国家森林、野生动植物栖息地、河湖、海洋海岸等自然资源，覆盖了美国各种自然资源类型的土地，从国家公园到国家森林，从保护动物栖息地的野生物庇护区，到荒无人烟的荒野地，从奔腾的河流到静谧的步道。此外，还把保护的范围延伸到了辽阔的海域。美国沿海人口密集，污染源多且量大，导致海洋生态系统受到破坏，美国政府较早注意到这个问题，成为世界上最先开始关注海洋保护，建立海洋保护区的国家之一。

2. 类别多样，系统性强

美国自然保护地名目类别是全世界各国保护地体系中最多的，但是多类别却没有形成管理混乱，主要依赖于美国体系多层次、多系统的组织方式，以及对管理目标的强调。此外，系统与系统之间有交叉关系，有些是并行系统，有些则比较特殊。例如，荒野保护系统、原野及风景河流系统和步道系统，它们的系统单元都由不同的管理机构管理，同时也是别的系统的一部分，如国家公园系统、景观保护系统，它们在统一的系统管理指导下，由具体的管理机构管理。管理机构既可以根据自己的情况对其制定不同的管理方案，同时又要遵循该种系统的管理首要原则。

3. 立法执法，权责清晰

立法执法，权责清晰，是保证多系统多类别下美国保护地体系有效运作的关键因素。美国每一个保护地相关管理机构及其管辖的分系统的建立，都根据国会制定的基本法案；每一个保护地单元的建立都必须通过国会的授权法案。管理机构在法案的授权下，对保护地进行管理，制定分系统管理政策和保护地单元的管理规划。

4. 权力下放，技术支持

对于联邦层面以外的保护地，联邦政府不进行强力干涉，根据土地的所属决定管理权属，州属保护地归州政府管理，地方和部落都有权自行管理属地的保护地（魏钰等，2019）。美国成立了印第安事务局来协调与印第安人之间的关系，它与部落机构一起建立印第安保护区系统。印第安部落可自行管理其领土上的保护地，对保护地具有自主权，联邦政府提供技术和其他方面的帮助。联邦政府具有保护地管理经验的部门机构，如国家森林署、国家公园管理局都给予部落保护地政策及技术上的支持，印第安部落保护地不仅保护了受人类干扰较少的自然环境，还保护了印第安人的文化和宗教信仰。

（三）存在的主要问题

美国是保护地自然、文化资源丰富且管理较为成功的国家。但在其保护地发展的过程中，特别是针对 IUCN 自然保护地体系的要求，也还存在一些问题。

1. 国家公园体系所属类型过于宽泛

美国现有的保护地可以全方位地体现 IUCN 体系保护地类别。但部分保护地类型，特别是国家公园体系对应的 IUCN 类型过于宽泛。美国国家公园体系与 IUCN 的定义不完全相同，目前的美国国家公园体系包括自然、历史与游憩 3 大类、20 种小类、423 处。美国国家公园列入 IUCN 体系 II 类型的只有 205 处。其余的小类，如国家海岸可以归入 V 类型，国家纪念地可以归入 III 类，国家保护地根据其管理目标的不同可以归入 III、IV、V 类等。在实施中，需要明确各个具体保护地不同管理目标和规定，以便更好地应用 IUCN 自然保护地分类体系。

2. 保护地命名和管理的多元化，造成管理与统计上的混乱

美国现有保护地采用多部门分工负责模式，由于保护地管理目标的复杂性和多样性，造成了保护地命名和管理的多元化。例如，国家公园管理局和国家林务

局都有权利将某地确定为国家保护区和国家游憩区，国家公园管理局和土地管理局都可将某地确定为国家纪念地。荒野地也经常被确定为其他类型的保护地而被多个部门管理，这在一定程度上造成了管理和数据统计上的混乱。

3. 土地私有化现象严重，保护地管理难度加大

美国在土地私有化过程中，由议会或政府把适合于娱乐、历史保护和公共利用的土地圈定出来。根据国家公园法和古迹法等有关法律将其划拨作为多用途利用的保护地，以保护和扩大公共利益。但如今保护地越来越受到保护地外部私有土地的影响，如空气和水污染、景观和自然环境的破坏、野生动植物栖息地环境质量的降低等。土地的私有化给保护地管理带来一定的难度。

二、英国

（一）英国保护地分类体系构成

英国在 1014 年颁布了第一部涉及自然资源保护的法律。1079 年，新森林（New Forest）被划定为皇家狩猎场，由此成为现存历史最悠久的保护地。在之后的几个世纪里，为了满足自身享乐，皇家和贵族不断在领地上划定出特定的保护地域，也对自然环境和资源起到一定的保护作用。19 世纪现代保护地运动兴起之后，英国保护地体系化发展趋势明显。1949 年英国颁布了《国家公园和乡村进入法》，提出了一系列国家保护地类别及概念，包括国家公园、国家优美风景保护地、国家自然保护区、特殊科研价值保护地等。

根据英国自然保护联合委员会（Joint Nature Conservation Committee，JNCC）公布的类别资料，英国目前共有 36 种保护地类别，依据法律、公约的适用范围划分为国际、欧洲、英国国家、联合王国成员国四个层面。其中以生态系统、生物多样性保护为基本管理目标的保护地类别，从国际、欧洲到英国国家等层面，保护地保护内容的重要性、保护的力度逐级下降，但英国国家与联合王国成员国这两类保护地之间与保护强度的高低没有必然联系。以游憩、景观保护为主要管理目标的保护地，其类别适用范围的广度与其服务对象的广度相对应。

1. 国际层面保护地类别

主要是依据国际公约或宣言建立，或是被国际保护组织认定为世界自然遗产或文化遗产的保护地。这些保护地属于全球普遍适用的类型，包括由联合国教科文组织认定的世界遗产（World Heritage），根据"人与生物圈计划"建立的生物圈保护区（Biosphere Reserves），在《国际湿地公约》下建立的湿地保护区等，由联合国教科文组织认定的世界地质公园（Geoparks）。

2. 欧洲层面保护地类别

主要是在欧盟或欧洲理事会的公约、条例要求下建立起来的保护地，在欧盟或欧洲范围内普遍适用，包括特别保护区（SAC）、社区保护区（SCI）、特殊保护地（SPA）、生物基因保护区（Biogenetic Reserves）和示范保护地等。

3. 英国国家层面保护地类别

英国各组成国家都存在的保护地类别，一般是各成员国根据中央政府的同一部法律，或者分别制定类似法律来设立类别相同的保护地的名称，包括国家公园、乡村公园、海洋自然保护地、国家自然保护区、森林公园/林地公园和地区重要地质地貌保护区、野生动物保护地等被列入英国国家保护地的类别与下文叙述的成员国保护地类别之间，并不存在保护力度的差别、立法机构权利的高低、保护地管理机构权力大小等方面的区别。各类别的概念及概况如下。

（1）国家公园

为了保护和加强乡村景观、促进公众对乡村景观的享受而设立。在英格兰和威尔士的国家公园管理目标中还包括促进国家公园内社区居民的社会经济福利，苏格兰的国家公园则有责任促进自然资源的可持续利用，以及带动乡村社区经济社会的可持续发展。

（2）乡村公园

根据《英格兰和威尔士乡村法》（1967年）及《英格兰和威尔士乡村保护法》（1968年）而设立的保护地（在北爱尔兰乡村公园无法律依据），基本目标是为人口集中地区的居民提供游憩和休闲活动场所，法律中对乡村公园没有自然保护方面的要求，但是许多乡村公园都处于半自然地区，开展的游憩活动也都处于自然环境中，因此乡村公园对于构成地方自然保护网络也具有一定的作用。英格兰有270多处乡村公园，北爱尔兰有7处。

（3）海洋自然保护地

海洋自然保护地保护重要的海洋动植物和海洋地质地貌，并为海洋系统研究创造机会。现在英国共有3处国家设立的海洋自然保护区，以及一些非政府组织设立的准海洋保护区，但后者没有法律效力。

（4）国家自然保护区

国家自然保护区保护英国最重要的自然和半自然的陆地和海岸生态系统，在保护物种和栖息地的同时，为科研机构提供一定的研究机会。英国全境约有427处国家自然保护区。

（5）森林公园/林地公园

森林公园/林地公园是英国林业委员会（Forest Commission of England）为了公众游憩目的而设立的保护区，林业委员会负责管理英格兰、苏格兰和威尔士境内的森林。林地公园与森林公园类似，但面积上较小同时距离聚居地更近，与之类似的还有森林自然保护地。由于森林公园数量众多，目前在林业委员会的官方网站上无法获得具体数据。

（6）地区重要地质地貌保护区

地区重要地质地貌保护区是具有法律地位的保护地质地貌的保护地以外，最重要的保护地类别。这类保护地由地方政府根据当地情况划定，并由地方政府管理。

（7）野生动物保护地

野生动物保护地属于地方保护地体系，即低于成员国国家层面，是由地方政府设立的保护地，各地的保护地在具体保护地名称、保护内容、保护方式方面都可能存在很大差异，一般来说每个郡都有自己的一套评定方法。综合各类不同名称的野生动物保护地，英国目前有大约47处此类保护地。

4. 联合王国成员国保护地类别

联合王国成员国保护地是指根据成员国国家法律设立，仅在联合王国某一成员国或某地区出现的保护地类别。由于各成员国政府可以自行设立保护地类别，各种类别的执行情况参差不齐，下面仅说明部分保护地数量多、范围广、保护质量较高的保护类别的概念和基本情况。

（1）国家优美风景保护区

国家优美风景保护区是英国最早依法建立的保护区类型之一，主要目的是保护优美的自然风景以及其中的野生动物、地质地貌、文化遗产等，同时国家优美风景保护区管理机构有责任在景观保护的同时，保证保护区内农业、林业和乡村社区经济社会发展。目前英国共有41处国家优美风景保护区。

（2）特殊科研价值保护区

特殊科研价值保护区主要为了保护英国最好的动植物和地理地质资源而划定，它也是英国国内保护区与国际保护区类型接轨的重要类别，划定为国际保护区的前提是先要确定为特殊科研价值保护区。英格兰有特殊科研价值保护区4 000多处；苏格兰约有1 450处，占苏格兰陆地面积的12%。

（3）地方自然保护区

地方自然保护区由地方政府相关机构依法划定，目的是为了进行自然保护、为科学研究和教育提供机会或提供与自然近距离接触的机会。与国家自然保护区相比，地方自然保护区属于具有重要地方价值，且保护力度较低的自然保护区，它对于系统性的自然保护具有同样重要的作用。

（4）国家风景区

国家风景区是为了保护苏格兰优美的自然风景而设立的保护区类别，主要保护并强化具有国家重要意义、体现苏格兰特色的自然景观。它偏重于对不同土地

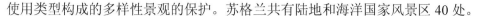

使用类型构成的多样性景观的保护。苏格兰共有陆地和海洋国家风景区40处。

（5）特殊保护地

适用于英格兰、苏格兰、威尔士的特殊保护地与适用于北爱尔兰的野生动物保护地，设立目标都是为了保护鸟类及其巢穴不受到人类的干扰，在一些保护地中还会禁止人类进入以加强对鸟类的保护。野生动物保护地的前身是鸟类庇护区（Bird Sanctuaries），在北爱尔兰有几处海岸鸟类庇护区，但还没有转为野生动物保护地，除此之外北爱尔兰并无新的此类保护地划定。

（6）国家信托保护地和苏格兰国家信托保护地

负责英格兰、威尔士和北爱尔兰的国家基金，与苏格兰国家基金都是独立的慈善机构，这两家机构拥有大量的土地，在文化保护、建筑保护和自然遗产保护等方面是英国最有影响力的慈善机构。它们在海岸、乡村、遗址遗迹地区设有多处保护地，同时国家基金还推出了多项积极的环境政策，对自然保护也起到一定的作用。

（二）分类体系特点

1. 分类体系比较完善

英国保护地体系包含了成员国国家以上级别的保护地，管理目标包括生物多样性和景观保护等多个方面，同时地方政府也建设了上万处地方保护地，进而形成了体系分明、上下紧密的保护地网络。在由法律赋予职能后，从中央政府部门、成员国政府，到一般的地方政府，从上到下都积极参与保护工作，非政府组织也发挥了重要作用，由政府部门与非政府组织共同组成的保护组织，更是充分整合各方面资源，向全社会推广自然保护观念。英国的保护地类别多、面积广、内容丰富，政府部门、非政府组织、普通民众共同参与保护地工作，由此构建起了体系庞大、内容充实的英国保护地体系。

2. 生物多样性与景观保护并重

英国的国际层面和欧洲层面保护地都是以生物多样性、生态系统保护为目标，景观保护与生物多样性保护具有相近的地位。同时，景观保护也是环境保护和提高生活质量的重要组成部分。国家优美风景保护区和国家公园等代表了国家最美自然风景的保护地，其中的景观保护成为保护地最主要的管理目标。英格兰、苏格兰、北爱尔兰以及威尔士政府在各自范围内开展了"景观评估"，对乡村地区的景观特征进行评估，以确定各地方的景观特征，由此推进地方政府进行地方景观评估，并进一步演化成为对乡村特征的评估。

3. 拥有清晰、坚实的法律基础

英国的土地高度私有化，保护地工作范围和内容广泛、利益组织群体众多，特别需要制定相关法律进行约束和管理，确保保护地工作顺利开展。英国保护地法律体系主要包括制定新的法律和及时修订的现有法律。1949 年制定的《国家公园与乡村进入法》，是英国法律划定保护地工作的开始，但当时的法律还只是针对国家公园、特殊科研价值保护区、国家自然保护区等保护地如何设立，具体的管理工作并没有融入更为广泛的乡村政策中。在 20 世纪 50～80 年代，相关部门制定各自的乡村土地使用政策，彼此之间缺乏协调，特别是农业片面追求高产出率，使得乡村景观遭到破坏，林业、矿业、军事等部门颁发的执业许可证进一步加速了环境恶化。在这种情况下，英国政府制定相关法案以结束混乱的局面，开创了综合保护的新格局。

4. 管理机构定位清晰、运行保障充分

英国保护地管理拥有定位清晰准确的机构。大型综合性保护地中，无论是拥有法律地位的管理机构（如国家公园管理委员会），还是非政府性质的公立机构（如国家优美风景保护区的管委会），管理机构都是公益性质，政府拨款为主要财政来源，管理机构不需要为了维持自身的运行而进行商业活动或是经营行为。对特殊科研价值保护区这样小型单一的保护地类型，不论是土地主个人管理，还是由第三方代管，都会签定管理协议，获得必要的补偿金。此外管理机构人员组成的公开性、广泛性也是机构正常运行的基础。它们的负责人员均来自利益相关组织，中央政府、地方政府、非政府机构、社区组织，都可以各抒己见，加上严格的审查制度和官员轮换制度，政策制定具有较强的认同基础，执行过程透明公开。

5. 乡村景观——综合性的保护途径

欧洲所有景观都受到或即将受到人类影响，难于区分"自然"或"文化"。《欧洲景观公约》中提出将景观与生活在其中的人类社会联系起来，不再强求划分完全的自然景观或完全的文化景观，是保护观念上的重大变革。在英国，一些保护工作既可以看成是《欧洲景观公约》的理论与实践的来源，也可以视为是这种全新理念的具体体现：政府对乡村景观的定义，将一些相关事务统一纳入乡村事务，将保护地的规划纳入地方土地利用规划；由政府领导将景观特征评估调整为乡村特征评估，将景观特色视为乡村特色的组成，明确各乡村地方特点，进行针对性地保护；中央政府鼓励地方政府根据地方特色建立地方保护地，使具有地方特色的景观也同样受到有效保护。

6. 有效的社区合作机制

地方居民的生产和生活与保护地息息相关，政府为主导的保护地工作中，鼓励公众,特别是当地居民参与到规划和管理中。保护地工作不只限于专家或科研机构,还要当地居民参与。当地居民比任何组织或个人都更了解脚下的土地,拥有更多地方知识和经验。他们有权利参与决策制定,进而使传统技能和经验得以传承,同时提高了他们的认同感和责任感。

三、澳大利亚

19 世纪后半叶,澳大利亚的保护地运动就逐渐展开。澳大利亚第一个制定法律保护动物的殖民地是塔斯马尼亚州,该州政府 1863 年颁布了《荒地法》,随后又颁布了《皇家土地法》,对无人经营的土地实行保护。1866 年,新南威尔士州的杰诺伦洞穴被宣布作为一个水源保护区,这是澳大利亚第一个真正意义的自然保护地。1871 年西澳大利亚州珀斯的一个未开垦林地——国王公园(Kings Park)成为保护地。受美国在 1872 年宣布建立黄石国家公园的影响,1879 年政府在悉尼宣布了澳大利亚的第一个也是世界第二个国家公园——皇家国家公园。1891 年,南澳大利亚州在被称为"老政府农场"的地方建立了国家公园,即现在的伯莱尔休闲公园。1892 年,维多利亚在原有娱乐公园的基础上扩建成该州的第一个国家公园——坎贝尔港国家公园。随后,新南威尔士州于 1894 年又建立了库灵盖狩猎地国家公园。翌年,西澳大利亚州建立了天鹅观国家公园,后扩建成约翰福雷斯特国家公园。昆士兰州的第一个国家公园建于 1908 年,塔斯马尼亚州的第一个国家公园建于 1916 年。北领地则晚至 1958 年才以国家公园命名其建于 1924 年的一些保护地。至 20 世纪 30 年代初,澳大利亚国家公园已有大约 50 个。这种跟随西方荒野地模式建立的国家公园在澳大利亚逐渐盛行,主要用于公众休闲和游憩。近几十年来,随着保护和管理的观念发生转变,保护地开始更多地关注环境保护和生物多样性的保护。目前澳大利亚有 516 个国家公园已根据联邦和州的立法办理了登记注册,此外还有 2 700 个其他各类保护地分布在不同地方。

(一)分类体系构成

按照澳大利亚联邦政府和州、领地管理机构对应的管理类别,可以清晰地了解各层次管理机构的保护地管理类别。具体内容见表 2-7。

表 2-7　澳大利亚自然保护地分类体系

管理类别	内容
联邦政府国家公园署管理类别	国家公园、植物园和其他保存地区
首领地环境部的管理类别	国家公园、自然保护区和植物园(联邦)
新南威尔士国家公园和野生动植物局的管理类别	喀斯特保护区、国家公园、自然保护区、州立保护区、本土保护区、其他私人保护区、植物园(联邦)、国家公园(联邦)

管理类别	内容
维多利亚公园局的管理类别	遗产河流、国家公园、自然集水区、自然特征和风景区、自然特征保护区、未开垦森林地带保护区、岩洞保护区、地质保护区、墨累河保护区、风景保护区、河滨保护区、野生动植物保护区（允许狩猎）、自然保存保护区（动物保护区、植物保护区）、野生动植物保护区、自然公园、其他公园、参考地区、偏远和自然地区、州立公园、荒野地公园、本土保护区、其他私人保护区
塔斯马尼亚公园和野生动植物局的管理类别	保存地区、森林保护区、运动保护区、历史地、国家公园、自然游憩地区、自然保护区、其他保存地区、区域保护区、州立保护区、本土保护区、契约保存地区、私人自然保护区、私人保护区
南澳国家公园和野生动植物分部的管理类别	保存公园、保存保护区、森林保护区、运动保护区、国家公园、游憩公园、区域保护区、荒野地保护区、遗产协议区、本土保护区、其他保存地区（联邦）
西澳保护和土地管理部的管理类别	保护公园、混合保护地、国家公园、自然保护区、本土保护区、其他私人保护区
北领地公园和野生动植物委员会的管理类别	海岸保护区、保存保护区、历史保护区、狩猎保护区、管理协议保护区、国家公园、国家公园（原住民）、自然公园、自然公园（原住民）、其他保存地区、保护区、本土保护区、其他私人保护区、国家公园（联邦）
昆士兰公园和野生动植物局的管理类别	保存公园、森林保护区、国家公园、国家公园（科学研究）、资源保护区、本土保护区、其他私人保护区

（二）分类体系特点

1. 多层次的管理机构

澳大利亚宪法没有规定联邦政府的环境规划和管理职能，各州、领地需要各自承担国家公园等保护地的管理责任。联邦政府与各州、领地政府均设有保护地管理机构，联邦政府根据宪法赋予的权力行使职责，对外代表国家签定国际协定，履行国际义务，对内负责处理原住民事务，促进各州、地区之间的合作与沟通。环境遗产部下的公园局是联邦政府设立的国家级保护地主管机构，该机构分为南部和北部两个公园局，并由国家公园署负责国家层面的保护地管理工作。同时，成立了国家公园管理委员会，由环境遗产部的公园局和该委员会共同管理一些国家公园，如卡卡杜国家公园。总体上，已经形成了政府分级主管、原住民参与共管、非政府组织与私人组织等私人因素参与管理的层次明确的管理体系。

2. 多类型的保护实体

澳大利亚政府规定对于进入国家保护地体系的所有保护地，只有当它们的管理目标与 IUCN 自然保护地管理类别的目标一致时，才能成为国家保护地体系的一部分。澳大利亚共有 50 多种认定的保护地类型，包括州/领地政府部门主管的保护地、私人因素管理的保护地、原住民自己主管的保护地，体现了保护对象、管理目标的多样性。有些保护地建立在城市里面，主要用于城市居民的游憩和休闲，有些偏远的保护地主要是为了保护野生生物，并且禁止游客进入；还有些公园主要是用来发展旅游度假，或者为城市居民提供水源地，但都纳入了保护地体系。

3. 多样化的管理模式

澳大利亚为了实现全面的、合适的和有代表性的国家保护地体系目标，政府通过各种合作或者租赁协议鼓励原住民和私人参与保护地的建立和管理。从土地所有权的性质划分，主要划分了三种保护地：公共保护地（Public Protected Area）、本土保护地（Indigenous Protected Area）和私人保护地（Private Protected Area）。这些多样化的管理模式，都是针对澳大利亚本国的国情特点而建立，这样能使得各类保护地得到有效管理，促进澳大利亚国家保护地体系计划的实施，保护澳大利亚大陆完整的生物多样性和自然文化价值。

四、南非

（一）分类体系构成

南非自然保护地管理体系建立经历了漫长的过程，直到 2003 年颁布《国家环境管理：保护地法》及 2004 年修正法案出台，才确定南非自然保护地管理体系由保护地管理机构和各类自然保护地两大部分构成。这个框架的层级与南非政府的层级保持一致。保护地管理机构可分为三个层级：国家级、省/地区级、地方级，对应的保护地类型可分为：国家级保护地、省/地区级保护地、地方性保护地。

《国家环境管理：保护地法》明确规定南非自然保护地体系的类型包括：①特殊自然保护区（Special Nature Reserves）、国家公园、自然保护区（包括荒野地）及保护的环境区（Protected Environments）；②世界遗产地；③海洋保护地（Marine Protected Areas）；④特别保护森林区（Special Protected Forest Areas）、森林自然保护区（Forest Nature Areas）、森林荒野地（Forest Wilderness）；⑤高山盆地区。这些类别包含了所有国家级、省/地区级、地方级的保护区，基本特征见表 2-8。

表 2-8　南非各类自然保护地的基本特征

类型	基本特征
特殊自然保护区	保护高度敏感、具有突出的或典型的生态系统、地质学或生理学特征和物种的地域，主要是为科学研究或环境监测而管理保护
国家公园	保护生物多样性、具有国家或国际重要性的地域、南非有代表性的自然系统、景观地域或文化遗产地、包含一种或多种生态完整的生态系统的地域，防止开发和不和谐占有、利用、破坏地域生态完整性，为公众提供与环境和谐的、精神的、科学的、教育的和游憩的机会

续表

类型	基本特征
自然保护区	作为南非国家公园系统的补充,保护重要的自然特征或生物多样性,保护具有科学、文化、历史或考古重要性的区域,长期为保护生物多样性或保护环境服务,为当地居民提供可持续的自然产品和服务,提供以自然为基础的游憩机会和旅游机会
保护的环境区	建立作为特殊自然保护区、国家公园、世界遗产地或自然保护区的缓冲区域,使土地拥有者采取集体行动保护自己土地上的生物多样性和得到合法的承认,保护因生物多样性和自然特征而具有科学的、文化的、历史的、考古学的或地理学价值的区域,保护具有优美风景和景观价值或可提供环境收益和服务的区域
世界遗产地	保护含有一个或多个特殊的自然或文化特征的区域,因其固有的珍稀性、代表性、美学质量或文化意义而具有突出的或独特的价值。主要为保护特殊的自然或文化特征而形成的保护区
海洋保护地	为了可持续利用而管理海洋区域,海洋区域内包含有较小的高度保护带,包括海底、底土及上覆水体、周边的湿地、河口、岛屿和其他海岸带土地。长期以来在人与自然的相互作用下已形成一种明显的区域特征,因其固有的珍稀性、代表性、美学质量或文化意义而具有突出的或独特的价值
特别保护森林区、森林自然保护区、森林荒野地	促进森林的可持续管理和发展,在国家森林中创造可以恢复森林的必要条件,保护特殊的森林和树种,为了促进环境的、经济的、教育的、游憩的、文化的、健康的和精神的发展而可持续地利用森林
高山盆地地区	为了保护、利用管理和控制位于高山盆地的区域,以及为应对、处理该地区突发事件提供依据

(二)分类体系特点

1. 与社会、政治问题结合紧密

南非的保护事业不能与其主要的历史和社会、政治问题分开。南非保护地体系的建立和发展经历了从"武器和栅栏"到集中"家长式"管理,又进而走向合作管理的漫长道路。历史上的殖民主义统治和种族隔离制度曾迫使约80万南非人口集中到占国土面积13%的土地上,给南非社会遗留下如地荒、贫穷、人口增长等后遗症,最终导致公共土地上不可持续的资源利用。土地改革和再分配历史遗留的土地权属问题表现在大面积土地上存在双重土地制度。无论是政府保护机构,还是非政府组织和私人保护者都认识到保护地管理必须和其他土地利用方式一样提供食物、就业和生计安全。政府管理的保护地和私人保护地要保持其合理的政治地位就必须满足社会诉求。

2. 保护地体系结构层次清晰,法律法规健全

南非保护地体系包括了从国家到地方各层面的保护机构和保护类别,在国家、省/地区和地方层面均设有相应级别的保护地管理机构,实行政府分级主管。南非政府根据宪法赋予的权力行使职责,对外代表国家签定有关保护地的国际协议等,履行国际义务,对内以国家环境事务和旅游部代表国会,主要负责国家层面的保护地管理,制定法律、政策,把握国家保护地发展的方向和原则,以及保护地体

系的整体运作。

各省和地区政府的保护地管理机构负责管理行政职权范围内的保护地。只要是国家级管理机构认为合适，经过授权，省级保护地管理机构就可以管理位于省内的国家级、省级或地方级的各类保护地。

在地方层面上，政府依据法律鼓励非政府组织、私人保护团体、原住民社区参与保护地的管理，并根据地方需要调整地方性保护地类别。设立地方性保护地提高某些区域或物种的保护力度，或与社区建立合作管理的模式，这种保护力量的影响力正在不断得到加强。

3. 自然保护与地区可持续发展并重

南非当今面临的最大环境挑战之一是自身资源可持续的管理如何与发展需要相协调，贫穷是导致其环境恶化和资源枯竭的主要原因。南非政府和人民充分认识到其珍贵自然资源对于国家安全和人民生计的重要性，1997 年颁布的《生物多样性白皮书》确定将生物多样性保护作为保护国家自然资源安全和社会发展重要手段的基本国策。同时，南非政府强调在国家层面上优先解决贫穷问题和给弱势群体提供机会。政府没有将保护环境或是解决贫穷、发展经济放在优先的位置，而是将环境保护作为发展过程中的一个结合部分。政府努力将自然保护和可持续发展并重的管理理念体现在其保护地管理体系的机构设置、类别划分上。

4. 注重国际、国内双重合作

南非保护地管理体系的建立和发展历史始终依托于国际自然保护的大背景，南非依靠国际合作参与保护区的合作管理项目，将本国保护地管理类别与 IUCN 自然保护地类别体系对应，全国 460 个保护地（包括陆地和海洋）中有 355 个与 IUCN 自然保护地类别相对应。各国专家对南非保护地的关注产生了许多研究项目，促进和帮助南非进一步完善其保护地管理体系，应对其社会、政治、经济、文化等各方面所面临的挑战。南非重视国土边界区域的自然和人文资源保护，其跨界保护地的管理创新和经验成为这类保护地的国际范例，如将大象迁移到莫桑比克就是南非进行国际保护合作的典型案例。

五、日本

（一）分类体系构成

日本内阁环境省所确定的日本自然保护地域（Areas for Nature Conservation）包括以下 4 类：①国立公园、国定公园、都道府县自然公园；②原生自然环境保全区、自然环境保全区、都道府县自然环境保全区;③国设鸟兽保护区、都道府县设鸟兽保护区;④生息地等保护区。日本1957年颁布的《自然公园法》规定,国立公园是日本代表性的景观,是环境大臣根据《自然公园法》第5条规定指定并由环境省进行管理的自然风景地域。国定公园又称为准国立公园,是具有优美的自然景观,是由环境大臣指定并由都道府县进行管理的风景地域。都道府县自然公园是由知事根据本地条例指定且具有地方代表性景观资源的风景地域。在日本自然公园体系里,国立公园等级最高,国定公园次之,对日本的国土景观资源具有重要的保护作用。

截至2019年,日本建立了各类型自然公园共计401处,总面积556.7万hm²,占国土面积的14.74%,其中国立公园34处,面积219万hm²,约占日本国土面积的5.80%;国定公园56处,面积141万hm²,约占日本国土面积的3.73%;都道府县自然公园311处,面积196.7万hm²,约占日本国土面积的5.21%(表2-9)。

表2-9　日本自然公园体系概况

类别	公园数量/个	面积/万 hm²	占国土面积的比例/%
国立公园	34	219	5.80
国定公园	56	141	3.73
都道府县自然公园	311	196.7	5.21
原生自然环境保全区	5	0.5631	0.015
自然环境保全区	10	0.7550	0.02
都道府县自然环境保全区	496	7.1886	0.19

(二)分类体系特点

1. 类型复杂的风景资源

日本自从设置国立公园以来,对于风景资源,从最初的名胜、史迹、传统胜地和自然山岳景观,到休闲度假地域、滨海风景资源、陆地海洋生态系统、生物多样性,以及大范围的湿地环境的评价逐渐多样化,表明国立公园的风景地保护范围从点到面、从陆地到海洋,保护内容不仅包括自然环境、人文历史遗迹,也包括生物系统、生态系统,以及城市居民的休闲度假地,即发展成为整体性保护。对于不同的保护对象,根据其价值,采用分区保护与控制措施。

2. 地域制自然公园

地域制自然公园范围以内土地所有权属复杂,需要通过相应的法律法规对权益人的行为进行控制和管理,以达到自然公园的保护和利用目标。日本国土面积狭小,土地利用多呈现复合性质。国立公园内,私人领地占总面积的 25.6%。因此,采用地域制自然公园制度,能够超越土地所有权归属的限制,将需要保护的地域指定为国立公园。由于地域制公园内居住人口较多,产权、财权、产业、管理各类关系复杂,因此必须设计细致、全面的协作管理制度。为理顺这种关系,日本国立公园实施风景地保护协定和民有地购买措施,以确保管理权统一。

3. 多方协作保护体制

国立公园、国定公园面积广阔,内部土地权属关系构成复杂,牵扯利益多,因此尽管由环境省和都道府县进行管理,但一般都会采用公园管理团体制度。该制度是 2002 年创立的基于多方协作的管理体制,即由环境大臣指定非营利性组织全面负责公园日常管理、设施修缮和建造,以及生态环境的保护、数据收集与信息公布。非营利性组织与环境之间采取联动与监督机制,对于公园内非国有土地,政府采用税收杠杆促使非营利组织与居民缔结风景地保护协定,或者由政府直接出资购买民间土地,以此提高管理效率,降低管理成本。

六、印度

(一)分类体系构成

印度自然保护地分为两种类型,一类是通过顶层设计,由法律明确定义和规范的自然保护地;另一类是通过保护项目推动建立或国际机构认定的自然保护地。印度自然保护地体系的建立是由自上而下的力量所推动的,即以立法为保障,中央政府通过顶层设计搭建法定的网络框架、制定政策和项目来推动地方进行自然保护地的划定和管理。自 1900 年第一个野生动物保护区建立以来,印度经历了三个发展阶段:早期"散点状"保护地的建立、保护地网络体系框架的建立和局部形成"核心区-缓冲区-廊道"的保护地网络。

《印度森林法》(Indian Forest Act,IFA)(1927 年)和《野生动植物保护法》(Wildlife Act,WA)(1972 年)是印度自然保护地体系建立的法律保障。IFA 明确定义了三类森林保护地:森林保留地(Reserved Forest)、社区森林(Community Forest)和森林保护区(Protected Forest);WA 明确定义了四类自然保护地:国家公园(National Parks)、野生生物保护区(Sanctuaries)、保护预留地(Conservation Reserves)与社区保护地(Community Reserves),如表 2-10 所示。

表 2-10　印度自然保护地体系概况

类型	管理机构	特点	目标
国家公园	邦政府和中央政府	不论是否在野生生物保护区；具有生态的、动物群的、植物群的、地貌的关联性或重要性	保护、推动野生动植物及其生境的可持续发展
野生生物保护区	邦政府和中央政府	由任何森林保护地或内陆水域组成；具有生态的、动物群的、植物群的、地貌的关联性或重要性	
保护预留地	邦政府	临近国家公园和野生生物保护区或连接保护地的区域；需和当地社区协商	保护景观、海景、动植物群落及其栖息地
社区保护地	邦政府	社区或个人志愿保护野生动物和它的栖息地；不在国家公园、野生生物保护区或保护预留地内	保护动植物、传统文化的价值和社区实践
森林保留地	邦政府	任何政府拥有土地所有权、森林所有权，以及全部或部分林木产品生产权的林地或废弃地	加强保护有森林覆盖或重要野生动物的林地，规范化林业生产、运输及税收等
社区森林	邦政府	指定农村社区管理的森林保留地	
森林保护区	邦政府	未被划为森林保留地；政府拥有土地所有权、森林所有权，以及全部或部分林木产品生产权的林地或废弃地	

（二）分类体系特点

1. 中央统筹和地方自治相结合

印度早期建立的自然保护地是属地管理模式，保护地由邦政府或联邦属地的环境森林部保护管理，中央政府作为指导顾问。随着印度自然保护地类型的增多，管理模式也从单一的属地管理模式转变为与自然保护地类型对应的中央统筹与地方自治相结合的综合管理模式，包括中央政府和邦政府合作管理模式、邦政府属地管理模式和社区自治模式。

印度的国家公园、野生生物保护区由中央政府和邦政府合作管理。印度环境森林气候变化部通过三个主赞助计划（野生动植物栖息地的综合发展项目、老虎保护项目、大象保护项目）给邦政府或联邦属地的政府提供资金支持，并且负责国家公园、野生生物保护区的管理政策制定与规划编制。邦政府或联邦属地环境森林部的下属机构负责规划的实施与管理。全国野生动植物委员会（National Board for Wild Life）、邦立野生动植物委员会（State Board for Wild Life）分别负责为国家公园、野生生物保护区提供政策建议和提升对策。

2. "多方参与"的保护管理

印度通过建立委员会、推进野生动物保护项目，实现了由政府、非政府组织、专家学者、志愿者等组成的"多方参与"保护管理模式，包括吸纳专家学者参与政策制定、联动非政府组织研究和保护野生动物。

2002年，印度政府成立全国野生动植物委员会，并调整野生动植物咨询委员会的工作人员结构，从其人员组成与职责可以看出，委员会的成立可以提升管理政策的科学性，避免政府一方管理的弊端。全国野生动植物委员会包括印度总理、议会成员、非政府组织成员、著名生态学家/保护学家、环保主义者。全国野生动植物委员会的法定职责范围包括：为中央及邦政府制定野生动植物保护政策，提升保护效果和有效控制野生动物的非法贸易；为保护地的管理提供建议；对野生动物或其栖息地上的项目和活动实行影响评价；定期监测野生动物保护管理结果，提出改进策略；至少两年一次编制并发布保护地现状报告。

3. 联合社区共管

印度政府引入联合森林共管及生态发展项目，通过一系列的政策协调社区发展与自然保护的矛盾。1988 年，印度的国家森林政策声明当地社区需纳入自然资源保护范围。1990 年，印度环境森林气候变化部提出了联合森林管理（Joint Forest Management）和资源共享策略。联合森林管理项目由邦立林业部门和当地社区组织合作以共同保护森林和共享森林产品。联合森林管理不适用于法律严禁获取木材和非木材产品的保护区。1991 年，印度政府提供资金在 80 个保护地上建立生态发展项目，生态发展项目通过对社区的支持，帮助贫困社区放弃从保护区中取薪材的习惯，实现自然保护的目标。

七、对中国自然保护地分类的借鉴

总结国际上的自然保护地分类，可以看出类型的划分从以基于生态系统的保护对象为出发点，逐渐转向以管理目标为主的类型划分；保护区的分类体系也从基于自然属性的分门别类，转向为保护区有效管理和资源的可持续利用服务。中国自然保护地建设也是世界自然保护事业的一部分，在类型划分上也走过了相似的道路。

（一）更新自然保护理念

中国部分自然保护地生态破坏现象突出，甚至个别自然保护地已失去保护价值。究其原因，主要仍在于有些地方保护观念淡薄，在发展理念上仍重发展轻保护，还没有树立正确的自然保护理念。应在以下几个方面加强。①承认保护的普遍性，牢固树立尊重自然、顺应自然、保护自然的理念，并向全社会普及，以建立完整的自然保护地体系，发挥自然保护地的生态功能，保持现有的丰富的景观。②探索多种保护途径，从全球吸取适合中国的经验，针对不同的地区采取不同的管理方式。③着眼长远，不仅考虑当前经济社会发展，更要从更广的范围、更长的时间跨度构建自然保护地体系。

（二）构建完善的自然保护地法律体系

中国现行的自然保护地法规不够完善，存在不足，自然保护地常常出现无法可依、有法不依、执法不严、违法不究的现象。针对这些情况，可从三个方面来优化中国自然保护地法律体系。①完善现有自然保护地法律。修订现有的法律，是完善法律体系最简单、最直接的方法之一。②制定新法律法规，应该体现自然保护地全方位的目标，明确规定各相关单位和个人的权责及相互关系，并阐明与其他部门和法律的相互关系。③针对自然保护地涉及的所有现行相关法律，说明在自然保护地出现各类部门利益冲突时应该如何处理。

（三）调整复杂的管理机构

2018 年以前，中国管理自然保护地的国家部门有林业、环保、农业、水利、国土资源、建设等相关部门。可参考英国国家级政府部门的机构调整，整合现有部门，建立新的管理机构。国家级的自然保护地管理机构应为非营利性单位，由中央政府统一财政拨款。同时在自然保护地管理机构与地方大学、科研机构之间建立紧密的合作机制，共同促进自然保护地的工作。在鼓励地方发展旅游业的同时，应避免自然保护地管理机构直接或间接地进行营利性的旅游活动，转为关注如何引导地方居民进行此类工作。

（四）整合现有的自然保护地类型

在自然保护地的类型调整上，应该在新的独立的管理机构体系基础上，以物种和栖息地、资源保护的基本要求为依据划定新的自然保护地边界，鼓励建立跨地区的大型综合自然保护地；同时参照 IUCN 的管理目标，针对各地方不同的管理目标，划定适当的自然保护地边界，对各专项或综合性自然保护地制定管理目标和管理计划，以保证各类资源得到有效的保护。为了构建完整的保护网络，还应该鼓励地方政府根据地方特点建立地方自然保护地。

（五）创新多样的管理方式

应该摒弃开发公司占有风景资源的经营模式，探索新的管理模式，前提是建立全新的公益性管理机构体系，鼓励和吸纳社区居民参与保护政策的制定管理，与其签定保护协议，帮助社区居民从事适当的旅游接待服务。一方面增加社区居民收入，将劳动力留在当地；另一方面社区居民在保护中得到切实利益，也会提高保护的积极性和责任感，让社区居民成为自然保护地工作的主人，切实促进地方经济的发展、人民生活水平的提高。

第四节　中国自然保护地分类体系研究进展

现代中国的自然保护地建设始于 20 世纪 50 年代，在自然保护地数量和面积较少时，从管理角度而言，类型的划分还未成为突出的问题。改革开放以后，中国自然保护地建设进入了迅速发展时期，风景名胜区、森林公园、湿地公园等各类自然保护地不断涌现，自然保护地保护与利用之间的矛盾日益凸显。科学分类是自然保护地体系制度建立的前提，中国自然保护地分类体系建设的探索始于80年代初，其分类依据的探讨日益成为学术界关注的热点问题。本研究将80年代至今有关自然保护地体系分类依据的研究总结为三类：以保护对象与资源特征为分类依据、以管理目标为分类依据和以生态系统服务功能为分类依据，并对中国自然保护地体系与IUCN的分类体系进行对比分析。

（一）以保护对象与资源特征为分类依据的自然保护地分类体系

1980年，全国农业区划委员会自然保护区专业组曾根据保护对象将自然保护区划分为3种类型，即森林及其他植被类型、野生动物类型和自然历史遗迹类型，这是中国保护区类型划分的雏形。这一时期正处于自然保护地建设的摸索阶段，需要按照统一的标准对自然保护地进行类型划分，建立自然保护地分类体系，以便管理。一些学者认识到自然保护地建设的最终目标是保护珍稀的动植物资源以及完整的生态系统，因此尝试以保护对象为分类依据的自然保护区区划体系方案的探讨（表2-11）。例如，王献溥（1980）将自然保护地划分为4种类型：保护完整的自然景观为目的的自然保护区、保护某类特有生态系统的自然保护区、保护某些珍稀动植物的自然保护区、供游览修养的自然保护区；朱靖（1980）将自然保护地划分为3种类型：自然保护区、各类专业保护区、自然公园；金鉴明和王礼嫱（1982）在此基础上建议将保护地划分为5种类型：典型自然生态系统保护区、特有生态系统保护区、珍稀动植物自然保护区、特殊自然风景保护区、自然历史遗迹自然保护区；刘东来（1989）认为中国的自然保护地可划分为5种类型：

表2-11　基于保护对象为分类依据的自然保护地分类体系研究进展

时间	代表学者	划分类型
1980	王献溥	4大类：保护完整的自然景观为目的的自然保护区、保护某类特有生态系统的自然保护区、保护某些珍稀动植物的自然保护区、供游览修养的自然保护区
1980	朱靖	3大类：自然保护区、各类专业保护区、自然公园
1982	金鉴明和王礼嫱	5大类：典型自然生态系统保护区、特有生态系统保护区、珍稀动植物自然保护区、特殊自然风景保护区、自然历史遗迹自然保护区
1989	刘东来	5大类：典型自然生态系统保护区、物种及栖息生境保护区、遗传资源保护区、山地水源保护区、自然景观历史遗迹保护区
1989	刘信中	6大类：典型的自然生态系统保护区、重要生物物种保护区、森林公园、自然遗产保护区、山地水源保护区、自然资源保护区
1993	薛达元	3类9型：自然生态系统类自然保护区（森林生态系统型、草原草甸生态系统型、荒漠生态系统型、内陆湿地和水域生态系统型、海洋海岸生态系统型）、野生生物类自然保护区（野生动物型、野生植物型）、自然遗迹类自然保护区（地质遗迹型、古生物遗迹型）

典型自然生态系统保护区、物种及栖息生境保护区、遗传资源保护区、山地水源保护区、自然景观历史遗迹保护区；刘信中（1989）根据中国自然保护地现状和发展趋势，并结合国际经验，将自然保护地划分为 6 种类型：典型的自然生态系统保护区、重要生物物种保护区、森林公园、自然遗产保护区、山地水源保护区、自然资源保护区。

以上学者根据保护对象、资源特征的不同进行自然保护地类型划分具有一定的合理性，其中保护地类型的划分大多包括保护珍稀动植物/生态系统的自然保护区、自然历史遗产保护区、重要物种保护地、自然资源管理区。但无论是哪一种方法都仅仅停留在探索阶段，并没有在自然保护地管理工作中得到真正的应用。鉴于此，薛达元等（1993）根据自然保护地（区）的主要保护对象，将自然保护地（区）分为 3 类 9 型，分别是自然生态系统类自然保护区、野生生物类自然保护区以及自然遗迹类自然保护区，具体定义如下所述。

1. 自然生态系统类自然保护区

自然生态系统类自然保护区是指以具有一定代表性、典型性和完整性的生物群落与非生物环境共同组成的生态系统作为主要保护对象的一类自然保护区，分 5 个类型：①森林生态系统型；②草原草甸生态系统型；③荒漠生态系统型；④内陆湿地和水域生态系统型；⑤海洋海岸生态系统型。

2. 野生生物类自然保护区

野生生物类自然保护区是指以野生生物物种，尤其是珍稀濒危物种群体及其自然生境为主要保护对象的一类自然保护区，分两个类型：①野生动物型；②野生植物型。

3. 自然遗迹类自然保护区

自然遗迹类自然保护区是指以特殊意义的地质地貌、地质剖面、化石产地等作为主要保护对象的一类自然保护区，分两个类型：①地质遗迹型；②古生物遗迹型。

1993 年国家环境保护局和国家技术监督局联合发布，将此"3 类 9 型"的自然保护区分类方法作为中华人民共和国国家标准（GB/T 14529—1993）。

（二）以管理目标为划分依据的自然保护地体系

20 世纪 90 年代中后期以来，基于管理目标的自然保护地分类体系研究逐步深入（表 2-12），学者们不断反思以保护对象为分类依据的自然保护地建设暴露的诸多弊端和矛盾，提出参照 IUCN 自然保护地分类标准，理顺中国自然保护地类型，重构自然保护地分类体系（朱春全，2014）。

表 2-12　基于管理目标的国内自然保护地分类体系研究进展

时间	代表学者	划分类型
1996	刘东来	6 大类：严格保护的自然保护区、国家（省级）公园、栖息地/物种经营区（自然资源保护区）、需要经营的自然保护区（多种用途的经营区）、生物圈保护区、世界自然遗产地
2004	蒋明康	6 大类：自然保护区（严格的自然保护区、荒野地自然保护区）、国家公园、自然遗迹自然保护区、野生生物物种自然保护区、自然生态系统自然保护区、资源管理自然保护区
2005	李南岍	4 大类：严格的自然保护区（严格意义的自然保护区、荒野地类型自然保护区）、国家公园、栖息地物种保护区、资源管理保护区
2005	王献溥	5 大类：严格的保护区、国家公园、保护景观、栖息地/物种管理区、资源管理保护区
2006	喻泓	4 大类：严格的保护区、国家公园、物种或栖息地保护区、陆地或海洋景观保护区
2011	夏友照	4 大类：严格保护类、栖息地/物种管理类、自然公园类、多用途类
2012	刘映杉	5 大类：严格保护管理类保护区、物种生境管理类保护区、生态安全管理类保护区、自然公园管理类保护区、生物资源管理类保护区
2012	张晓妮	3 大类：严格类自然保护区、保护利用相结合类保护区、可持续利用类保护区
2014	欧阳志云	7 大类：自然保护区、国家公园、风景名胜区、农业种植资源保护区、生态功能保护区、地质公园、水利风景区
2014	唐小平	5 大类：自然系原野保护区、国家公园、物种与生境保护区、自然景观保护区、自然资源管理区
2014	朱春全	6 大类：第Ⅰa 类（自然保护区）、第Ⅱ类（自然保护区）、第Ⅲ类（地质公园）、第Ⅳ类（自然保护区、湿地公园）、第Ⅴ类（自然保护区、风景名胜区、森林公园、湿地公园、国家水利风景区、社会公益保护区、文化林、社区保护）、第Ⅵ类（自然保护区、国家水利风景区、水源保护区、文化林、社区保护）
2015	王秋凤	6 大类：自然生态保护带（Ⅰ类）、综合自然保护群（Ⅱ类）、综合自然保护区（Ⅲ类）、重要物种保护区（Ⅳ类）、重要自然景观保护区（Ⅴ类）、重要遗产保护区（Ⅵ类）
2015	杨锐	9 大类：自然保护区、国家公园、风景名胜区、地质公园、水利风景区、森林公园、湿地公园、城市湿地公园、海洋特别保护区
2016	陈君帜	4 大类：自然保护区（自然保护区中符合 IUCN Ⅰ类严格保护与原野保护区的划入严格自然保护区，自然保护区中符合 IUCN Ⅳ类栖息地/物种管理区的划入物种与生境保护区）、国家公园（对破碎化的各种保护地进行整合连通，按照生态系统的完整性确定范围）、自然景观保护区（森林公园、湿地公园、风景名胜区、地质公园、水利风景区等）、自然资源管理区（国有林区林场、草原、国家海洋、江河湖泊等）
2016	束晨阳	3 类 9 种：国家自然保护区（严格自然保护区、栖息地自然保护区、资源管理保护区）、国家公园、国家景观保护地（风景名胜区、森林公园、地质公园、湿地、水利风景区）
2016	解焱	4 大类：严格保护类、栖息地/物种管理类、自然公园类、多用途类
2017	黄木娇	5 大类：国家公园类、物种及栖息地管理类、严格保护类、资源管理类、自然景观类
2017	唐芳林	9 大类：国家公园、国家级自然保护区、省级自然保护区、市级自然保护区、自然保护小区、森林公园、沙漠公园、地质公园、海洋公园
2017	唐小平	严格保护（国家公园、自然保护区）、重点保护（野生生物保护区、自然遗迹与景观保护区）、生态保育（自然资源保育区、社区生态保育区）
2017	吴承照	3 类 14 种：国家生态保护地（动物保护地、动植物栖息地、自然保护区、海洋生态保护区）、国家公园（国家公园、国家风景名胜区、国家游憩区、国家遗址纪念地、国家森林公园、国家地质公园、国家湿地公园、其他）、国家持续利用地（传统农业文化景观、传统林业文化景观）
2018	苏杨等	5 大类：Ⅰ类（最高的保护价值，实现严格的管控）、Ⅱ类（面积较大、保护价值极高，统筹能力较弱，保护需求建立在区域统筹和社区共管的基础之上）、Ⅲ类（保护价值和统筹能力中等，在土地权属等方面的统筹易于Ⅱ类保护地）、Ⅳ类（保护价值低，统筹能力强，易于实现对保护地内资源和人类行为模式的管控）、Ⅴ类（保护价值与统筹能力较低，资源价值不突出，原住民较多，景观或资源产业较非保护地有明显优势，适合提供休闲、游憩、资源可持续利用等服务）

（三）以生态系统服务功能为划分依据的自然保护地体系

自然保护地的生态调节、文化服务、教育科普和展示利用等功能也是自然保护地分类的重要依据。吕偲等将自然保护地体系分为空间体系、治理体系和管理体系 3 个层次，以生态系统的支持服务、文化服务、调节服务和供给服务作为分类依据，将自然保护地分为 5 类：Ⅰ类，综合生态系统服务保护地；Ⅱ类，生态系统支持服务保护地；Ⅲ类，生态系统文化服务保护地；Ⅳ类，生态系统调节服务保护地；Ⅴ类，生态系统供给服务可持续利用保护地。马童慧等（2019）构建了重叠自然保护地优先整合框架，提出依据自然保护地的主导生态服务和生物多样性状况进行判定，在此基础上将文化服务、调节服务作为分类依据对自然保护地进行分类。在对中国自然保护区生态服务功能和人类足迹进行量化分析的基础上，黄木娇等（2018）将中国自然保护区类型划分为：生物多样性保护类、生态安全管理类、物种和栖息地管理类、自然景观类、自然遗迹类和资源管理类。

（四）中国自然保护地与 IUCN 分类体系的异同

中国自然保护地可分为自然保护区、风景名胜区、森林公园、湿地公园、地质公园、海洋公园等。另外，水源保护区、天然林保护区、国家重点公益林保护区等类型也应该考虑在内。这些不同类型的自然保护地形成了以自然保护区为代表的保护地体系。由于这些保护地类型比较复杂，都是各部门、各地区分别建立的，地理分布不均，结构不合理，没有进行系统的顶层设计，因此，中国现阶段完善而且明确的自然保护地分类管理体系尚未形成。

有学者认为，中国所有的自然保护区都属于 IUCN 归类系统第Ⅰ类中的"Ⅰa 严格的自然保护地"和"Ⅰb 荒野保护地"。随后解焱（2016）等学者研究证明，引起这种误解的根本原因，是中国的自然保护地分类体系与 IUCN 归类方式完全不同：IUCN 的归类是按照管理目标和管理方式划分的，而中国自然保护区是按照主要保护对象划分的。中国现行的《自然保护区类型和级别划分原则》（GB/T 14529—1993）将自然保护区划分为 3 大类别 9 种类型。如果将这 3 大类别 9 种类型按照 IUCN 的分类依据进行划分，中国自然保护地分类体系已经包含 IUCN 归类的所有 6 种类型的自然保护地。因此，中国的自然保护区并不等同于 IUCN 归类中第Ⅰ种类型的"严格的自然保护地"。

按照 IUCN 的自然保护地分类管理体系对各类保护地的建设目标、建设条件的规定，中国自然保护地与 IUCN 自然保护地分类体系有如下对应关系（表 2-13）。

表 2-13　IUCN 自然保护地分类体系与中国现行分类体系的关系

中国自然保护地体系	IUCN 自然保护地类型						
	第Ⅰa类	第Ⅰb类	第Ⅱ类	第Ⅲ类	第Ⅳ类	第Ⅴ类	第Ⅵ类
自然保护区	√	√	√	√	√	√	√
风景名胜区			√	√		√	
森林公园						√	√
地质公园				√			
湿地公园				√			
生态功能保护区							√
海洋特别保护区						√	√
重点文物保护单位（自然）				√			
水源保护区							√
天然保护林							√
国家重点公益林保护区							√

（五）研究方法和研究进展

选择科学合理的评价指标和分类方法是对自然保护地进行分类评价工作的前提和重点。当前自然保护地分类评价指标的选择仍无统一标准，主要参考自然保护区生态评价方法和评价标准、国家级自然保护区评审标准和自然保护区基本属

表 2-14　自然保护地分类体系构建方法研究

类型	时间	作者	主要内容
定性研究方法	1993	薛达元	多样性、稀有性、代表性、自然性、面积适宜性、威胁性和人类威胁等作为主要的评价指标
	1997	宋秀杰和赵彤润	运用指标赋分和加权平均法，建立 3 个层次的生态评价指标体系
	2000	杨瑞卿和肖扬	确定 7 个评价指标，运用指标赋分和层次分析法进行生态评价
	2003	石金莲等	选取自然性、代表性、多样性、稀有性、生态脆弱性、面积适宜性、人类威胁等指标对辽宁老秃顶子自然保护区进行评价
	2009	张昌贵等	采用专家评分与层次分析法相结合的方法，对保护区的生态环境进行评价
	2012	刘映杉	黄金分割法：对生态系统保护功能、珍稀濒危物种保护功能、生态调节功能、生物资源供应功能、生态旅游功能五个方面进行赋值
	2013	孔洋阳等	差分法：从保护区内社会经济活动程度、湿地环境状况、保护对象状况 3 个方面的 12 个评价指标进行了综合评价
定量研究方法	2005	李南岍等	聚类分析法
	2006	喻泓	聚类分析法
	2018	黄木娇等	指标构建法

性，包括多样性、稀有性、代表性、自然性、面积适宜性、脆弱性和人类威胁等评价指标（表2-14），但至今仍缺乏系统的对保护区利用功能的评价指标。指标赋值主要有专家打分法、差分法、黄金分割法等。自然保护区分类研究多为定性描述，定量分类方法较少，当前的研究主要以聚类分析法和指标构建法为主。现有指标体系、赋值方法和分类方法难以综合考虑中国自然保护地的属性，且无法解决主观性强、与实际情况有一定差异和受样本量限制的问题。此外，部分评价指标数据难以获取，不利于推广。

第三章 中国自然保护地分类重构方案

自然保护地是保护生物多样性，改善生态环境质量，实现生态可持续发展最有效的方法和途径之一，中国自然保护地建设已经取得了巨大的成就。然而，在自然保护地建设过程中出现的类型划分不合理、彼此之间缺乏逻辑联系、保护目标单一、管理体制不顺等各种问题，仍阻碍着自然保护地事业的健康发展。本章从管理目标的角度入手，提出自然保护地分类体系的新方案。

第一节 现有自然保护地分类依据分析

自然保护地分类是自然保护地管理建设的重要依据，也是保护地有效管理和信息交流的基础。建立新的自然保护地体系，首先需要对现有的保护地分类依据进行梳理和分析，使新的分类体系能够充分考虑中国自然保护地管理的既有现状，并且与现有自然保护地体系的优化调整相结合。

一、保护对象分析

中国各类自然保护地，由于建立目标不同，保护对象也有所不同（表 3-1）。从表 3-1 中可以看出，保护对象存在重复的现象，主要体现在如下两个方面。第一，任何一处自然保护地都是由多种类型资源构成的，即使主要保护对象是单一的，如保护某种珍稀濒危动物，但它的栖息地仍然是复杂的生态系统，也需要同时得到保护。因此，从这个意义上讲，以资源类型为自然保护地的主要划分依据是相对困难的。第二，不同类型自然保护地的保护视角不同。例如，风景名胜区是从"景"的角度确定其保护对象的，而并非自然资源的角度，因此和其他类型自然保护地保护对象几乎都有重复。类似的情况在森林公园、地质公园乃至自然保护区中都有体现，它们都在一定程度上提到了"自然景观"的保护，这一提法其实扩大了保护对象的范围。

表 3-1 中国现有主要自然保护地保护对象一览表

保护地类型	保护对象
自然保护区	不同类型的自然生态系统；珍稀濒危野生动植物物种；具有特殊意义的自然遗迹，具有特殊保护价值的海域、海岸、岛屿、湿地、内陆水域、森林、草原和荒漠水生动植物物种（含重要经济物种及其自然栖息繁衍生境）；国家特别重要的水生经济动植物的主要产地；珍贵树种和有特殊价值的植物原生地；重要的具有水源涵养等生态功能的区域

保护地类型	保护对象
森林公园	自然景观和人文景观、森林景观（森林风景资源）、生物多样性、森林植被，森林生态环境，拥有全国性意义或特殊保护价值的自然和人文资源
风景名胜区	自然景观和人文景观、风景资源，景物、水体、林草植被、野生动物和各项设施，景源、景点、景物、景区
水利风景区	水利风景资源，即水域（水体）及相关联的岸地、岛屿、林草、建筑等对人产生吸引力的自然景观和人文景观；水、土、生物及人文资源；天文景观、地文景观、天象景观、生物景观、工程景观、人文景观及风景资源组合
地质公园	地质遗迹；岩性岩相建造剖面及典型地质构造剖面和构造形迹；古人类与古脊椎动物、无脊椎动物等化石与产地及重要古生物活动遗迹；岩溶、丹霞等奇特地质景观；岩石、矿物、宝玉石及其典型产地；温泉、矿泉、矿泥、地下水活动痕迹及有特殊地质意义的瀑布、湖泊、奇泉
湿地公园	湿地生态系统；维护湿地生态系统结构和功能的完整性、保护野生动植物栖息地、防止湿地退化、维护湿地生态过程
沙漠公园	荒漠景观；具有代表性的荒漠生态系统与荒漠生态功能区
海洋特别保护区	具有特殊地理条件、生态系统、生物与非生物资源及海洋开发利用特殊要求的海域；重要海洋生物资源、矿产资源、油气资源及海洋能等资源开发预留区、海洋生态产业区及各类海洋资源开发协调区；海洋生态与历史文化价值，特殊海洋生态景观、历史文化遗迹、独特地质地貌景观及其周边海域

二、资源品质分析

各类自然保护地有自身的资源价值评价标准，评价标准大致可分为两种类型。第一类是对资源天然属性的描述，包括代表性、特殊性、典型性、重要性、集中分布、原始性、完整性等。其中，原始性和完整性在自然保护区、风景名胜区相关的规范中有比较清晰的阐述，在湿地公园中的规定是相当宽泛的，在其他各类自然保护地中均未提及；集中分布的要求也仅在自然保护区和风景名胜区中有所提及，自然保护区中提到了具有某些特征的物种的天然集中分布地，而风景名胜区则强调了风景资源的集中分布特征。总体来说，代表性、特殊性、典型性、重要性是相对提及较多的属性（表3-2）。第二类是对价值的描述，各类保护地均提出有科学、文化、观赏和科普教育价值，也有极少数类型提出了旅游价值（表3-2）。第一类对资源天然属性的描述和第二类对价值的描述，两者存在交义关系，如果是具有代表性的、特殊性的、典型性的、重要的某些资源，一定具有科学文化、科普教育和观赏价值。而且无论是对于资源属性的评价还是对于价值大小的评价，中国各类自然保护地的法规文件中，都尚未形成比较系统的评价标准和方法。

表 3-2　中国各类自然保护地资源品质分析

类型	代表性	特殊性	典型性	重要性	原始性	完整性	科学文化价值	观赏价值	科普教育价值
自然保护区	*****	****	****	*****	****	***	****	***	*****
森林公园	****	***	***	****	***	***	***	****	***
风景名胜区	***	**	**	**	*	*	**	****	**
水利风景区	***	**	**	***	**	*	**	**	**
地质公园	****	****	****	***	***	***	****	***	****
湿地公园	****	***	***	***	****	***	***	***	****
沙漠公园	***	***	***	***	****	***	***	***	***
海洋特别保护区	****	***	***	***	****	**	***	***	***

注：*****为很强，****为强，***为较强，**为一般，*为较弱。

三、利用强度分析

自然保护区、地质公园、湿地公园、海洋特别保护区等都提出了比较明确的分区管理政策，尤其都在最严格保护的分区中提出了控制人类活动进入的政策。这种分区政策明显受到自然保护区的影响。所不同的是，自然保护区和地质公园在表3-3中"A级"区域的规定比湿地公园、海洋特别保护区更加严格，体现在对人类活动的严格控制上，后三者对于保护活动、管理活动的进入并未进行严格禁止。而自然保护区并没有像地质公园、湿地公园、海洋特别保护区那样提出设施建设的相对集中区，即表3-3中的"D级"区域。由此可见，在相关文件中，自然保护区的设立目的是相对单一的，即以保护为主，而对旅游、游憩等内容并没有太多关注。风景名胜区的分区规定比较复杂，既有按主要保护对象划分的"生态保护区""自然景观保护区""史迹保护区"等，并有是否可建设设施的相关规定，也有按保护级别划分的"特级""一级""二级"等分区和规定。总体上看，表3-3中"A级"区域内并没有严格限制保护和管理相关的活动和设施建设，"D级"区域内，也没有允许大规模的设施建设。森林公园、水利风景区在利用强度的规定上具有一定相似性，其在相关文件中体现出的利用强度明显高于其他类型的自然保护地。其中自然保护区和地质公园、湿地公园、海洋特别保护区在利用强度方面的相似性较强。应该注意到，这仅仅是对相关法定文件的分析，对利用强度进行的梳理，是一种"理论上"的判断，在实际操作中，因为各类自然保护地在空间上重叠、同一地域"多头管理"的现象普遍存在，实际情况远比理论分析复杂。另外，各类自然保护地的相关文件中都有针对整个保护地的一些禁止性条款，如"禁止在风景名胜区内进行开山、采石、开矿等破坏景观、植被、地形地貌的活动"等，风景名胜区、森林公园还提出了"禁止超过允许容量接纳游客和在没有安全保障的区域开展游览活动""国家级森林公园经营管理机构应当根据国家级森林公园总体规划确定的游客容量组织安排旅游活动，不得超过最大游客容量接待旅游者"等规定，基本保证了自然保护地的性质。

表3-3 各类自然保护地利用强度分析

利用强度级别	A级	B级	C级	D级
自然保护区	核心区不允许人类活动和进入，不得建设任何生产设施	缓冲区，禁止开展旅游和生产经营活动	在实验区内不得建设任何污染环境、破坏资源或者景观的生产设施	—
森林公园	—	—	在珍贵景物、重要景点和核心景区，除必要的保护和附属设施外，不得建设宾馆、招待所、疗养院和其他工程设施	—
风景名胜区	—	在生态保护区内，可以配置必要的研究和安全防护性设施，应禁止游人进入，不得建设任何建筑设施，严禁机动交通及其设施进入	在核心景区内禁止违反规划建设宾馆、招待所、培训中心、疗养院以及与风景名胜资源保护无关的其他建筑物；已经建设的，应当按照风景名胜区规划，逐步迁出	风景游览区内，可以进行适度的资源利用，适宜安排各种游览欣赏项目；应分级限制机动交通及旅游设施的配置，并分级限制居民活动进入
水利风景区	—	—	根据风景区实际情况，可设立生态保护（恢复）区和历史景观区等保护区。规划应明确保护的位置和范围，并提出相应的保护原则和措施	出入口（集散）区、游览区、服务区、管理区
地质公园	特级保护区只允许经过批准的科研、管理人员进入开展保护和科研活动，不允许建设任何建筑设施	—	一级保护区可以安置必要的游赏步道和相关设施	服务区内可发展与旅游产业相关的服务业，服务区的面积可控制在地质公园总面积的2%以内
湿地公园	湿地保育区除开展保护、监测等必需的保护管理活动外，不得进行任何与湿地生态系统保护和管理无关的其他活动	恢复重建区仅能开展培育和恢复湿地的相关活动	宣教展示区可开展以生态展示、科普教育为主的活动	合理利用区可开展不损害湿地生态系统功能的生态旅游等活动。管理服务区可开展管理、接待和服务等活动
海洋特别保护区	在预留区内，严格控制人为干扰，禁止实施改变区内自然生态条件的生产活动和任何形式的工程建设活动	在生态与资源恢复区内，根据科学研究结果，可以采取适当的人工生态整治与修复措施，恢复海洋生态、资源与关键生境	在重点保护区内，实行严格的保护制度，禁止实施各种与保护无关的工程建设活动	在适度利用区内，在确保海洋生态系统安全的前提下，允许适度利用海洋资源。鼓励实施与保护目标相一致的生态型资源利用活动，发展生态旅游、生态养殖等海洋生态产业

第二节 分类原则与目标

一、原则

为解决中国自然保护地分类体系存在的问题，以中国国家公园体制建设为契机，借鉴国际经验，根据如下 6 个原则构建中国自然保护地分类体系。

（一）保护性原则

中国自然保护地体系构建的目标是保护其主体功能具有重要和特殊生态价值的自然生态系统、自然遗迹、特殊物种、自然资源和自然景观的自然保护地。保护优先应是划分自然保护地类别的首要考虑因素，对人类活动高度敏感的保护对象施行有效保护。

（二）完整性原则

除保护自然生态系统的完整性外，还有相当一部分保护价值极高的文化资源存在于生态系统中，这就要求在构建自然保护地体系的过程中应考虑镶嵌在自然保护地上的文化元素，避免人文景观与自然景观被任意割裂，保护人文资源和自然资源的完整性与统一性。

（三）主导性原则

许多自然保护地可能会包含多个生态系统类型和资源类型，面积较大，在分类的过程中，主要依据其主体资源属性确定其核心管理目标，并以此作为分类依据。其他类型的资源和管理目标可以通过分区协调。

（四）系统性原则

中国人多地少，自然保护地空间分布不均匀，大部分分布在经济水平欠发达地区，这些区域当中大部分还保留着延续千百年的与自然系统和谐共生的村落社区，以及中国传统农业所形成的特殊人文环境——传统农业景观。因此从系统性原则出发，妥善处理中国特殊的人地矛盾，平衡生态保护和社区发展的关系，是中国自然保护地体系构建的重要因素之一。

（五）明确性原则

自然保护地分类标准要强调实用性和操作性，而现有的国内外分类标准在应用中常出现类型之间界限不清的现象，因此，进行自然保护地分类要认真研究各类型的定义和范畴，要尽量避免各类型之间的重复和镶嵌，保证各类型之间的界限清楚。

（六）同一性原则

将具有相同或相似严格程度的自然保护地归为同一类，将资源利用方式相似的自然保护地类型归为同一类。例如，将森林公园、湿地公园、地质公园、风景名胜区等以保护和利用自然景观为基础，为人们提供游憩场所的自然保护地归并为自然公园。

二、目标

中共中央办公厅、国务院办公厅印发的《关于建立以国家公园为主体的自然保护地体系的指导意见》明确指出，建立自然保护地的目的是守护自然生态，保育自然资源，保护生物多样性与地质地貌景观多样性，维护自然生态系统健康稳定，提高生态系统服务功能；服务社会，为人民提供优质生态产品，为全社会提供科研、教育、体验、游憩等公共服务；维持人与自然和谐共生并永续发展。因此，自然保护地体系建设目标可分为 4 类，分别为生态目标、价值目标、功能目标、区域目标（表3-4）。生态目标、价值目标至上的自然保护地对应的是最严格保护和严格保护，价值目标、功能目标并重的自然保护地对应的是严格保护和重点保护，以传统利用方式维持价值与功能存在的生态系统对应的是重点保护，这样按照最严格保护、严格保护、重点保护、一般保护 4 个层次的保护级别划分 4 类自然保护地：国家公园、自然保护区、自然景观和资源保存区。

表3-4　自然保护地建设目标一览表

目标	保护目标	利用目标	保护管理级别
生态目标	濒危物种保护	禁止利用	最严格保护
	荒野保护	禁止利用	最严格保护
	生态系统完整	有限利用	严格保护
价值目标	价值完整	有限利用	严格保护
	精神健康	有限利用	严格保护
功能目标	自然与文化教育	有限利用	重点保护
	生态旅游	有限利用	重点保护
区域目标	可持续社区	资源可持续利用	一般保护
	区域生态平衡	资源可持续利用	一般保护

第三节　自然保护地体系分类方案

在管理目标和保护类别与自然保护地的关系中，朱春全（2014）提出借鉴

IUCN 管理目标，整合中国现有自然保护地，将其分为 6 大类，赵智聪等（2016）根据利用强度把保护地资源利用分为 4 级（区），吴承照和刘广宁（2017）根据管理目标提出 3 类 14 区自然保护地体系，欧阳志云等（2020）提出了 5 类自然保护地。中国自然保护区功能分区中也有利用强度分级的概念，但总体上还是体现绝对保护的思想。基于对中国自然保护地的生态、价值、功能、区域目标的定位，根据保护地自然生态属性与管理目标相结合的分类依据，综合中国保护地体系建设特殊情况，参考 IUCN 及其他国家自然保护地管理体系分类，将中国自然保护地分为国家公园、自然保护区、自然公园和资源保存区 4 大类 18 小类（表 3-5）。

表 3-5　中国自然保护地分类体系一览表

大类	小类	保护对象
国家公园	生态系统	具有世界和国家代表性、典型性、独特性的较大面积的自然生态系统
	生物栖息地	具有世界和国家代表性、典型性、独特性的较大面积的珍稀濒危野生生物生境
	地质遗迹	具有世界和国家代表性、典型性、独特性的较大面积的地质遗迹
	景观	具有世界和国家代表性、典型性、独特性的较大面积的完整且优美的自然景观
自然保护区	荒野保存地	完整的自然生态系统和物种栖息地；一定面积的无人类干扰的荒野自然环境
	野生生物栖息地	人为恢复或干预保护的野生动植物栖息地
	典型生态系统	具有典型自然遗产价值的生态系统
	海洋生态保护区	海洋生态系统及珍稀生物栖息地
自然公园	风景名胜区	具有突出普遍价值的对人类文化、历史有重要意义的风景优美的陆地、河流、湖泊或海洋景观
	森林公园	典型的森林生态系统、森林景观
	地质公园	地球演化的重要地质遗迹和地质景观
	草原公园	典型的草原生态系统、草原景观
	湿地公园	湿地生态系统和动植物栖息环境
	沙漠公园	大面积荒漠生态系统与沙漠景观
	水利风景区	典型的水域生态系统、水体景观
	海洋公园	典型的海洋自然生态系统和海洋文化资源
资源保存区	农业种质资源保护区	保护作物、畜禽、水产、重点微生物等农业种质资源及其生存环境
	林木种质资源保护区	保护林木遗传多样性资源和选育新品种的区域

一、各类自然保护地功能与管理目标

基于保护对象的不同，中国保护地管理体系内不同类型保护地的功能定位和管理目标也存在差异。以现有自然保护地的内涵和功能定位为基础，根据新时期自然保护地体系构建的目的，明确各类自然保护地的功能定位和管理目标，以及重点保护对象。

（一）国家公园

根据 2017 年印发的《建立国家公园体制总体方案》，以及国际上国家公园的建设经验，国家公园的功能定位是保护具有国家代表性的自然生态系统、自然遗迹、自然景观和珍稀濒危野生动植物生境原真性、完整性，目的是为子孙后代留下珍贵的自然遗产，并为人们提供亲近自然、认识自然的场所。管理目标是严格保护大面积自然生态系统及国家代表性的自然景观，推动科学研究、生态体验、生态教育和生态旅游。此类自然保护地包括生态系统、地质遗迹、生物栖息地和景观 4 小类。

（二）自然保护区

自然保护区的功能定位为严格保护具有原始或极少受到干扰的珍稀濒危动植物物种栖息地、对人类活动高度敏感的生态系统和自然遗迹。管理目标是严格保护，尽可能排除保护地范围内的人类活动。此类自然保护地包括荒野保存地、野生生物栖息地、典型生态系统和海洋生态保护区 4 小类。

（三）自然公园

自然公园主要保护自然资源与自然遗产，包括森林、草地、湿地、海洋等自然生态系统与自然景观，以及具有特殊地质意义和重大科学价值的自然遗迹，为人们提供亲近自然、认识自然的场所，同时为保护生物多样性和区域生态安全做出贡献，并为公众提供科普教育、"研学"场所。此类自然保护地包括森林公园、湿地公园、草原公园、沙漠公园、海洋公园、地质公园、风景名胜区、水利风景区 8 小类。

（四）资源保存区

资源保护区主要保护农作物及其野生近缘植物种质资源、畜禽遗传资源、水产资源、微生物资源、药用生物物种资源、林木植物资源、观赏植物资源，及其他野生植物资源等。其功能定位为保护和管理各类种质资源及其栖息地，为未来农业、畜牧业、林业、渔业和中药材发展与品种改良提供必需的遗传基因资源，除开展旅游之外可进行一定强度的捕捞、种植、农业生产等可持续的开发活动，在为区域经济可持续发展提供一定的生产原料方面起着不可替代的作用。此类自然保护地包括农业种质资源保护区和林木种质资源保护区 2 小类。

二、现有自然保护地整合建议

根据对现有自然保护地保护对象、资源品质、利用强度的分析，对现有包括自然保护区、森林公园、风景名胜区、水利公园、湿地公园、地质公园、沙漠公园、海洋特别保护区等在内的自然保护地类型进行整合重构，以实现自然资源的精准保护与管理，解决现有保护地管理矛盾，确保自然资源的可持续发展为目标，建立 I 至 IV 4 大类自然保护地分类体系。I 类自然保护地保护最严格、生态价值最高、生态系统最完整、面积最大；IV 类自然保护地保护一般严格、生态价值一般、不要求完整的生态系统、面积不大。根据 4 类自然保护地的分类要求，将现有自然保护地类型依次归并到 4 大类自然保护地（表 3-6）。

表 3-6 中国现有自然保护地整合建议

新自然保护地类型	保护程度	资源价值	现有自然保护地
I 类国家公园	最严格保护	最具代表性、典型性、完整性、原始性	部分国家公园体制试点区、自然保护区、森林公园、地质公园、湿地公园、海洋特别保护区（含海洋公园）
II 类自然保护区	严格保护	具有较强的代表性、典型性、科学性	部分自然保护区、森林公园、地质公园、湿地公园、沙漠公园、海洋特别保护区（含海洋公园）
III 类自然公园	重点保护	具有观赏性、游憩性	部分森林公园、地质公园、湿地公园、沙漠公园、风景名胜区、水利风景区、海洋特别保护区（含海洋公园）
IV 类资源保存区	一般保护	资源价值一般	部分风景名胜区、水利风景区、经济林地、水产种质资源保护区、畜牧遗传资源保护区、林木种质资源保护区等

中国目前以资源属性与管理部门为依据的国家自然保护地分类系统造成了很多管理矛盾，使现有自然保护地的保护效率与保护质量不高，不能为地区和国家生态安全带来最大化的效益。以建立国家公园体制改革为契机，以管理目标为基础，对现有的自然保护地类别进行重新梳理和归类，建立一套定位明确、管理统一的自然保护地分类系统，奠定国家公园体制建设及其持续发展的科学基础，有利于建立中国自然保护地与世界接轨、对话的开放平台，建立自然保护地融入社会经济价值体系的保护机制，以及影响气候环境变化的适应性管理机制。建立自然保护地分类系统与管理机构的对应关系，一个自然保护地就是一类自然保护地，可以避免出现多头管理、矛盾重重的问题。一类自然保护地对应一类管理机构，资源保存区延续现行管理体制，管理归属不变，管理目标进一步明确；其他类自然保护地由国家公园管理局统筹管理。

同时，要对自然保护地实行分级管理。除国家公园外，其他自然保护地分为国家级和地方级。国家公园和其他国家级自然保护地的设立，由国家公园管理局协调自然保护地所在的地方人民政府提出申请，经国家级自然保护地评审委员会评审后，报国务院批准。地方级自然保护地的建立，由自然保护地所在地方人民政府或者地方国家公园行政主管部门提出申请，经地方级自然保护地评审委员会评审后，报省级人民政府批准。跨两个以上行政区域的自然保护地的建立，由有关行政区域的人民政府协商一致后提出申请，并按照程序审批（张建亮等，2019）。

第四章 中国自然保护地空间布局
研究进展与现状分析

建立自然保护地的目标是保育自然资源，保护生物多样性与地质地貌景观多样性，维护自然生态系统健康稳定，提高生态系统服务功能。合理的空间布局能够促进目标实现。然而，由于自然资源区域位置、行政归属、资源管理部门归属、申报工作重视度等因素的影响，自然保护地布局和管理中出现了区域不平衡、区域和资源分割管理、交叉重叠管理等突出问题，影响了自然保护地设置的初衷。本章重点分析自然保护地的空间布局现状和问题，为明确布局优化方向和方案提供基础支撑。

第一节 全国尺度的自然保护地空间布局研究进展

从全国尺度对自然保护地的空间布局开展研究，包括多种类型自然保护地的空间布局研究和单一类型自然保护地的空间布局研究两种，而且大多采用自然保护地点状数据来探讨其布局特征。

一、多种类型自然保护地的空间布局研究

自 20 世纪 80 年代以来，中国自然保护地类型逐渐多样，不同类型自然保护地的空间布局研究也受到学者的关注。例如，孔石等（2013）对比分析了自然保护区和森林公园、风景名胜区、湿地公园、地质公园的分布格局，结果显示风景名胜区、森林公园集中分布在中国中东部地区，且主要分布在大城市周围，而自然保护区在人口稀少的西部地区分布面积较大，地质公园集中在南方长江流域等区域，新疆、西藏、青海等广大西北部区域湿地面积大，但湿地公园数量少，仍存在湿地保护的空白区。付励强等（2015）对截至 2013 年底中国建立的 407 处国家级自然保护区和 225 处国家级风景名胜区的空间布局进行了对比分析，结果表明两者的分布均具有集中性，但国家风景名胜区的分布与城市更接近，交通可达性更好，70%的国家级风景名胜区分布在高速公路周边 90km 以内，相比较而言，国家级自然保护区则分布在远离城市的区域。姜超等（2016）对中国 5 种类型国家级保护地（自然保护区、森林公园、风景名胜区、湿地公园、地质公园）的空

间布局进行定量研究,发现 5 种类型自然保护地的空间分布在整体上具有相似性,均呈不均衡的集中分布,东部密集、西部稀疏,但不同类型自然保护地在不同省份的分布具有差异性。朱里莹等(2017)对全国 12 种自然保护地(国家自然保护区、国家森林公园、国家地质公园、国家湿地公园、国家水利风景名胜区、国家矿山公园、国家水利风景区、国家城市湿地公园、国家重点公园、国家考古遗址公园、国家沙漠公园和国家海洋公园)的空间布局进行了分析,结果表明它们整体呈现集聚分布,集中分布在地势平坦、气候宜人、水资源丰富、植被景观差异大、土壤肥沃、交通便利和文化历史悠久的华东和华中地区。依据分析结果提出国家公园建设的建议:一是向自然保护地分布较为稀疏、交通可达性较低、人类影响较弱的西部地区倾斜,寻求国家公园空间布局均衡发展;二是根据区域特点将国家公园分为升级模式、整合模式和新建模式,完善空间覆盖网络。潘竟虎和徐柏翠(2018)对全国 13 类国家级自然保护地(在上述 12 种国家级保护地之上增加世界生物圈保护区)的空间分布和交通可达性进行了分析,是目前覆盖自然保护地类型最多的关于空间布局状况的分析研究,研究发现自然保护地主要集中分布于历史文化悠久、交通可达性较高的区域,自然保护地的平均可达时间为60.05min,全国 70.76%面积的自然保护地可达时间在 60min 以内。

二、单一类型自然保护地的空间布局研究

关于单一类型自然保护地布局的研究相对较多,主要研究对象包括自然保护区、森林公园、风景名胜区、湿地公园、地质公园五种类型的国家级自然保护地。何小芊等(2014)对 2001~2013 年建立的 240 处国家地质公园的空间布局进行了分析,结果显示这些国家地质公园呈现集聚特征,集中分布于"一带四块":一带指从太行山、巫山、雪峰山到滇东北的带状区域,四块是指皖南与皖西山地、鲁中南山地、祁连山东段和川北秦巴山地。杨明举等(2013)对截至 2010 年底的208 个国家级风景名胜区的空间分布进行了分析,结果表明区域间、省域间分布差异大,集中分布于江苏、浙江为中心的长三角地区,以京津冀鲁为中心的环渤海地区和资源禀赋优越的贵州、福建两省。李东瑾和毕华(2016)对截至 2013年建成的 780 个国家级森林公园进行空间分析,发现其地理集中指数为 19.30,呈现集聚分布特征,但分布均衡度低,共有 7 处主要的聚集区,分别为长白山地区、京津冀地区、山东半岛地区、长三角地区、关中地区、川渝地区和湘赣交界地区。吴后建等(2015)对 2005~2013 年建立的 429 个国家湿地公园的空间分布进行研究,结果表明国家湿地公园的空间分布不均衡,集中分布在中部、山东半岛和长三角,国家湿地公园数量与各省市国土面积、GDP 和常住人口数量的相关性不强,主要取决于资源本底条件、地方申报积极性和对湿地公园发展的重视程度。

三、主要研究方法

该领域文献的研究多数采用 ArcGIS 技术和空间计量地理学的方法或指标（表 4-1），以地理集中指数、基尼系数、综合密度指数等测度保护地布局的集聚程度和分布均衡性，然后根据研究侧重的不同测算距离、交通可达性等。研究方法以客观呈现空间布局状态为主，以布局现状的定性分析和建议为辅。

表 4-1　主要文献采用的研究方法或指标

参考文献	研究方法或指标
孔石等（2013）	反距离加权插值法、地理集中指数、综合密度指数
杨明举等（2013）	最邻近距离指数、集中指数、不平衡指数、基尼系数
吴后建等（2015）	最邻近点指数、不平衡指数
付劢强等（2015）	地理集中指数、基尼系数、空间密度分析
姜超等（2016）	地理集中指数、不平衡指数、基尼系数、综合密度指数
李东瑾和毕华（2016）	最邻近距离指数、地理集中指数、不平衡指数、基尼系数
朱里莹等（2017）	最邻近距离指数、累计耗费距离分析
潘竟虎和徐柏翠（2018）	最邻近距离指数、Riplay's K 函数、热点聚类、样方分析、集中指数、不平衡指数、基尼系数

由以上分析可知，现有研究几乎覆盖了中国自然保护地的主要类型，但研究分析采用的多是点状数据，在布局分析中与经济社会发展条件的关联性研究较多，而与自然地理环境的关联性分析相对较少。基于点位数据的分析，很难反映自然保护地实际空间范围的规模大小及其微观空间关系。另外，多数研究只是对自然保护地空间布局的现状描述，而现有空间布局结构是否已经满足维护生态系统完整性、保障生态安全及发挥生态系统服务功能的需求，则仍然缺少较为深入的研究分析。

第二节　自然保护地尺度的空间布局研究进展

自然保护地尺度的空间布局研究主要包括不同自然保护地的空间关系和同一自然保护地范围的空间功能分区研究。在现实中，不同自然保护地之间的空间交叠和同一自然保护地空间的不同功能定位及其引发的相关问题较为普遍。

一、不同自然保护地的空间交叠关系

系统全面地对自然保护地空间重叠与交叉管理现状进行梳理，是研究保护地优化整合对策的重要前提与依据之一。马童慧等（2019）对全国 8 572 个自然保护地的分析发现，涉及空间重叠的有 1 532 个，比例占到 17.9%，自然保护地之间的

空间交叠问题较为突出。据不完全统计，国家森林公园与国家级风景名胜区存在45处空间重叠，国家级自然保护区与国家级风景名胜区有25处空间交叉或重叠（钟林生等，2016）。杨振等（2017）通过对东北地区林业系统自然保护区、森林公园和湿地公园的分析发现，共存在20处重叠区域，重叠面积达34.5万hm^2。其中自然保护区和森林公园的重叠共有16处，面积为31.98万hm^2，森林公园和湿地公园，自然保护区和湿地公园分别有两处重叠。陈冰等（2015）的研究也发现云南省国家级自然保护区与其他类型自然保护地之间存在交叉重叠的有3对，属于不同机构分别管理、自然保护区管理局代管和设立统一机构管理3种管理模式，并认为以苍山保护管理局为代表设置统一机构管理的模式更为科学。以上保护地空间范围的交错和边界不清不仅带来复杂的界权问题，而且不利于自然保护地的宏观管理和调控。

二、同一自然保护地范围的空间功能冲突

同一自然保护地单元的空间布局研究包含不同类型功能分区的空间冲突管理研究和功能区保护需求与生产生活实践之间矛盾的问题研究两个方面。彭琳等（2017）在讨论自然保护地体制问题时提到，许多自然保护地单元都存在"一地多名"现象，且"多种自然保护地"在空间边界上又相互重叠，并列举了泰山、武夷山、九寨沟、黄山等的边界范围问题。朱忠福（2018）也系统分析了九寨沟景区"一地多名"导致的不同类型自然保护地的功能分区在管理和利用方面的冲突。自然保护地功能分区的研究以分区较为成熟的自然保护区功能分区研究成果相对较多。徐网谷等（2015）通过对截至2014年底的自然保护区分析发现，仅有61%的自然保护区有清晰的边界，而这些已划定范围的自然保护区中还有20%的自然保护区未划分功能区。中国目前自然保护区主要采用"核心区–缓冲区–实验区"的圈层分区模式，且形成了对应的管理标准。分区的主要方法有物种分布模型法、景观适应性评价法、最小费用距离计算法、聚类分析法和不可替代性计算法等（呼延佼奇等，2014）。自然保护区（尤其是建立较早的一批）在建立之初由于盲目追求保护范围要大，忽略了保护与经济发展的协调关系，功能分区缺乏统一的规划方法，对资源本底摸底不清，存在核心区有耕地和居民、重要保护对象未划入核心区等问题，再加上缺乏动态性的分区模式，导致后期需要频繁调整和优化功能分区，增加了管理和保护的难度（徐志高，2012；杨嘉陵和任俐坚，2012；何思源等，2017，2019）。同一自然空间不同类型的功能分区交错和部分功能分区的不合理阻碍了自然保护地的功能发挥和区域管理。

第三节　自然保护地保护和利用现状

为保护自然生态系统、生物多样性及重要地质遗迹，自1956年以来，中国形

成了以自然保护区、风景名胜区、森林公园、地质公园、湿地公园为代表的各类自然保护地，在保护自然的同时不断探索可持续利用方式，已经取得了明显的成效，但仍旧存在部分保护空缺、保护利用冲突等问题。

一、自然保护地保护现状

（一）取得的保护成效

据统计，中国各类自然保护地覆盖了国土面积的 18%以上，以及主张管辖海域面积的 46%，超过了全球自然保护地覆盖陆地面积的 14.7%和海洋面积的 4.12%的平均水平（唐小平等，2019）。在生态系统、生物多样性、资源环境和自然遗迹保护方面取得了突出成就（黄宝荣等，2018）。

1. 有力促进了生态系统的完整保护

中国陆域自然生态系统按覆盖类型大致可以分为 539 种（含森林、竹林、灌丛与灌草丛、荒漠、高山高原等），水域与湿地自然生态系统可以分为 165 种。初步统计有 91.5%的陆域生态系统类型和 90.8%的水域与湿地生态系统类型已纳入有代表性的自然保护地进行就地保护，西藏羌塘、青海三江源、新疆塔什库尔干、江西鄱阳湖、湖北神农架、贵州草海、云南西双版纳、广东湛江红树林等自然保护地保护着各地带最典型的自然生态系统（唐小平，2016）。

2. 成为野生动植物物种的最后庇护所

中国是世界上动植物物种最为丰富的国家之一，但中国也是濒危野生动植物物种大国。当前，自然保护地涵盖了中国 80%以上的自然植被类型和 85%以上的野生动物物种，对中国生物多样性保护产生了极为重要的作用（Zhang *et al.*，2017）。2004～2014 年，据中国生物多样性红色名录记录，有 107 个受威胁哺乳动物物种的生存状况有所改善，其中包括大熊猫、藏羚、西藏瞪羚、中华斑羚、海南新毛猬等。据统计，目前有 65%的高等植物群落类型和 85%的野生动物种类在自然保护区内得到了保护，国家重点保护野生动植物种类的保护率达到 89%。中国约 75 种极度濒危野生动物，有 88%纳入了自然保护区保护，平均保护了 64%以上的野生种群（唐小平，2016）。四川卧龙大熊猫、吉林珲春东北虎、甘肃盐池湾雪豹、云南白马雪山滇金丝猴、青海可可西里藏羚、安徽扬子鳄、江西桃红岭梅花鹿、黑龙江扎龙丹顶鹤、辽宁大连斑海豹，以及湖北星斗山水杉、湖北后河珙桐、贵州赤水桫椤、吉林龙井天佛指山松茸等明星物种保护均不同程度的得益于自然保护地建设。

3. 自然资源和环境得到有效保护

自然保护地是自然资源宝库，有效储存了森林、湿地、草原、淡水、生物、矿产等众多自然资源，大大保障和提升大气、水等环境质量（魏钰等，2019）。以森林资源为例，Yang 等（2019）通过对 2000 年之前建立的 472 个自然保护地在 2000～2015 年期间减少毁林的有效性评估表明，71%的自然保护地在减少毁林方面是有效的，否则自然保护地内部的毁林将增加大约 50%。党的十八大以来，全国森林公园共投入 267.38 亿元资金专门用于生态保护，新植树造林 50.79 万 hm^2，新改造林相 87.42 万 hm^2，新增保护面积 148.46hm^2，森林公园的森林资源质量和生态环境质量不断提高（Yang et al.，2019）。

4. 守住了传给未来的珍贵自然遗产

自然保护地建设有助于保护自然遗迹、地质遗存等独特自然景观（Zhang et al.，2017）。截至 2020 年底，中国拥有自然遗产 14 项、自然与文化双遗产 4 项，其中大部分是自然保护地范围。各自然遗产或自然与文化双遗产所涉及的自然保护地称号见表 4-2。

表 4-2　中国世界自然遗产和自然与文化双遗产范围所涉及的自然保护地类型

序号	名称	遗产类型	进入名录时间	涉及的自然保护地类型
1	山东泰山	自然与文化双遗产	1987.12	国家重点风景名胜区、世界地质公园
2	安徽黄山	自然与文化双遗产	1990.12	世界地质公园、世界生物圈保护区、国家级风景名胜区
3	四川黄龙	自然遗产	1992.12	国家地质公园、世界生物圈保护区、国家级风景名胜区
4	湖南武陵源	自然遗产	1992.12	世界地质公园、国家森林公园、国家级风景名胜区
5	四川九寨沟	自然遗产	1992.12	国家重点风景名胜区、国家级自然保护区、国家地质公园、世界生物圈保护区
6	四川峨眉山–乐山	自然与文化双遗产	1996.12	国家级风景名胜区
7	福建武夷山	自然与文化双遗产	1999.12	武夷山国家公园
8	三江并流	自然遗产	2003.7	国家级自然保护区、国家级风景名胜区
9	四川大熊猫栖息地	自然遗产	2006.7	大熊猫国家公园
10	中国南方喀斯特	自然遗产	2007.6	世界地质公园、国家级自然保护区、国家级风景名胜区等
11	江西三清山	自然遗产	2008.7	国家级风景名胜区
12	中国丹霞	自然遗产	2010.8	世界地质公园、国家级自然保护区
13	中国澄江化石地	自然遗产	2012.7	国家地质公园
14	中国新疆天山	自然遗产	2013.6	国家级风景名胜区
15	湖北神农架	自然遗产	2016.7	世界地质公园、国家地质公园、国家森林公园、国家湿地公园、国家自然保护区
16	青海可可西里	自然遗产	2017.7	三江源国家公园
17	贵州梵净山	自然遗产	2018.7	国家级自然保护区、世界生物圈保护区
18	中国黄（渤）海候鸟栖息地	自然遗产	2019.7	国家级自然保护区

（二）保护仍存在的问题

1. 保护的空缺性

从目前来看，中国自然保护地还存在部分区域或部分物种的保护空缺。自然保护地仅覆盖了青藏高原高寒草原生物多样性热点区的 25.93%（29.09km²）和缓冲区的 29.17%（50.36km²），高山草原生物多样性热点的保护需求与保护有效性之间存在着很大的差距（Su *et al.*, 2019）。东北生物多样性热点地区仍存在长白山西北部林区、大兴安岭北段山地区和大兴安岭南段森林草原过渡区三个明显的保护空缺区（栾晓峰等，2009）。红树林作为海岸带重要的生态系统类型，具有维持海岸生物多样性、防风固岸、促淤造陆等重要的生态功能。研究显示，中国分布的红树林总面积为 264km²（尚不含中国香港、澳门、台湾的统计数据），其中 38.6%不在自然保护区内。从红树林分布的主要省份来看，在海南分布的红树林面积较少但保护比例高，广西和广东分布的红树林面积大但受保护面积比例相对较低（卢元平等，2019）。

2. 保护的碎片化

维护生态系统完整性需要足够的、连贯的、完整的自然空间。然而，自然保护地复杂的空间关系使完整的生态系统被人为分割，降低了生态系统完整性和生物多样性保护的有效性。以雅鲁藏布大峡谷区域为例，比日神山国家森林公园北部与西藏工布自治区级自然保护区存在重叠区域，嘎朗国家湿地公园被包含于巴松湖国家森林公园，色季拉国家森林公园同时和雅鲁藏布大峡谷国家级自然保护区、西藏工布自治区级自然保护区都存在交叉重叠区域。同一片区被不同职能部门划分为不同类型的自然保护地，违反了生态系统完整性保护的原则，人为设置的界限给野生动物的自由迁徙和觅食造成阻碍，不利于区域生态环境和生物多样性的保护。

二、科学利用现状

自然保护地的可持续发展不仅在于生态环境的有效保护，还需要通过生态教育、生态旅游等科学利用方式促进周边社区发展、增强自养能力、促进人与自然的情感联结，探索将"绿水青山"转化为"金山银山"的有效途径。

（一）自然保护地成为培育生态文明建设合格主体的天然课堂

生态文明建设的关键在于充分展示和传播生态文化知识、增强公众生态意识，培育合格的生态文明建设主体。生态教育能增强人们对大自然的科学认知，有效帮助人们树立正确的生态观、发展观、人生观、世界观，科学地处理好人与自然、人与人、人与社会的辩证关系，推动社会可持续发展，促进人格生态化的转型，而自然保护地则是开展生态教育的最佳场所。目前，中国已在自然保护地建立多个生态教育示范点，多项生态教育科普活动入选全国科普教育基地优秀科普活动案例汇编，自然保护地是传播生态文明理念，培育生态文明建设合格主体的"绿色空间载体"。2017 年，国家林业局场圃总站选择了河北省塞罕坝、湖南省北罗霄、四川省北川、陕西省黄龙山国家森林公园开展生态教育示范建设，国家级森林公园生态教育示范点总数达 21 个，以此带动森林公园生态教育设施建设水平的整体提升。以湿地公园和湿地型自然保护区为主要空间的湿地学校建设在生态保护和湿地教育理论与实践方面进行了有益尝试，形成了以湿地为重点的生态教育网络（陈克林，2019）。

（二）自然保护地是生态旅游的重要空间载体

生态旅游是为自然保护地生物多样性保护提供经济支持和为当地居民提供经济激励的重要手段，是一种协调保护和发展的"双赢"模式。Zhong 等（2015）通过对中国 1 200 个代表性自然保护地的问卷调查发现，1/4 以上的自然保护地年接待旅游人次在 50 万以上，60%以上的自然保护地年收入在 100 万元以上，收入主要来源有门票、餐饮、住宿、商品销售等；周边社区普遍对旅游发展持支持态度，其中大多数自然保护地周边社区从旅游发展获得经济收益。从全球来看，一般自然保护地 10%的收入来源于旅游发展，一些达到了 50%甚至更多（Buckley，2012）。中国作为发展中国家，自然保护资金来源单一，主要依赖政府投入，环境监测、生物多样性保护等资金往往不足，生态旅游成为诸多自然保护地获取保护资金的重要方式。多个自然保护地旅游发展实践也表明，旅游促进了当地经济发展和文化交流（蒋莉和黄静波，2015；游巍斌等，2015）。王瑾等（2014）在河北白洋淀湿地自然保护区的研究结果表明，开展生态旅游可以带动当地相关产业的发展，减轻社区居民对保护区资源的依赖。必须注意的是，旅游发展措施不当也会拉大当地居民的收入差距，极易带来社会不公平感，会在一定程度上影响自然保护地周边社区人际关系和社会和谐程度（刘洋和吕一河，2008；梁冰瑜等，2015）。

（三）自然保护地科学利用的适应性管理还需加强

除生态教育、生态旅游外，自然保护地也在根据自身优势不断探索建立产品品牌、发展有机农牧业、开展生态文化活动等来实现生态产品价值。鉴于各种利用方式不可避免地会增加自然保护地的人类活动干扰，仍需加强可持续性评估和监测工作，确保自然保护地的可持续发展。有研究采用世界银行（WB）

和世界自然基金会（WWF）开发的管理有效性跟踪工具调查表，对中国 535 个自然保护区进行问卷调查，结果发现自然保护区的平均分数为 51.95 分，其中分数低于 60 分的保护区占 69.35%，说明中国自然保护区的管理水平总体偏低（权佳等，2009）。这一调查研究结果也在一定程度上说明了加强对利用方式、利用主体的有效管理对中国自然保护地建设的必要性和紧迫性。

第四节 自然保护地布局现状

一、类型与规模

经过 60 多年的努力，中国已建成以自然保护区为代表，包括风景名胜区、森林公园、地质公园和湿地公园等在内的 10 多种类型，总数超过 12 000 个的自然保护地网络（表 4-3），总面积（扣除重叠部分）覆盖中国陆域面积的 18%，仅自然保护区总面积就达到 147 万 km^2（唐小平和栾晓峰，2017；唐小平等，2019）。其中，国家级自然保护区 474 个、国家级风景名胜区 244 个、国家级森林公园 897 个、国家级地质公园 219 个、国家级湿地公园 899 个[①]。总体来讲，中国自然保护地类型众多，规模庞大，且已成为世界上自然保护地数量增长最快的国家（World Bank，2015）。

表 4-3   中国重要自然保护地基本信息表

类型	定义	主要管理部门	管理目标	管理依据	国家级数量/个	首批建设年份
自然保护区	指对有代表性的自然生态系统、珍稀濒危野生动植物物种的天然集中分布区、有特殊意义的自然遗迹等保护对象所在的陆地、陆地水体或者海域，依法划出一定面积予以特殊保护和管理的区域（《中华人民共和国自然保护区条例》）	原林业、原环保、原国土、农业、海洋、水利、教育部门和中国科学院等	严格保护具有代表性的自然生态系统、珍稀濒危野生动植物物种的天然集中分布区、有特殊意义的自然遗迹等，开展科学研究、教学试验、参观考察、旅游以及驯化、繁殖珍稀濒危野生动植物等	自然保护区条例（国务院令，1994 年颁发，2017 年修订）	474	1956
风景名胜区	指具有观赏、文化或者科学价值，自然景观、人文景观比较集中，环境优美，可供人们游览或者进行科学、文化活动的区域（《风景名胜区条例》）	住房和城乡建设部	严格保护景观和自然环境，保护民族民间传统文化，开展健康有益的游览观光和文化娱乐活动，普及历史文化和科学知识	风景名胜区条例（国务院令，2006 年颁发）	244	1982
森林公园	是指森林景观优美，自然景观和人文景物集中，具有一定规模，可供人们游览、休息或进行科学、文化、教育活动的场所《森林公园管理办法》	原林业部	保护和合理利用森林风景资源，发展森林旅游，开展游览、休闲或科学文化、教育活动	森林公园管理办法（林业部令，1993 年发布）	897	1982

① 数据来源：《2019 年中国国土绿化状况公报》。

类型	定义	主要管理部门	管理目标	管理依据	国家级数量/个	首批建设年份
地质公园	地质公园是以具有特殊地质科学意义、稀有的自然属性、较高的美学观赏价值,具有一定规模和分布范围的地质遗迹景观为主体,并融合自然景观与人文景观而构成的一种独特的自然区域(何小芊等,2014;杨洪等,2014)	原国土资源部	保护地质遗迹、普及地学知识、营造特色文化、发展旅游产业,促进公园所在地区社会经济可持续发展	国家地质公园规划编制技术要求(国土资源部〔2010〕89号)	219(正式命名)	2001
湿地公园	拥有一定规模和范围,以湿地景观为主体,以湿地生态系统保护为核心,兼顾湿地生态系统服务功能展示、科普宣教和湿地合理利用示范,蕴涵一定文化或美学价值,可供人们进行科学研究和生态旅游,予以特殊保护和管理的湿地区域[《国家湿地公园建设规范(LY/T 1755—2008)》]	原林业部	保护湿地生态系统,合理利用湿地资源,开展科学研究、生态展示、科普教育和生态体验等	—	899	2005

注:以上自然保护地数据截至 2019 年底。

由于中国自然保护地体系的规模庞大、类型众多,以下的空间布局研究主要选取对国家生态安全意义重大、资源具有较高代表性的自然保护区、风景名胜区、森林公园、地质公园和湿地公园相对应的国家级自然保护地作为研究对象,以下统称为国家重要自然保护地。

二、国家重要自然保护地空间分布特点

(一)总体分布特点

国家重要自然保护地的布局依托自然资源的总体格局,两者具有极强的相关性,但是受到人文社会环境、经济发展水平、交通线路布局等对于可利用性和进入性的影响,在申报次序和周期上有较大的差异,即具有普通资源价值的区域,由于申报意愿强烈,已经进入了国家重要自然保护地的名录;具有较高资源价值的区域,由于地方认识滞后、可进入性条件较差等,可能并没有申报设立自然保护地,从而造成了保护空缺地区。

国家重要自然保护地布局整体呈现与保护对象相匹配的特点。以国家地质公园为例,由于地质遗迹景观是地质公园建立的重要条件,国家级地质公园主要分布在地质构造活动性大、地形变化剧烈或地质遗迹发育完整的区域(何小芊等,2014)。同样,国家湿地公园对水资源的依赖性较强,集中分布在长江区、松花江区、淮河区和黄河区,年平均降水量为 800~1 600mm 和 400~800mm 的区域(吴后建等,2015)。由于地质地貌、水资源等是构成景观的重要条件,国家级风景名胜区的布局在这些资源丰富的地区呈现集聚特点。通过对截至 2014 年批准建设的224 处国家级风景名胜区的分析发现,88.89%的国家级风景名胜区都分布在江河

湖泊周边，76.89%的国家级风景名胜区分布在五级河流周边，有 1/3 的国家级风景名胜区分布在三大阶梯分隔带上。

在数量上，国家重要自然保护地的空间分布总体呈现三大特征。

第一，整体呈现"西北疏东南密，东多西少"的特征，在各区域呈现集聚性和不均衡性（姜超等，2016）。集中分布于自然地理条件适于人居的东部、中部和南部。这些区域的主要自然地理特点为地势平坦、气候宜人、水资源丰富和植被类型差异大。朱里莹等（2017）对全国 12 类①国家级自然保护地的空间分析发现：国家级自然保护地分布数量随着地势阶梯的升高倍数递减，其中低级阶梯拥有的国家级自然保护地数量占总数的 62.5%，是高级阶梯的 17.5 倍；全国 87.3%的国家级自然保护地分布于中温带、暖温带、北亚热带和中亚热带，中热带、赤道热带、高原热带北缘山地以及高原寒带则没有分布；45.13%的国家级自然保护地分布于年降水量为 800～1 600mm 的区域内，33.04%分布在年降水量 400～800mm 的区域内；59.72%的国家级自然保护地位于各级河流的 5km 范围内。

第二，不同区域分布密度差异明显，中部和东部的密度明显高于西部。中部地区国家重要自然保护地的综合密度最高，东部地区次之，且都高于全国平均水平，而西部地区除自然保护区外的自然保护地综合密度都低于全国平均水平（姜超等，2016）。国家重要自然保护地在各省（自治区、直辖市）的分布密度也有很大差异。根据潘竟虎和徐柏翠（2018）对全国 13 类②3 418 处（2016 年数据）国家重要自然保护地的研究发现，全国国家重要自然保护地的平均密度为 3.55 个/万 km²，平均密度最高的是北京，为 37.38 个/万 km²，平均密度最低的是西藏，仅为 0.36 个/万 km²，前者平均密度是后者平均密度的 104 倍。

第三，国家重要自然保护地分布与交通可达性密切相关。朱里莹等（2017）通过 ArcGIS 累计耗费距离分析得出全国 12 类国家重要自然保护地的平均可达时间为 5.7h，全国 61.09%的区域国家重要自然保护地 4h 内都可以到达。以全国 13 类国家重要自然保护地作为耗费距离远点计算得出的不考虑交通拥堵和路况差异的 2016 年平均可达时间为 60.05min，70.76%的国家重要自然保护地可达时间在 60min 以内（潘竟虎和徐柏翠，2018）。这表明，空间可达性差的区域主要集中在西藏、青海、新疆等西部地区，中国中部和东部地区的保护地可达性较好。

（二）分类型分布特点

1. 国家级自然保护区分布特点

从数量上来看，国家级自然保护区在中国东北、中部和东南地区分布较为

---

① 包括国家自然保护区、国家森林公园、国家地质公园、国家湿地公园、国家水利风景名胜区、国家矿山公园、国家水利风景区、国家城市湿地公园、国家重点公园、国家考古遗址公园、国家沙漠公园、国家海洋公园。

② 除上述 12 类国家重要自然保护地外，还包括世界生物圈保护区。

密集，且主要分布于远离城市的地区，城市近郊和远郊分布较少，特别是东南沿海出现了大量自然保护区集群（付励强等，2015）。从面积来看，西部和北部的自然保护区面积大，西藏、四川、青海、新疆、内蒙古和甘肃六省（自治区）的自然保护区面积就占全国自然保护区面积的77.11%。从省级行政区来看，除西藏（30.79%）、青海（28.14%）、甘肃（15.76%）和上海（10.44%）外，大多数省份的国家级自然保护区保护比例均低于10%。华东地区的浙江和安徽、华北地区的天津和山西以及华南地区的广东的保护比例最低，保护比例不到1%（Guo and Cui，2015）。西部和北部自然保护区分布面积大的地方，自然保护区的个数并不多。因此，面积大的国家级自然保护区主要分散地分布于中国的西部和北部，但数量少，而面积小的国家级自然保护区主要集中分布于中国的东南部，但数量较多。以地价为代表的机会成本是自然保护区布局现状的重要解释因素（Wu et al.，2018）。

中国39个超大型（面积>10 000km^2，荒漠型>20 000km^2）和特大型（面积为2 000～10 000km^2，荒漠型面积为5 000～20 000km^2）国家级自然保护区的总面积占全国国家级自然保护区面积的91.98%（表4-4）。超大型和特大型自然保护区在全国各地的分布极其不均匀，它们主要分布在西南、西北和东北的边境省份，31个省份中有21个没有超大型或特大型自然保护区。超大型自然保护区对评估陆地面积的总保护百分比有很大的影响，中国7.12%的陆地面积被9个超大型自然保护区覆盖。

表4-4 中国超大和特大型国家级自然保护区

名称	面积/km^2	大小	区域
内蒙古辉河	3 468.48	特大	华北
内蒙古大青山	3 885.77	特大	华北
内蒙古西鄂尔多斯	4 746.88	特大	华北
内蒙古锡林郭勒草原	5 800.00	特大	华北
内蒙古达赉湖	7 400.00	特大	华北
辽宁大连斑海豹	6 722.75	特大	东北
黑龙江五大连池	1 008.00	特大	东北
黑龙江扎龙	2 100.00	特大	东北
黑龙江大沾河	2 116.18	特大	东北
黑龙江兴凯湖	2 224.88	特大	东北
黑龙江南瓮河	2 295.23	特大	东北
黑龙江饶河东北黑蜂	2 700.00	特大	东北
江苏盐城湿地珍禽	2 472.60	特大	华东
四川贡嘎山	4 000.00	特大	西南
四川海子山	4 591.61	特大	西南
四川长沙贡玛	6 698.00	特大	西南

续表

名称	面积/km²	大小	区域
云南西双版纳	2 417.76	特大	西南
云南白马雪山	2 821.06	特大	西南
云南高黎贡山	4 052.00	特大	西南
西藏雅鲁藏布江中游河谷黑颈鹤	6 143.50	特大	西南
西藏雅鲁藏布大峡谷	9 168.00	特大	西南
西藏色林错	18 936.30	超大	西南
西藏珠穆朗玛峰	33 810.00	超大	西南
西藏羌塘	298 000.00	超大	西南
甘肃尕海–则岔	2 474.31	特大	西北
甘肃洮河	2 877.59	特大	西北
甘肃安南坝野骆驼	3 960.00	特大	西北
甘肃敦煌西湖	6 600.00	特大	西北
甘肃安西极旱荒漠	8 000.00	特大	西北
甘肃盐池湾	13 600.00	超大	西北
甘肃祁连山	19 872.00	超大	西北
青海青海湖	4 952.00	特大	西北
青海可可西里	45 000.00	超大	西北
青海三江源	148 252.23	超大	西北
新疆喀纳斯	2 201.62	特大	西北
新疆托木尔峰	2 376.00	特大	西北
新疆艾比湖湿地	2 670.85	特大	西北
新疆阿尔金山	45 000.00	超大	西北
新疆罗布泊野骆驼	61 200.00	超大	西北

资料来源：Guo and Cui，2015。

2. 国家级风景名胜区分布特点

中国国家级风景名胜区总体呈集聚型分布：以人文特点为主的风景名胜区呈分散型分布，以自然特点为主的风景名胜区呈凝聚型分布（吴佳雨，2014）。数量分布上西疏东密，面积规模上西大东小。沿海一线形成四大集中区，即京津冀、长三角、珠三角、山东半岛4个区位优势明显集中区；绝大多数省份的省会城市及副省级城市内部风景区区位优势度与其他地级城市相比，水平较高（郭建科等，2017）。

受地形、气温、降水、耕作方式、人口分布、交通布局及传统文化的影响，国家级风景名胜区分布具有很大差异性（张同升和孙艳芝，2019）。①受海拔影响，第三阶梯国家级风景名胜区数量（187处）是第二阶梯数量（45处）的4倍，是第一级阶梯（12 处）的 16 倍。在阶梯分界线地带，地形垂直起伏大，地质地貌和植被类型丰富，集中了约37%的风景名胜区，其中53%以上属于山地型风景名胜区。②以 2015 年中国降水量分布为例，400mm 以上等降水量线区域分布着 229 处国家级风景名胜区，占全国国家级风景名胜区的 91.6%。800mm 以上湿润区 165 处，占全国的 66%。200mm 以下干旱区 7 处，仅占全国的 2.8%。③基于历史原因和现实国情，中国的风景名胜区与人口的生产生活、地区的社会经济发展密切相关。胡焕庸线东南方自然人文高度融合，分布着 229 处国家级风景名胜区，约占全国的 91.6%；面积 80 712km^2，约占全国国家级风景名胜区总面积的 72.8%。④中国风景名胜区沿主要交通干道空间聚集分布现象显著。位于铁路、高速公路和国道 20km 辐射区内的国家级风景名胜区数量占比达到 53%、65%和 50%，40km 辐射区内的国家级风景名胜区分别占 71%、86%和 72%。在全国主要机场 40km、60km 和 100km 辐射区内，国家级风景名胜区分别有 71 处（28.4%）、112 处（44.8%）和 194 处（77.6%）。

从文化地理的角度分析，中国国家级风景名胜区主要分布在东部农业文化区，其中又以荆湘文化副区、吴越文化副区和西南少数民族农业亚区分布最多（吴佳雨，2014）。不同类型的风景名胜区在各文化副区的分布比例又有不同。例如，历史圣地类风景名胜区以悠久的历史和璀璨的中华文明为特征，包括五岳、道教、佛教名山等，全部分布在中原传统农业亚区。由于国家级风景名胜区多是历朝的名山圣地，地方政府为发展风景名胜区旅游也积极改善当地基础设施水平，因此国家级风景名胜区所分布区域大多交通条件好、可进入性强。

3. 国家级森林公园分布特点

国家级森林公园具有明显的集聚分布特征，主要集中分布在中国的中部、东部和东北部森林覆盖率高、森林资源丰富的区域，且与中国的人口地理分界线大体一致。主要分布在中国年降水量大于 400mm 的丰水带、多水带以及过渡带之内（刘国明等，2010）。大别山、山东丘陵、长白山、太行山、巫山与雪峰山、南岭等地区是国家森林公园最早的集聚地区，并随着时间的推移范围逐渐扩大；后期长江中下游地区得到了快速发展，集聚区范围迅速扩大；天山地区、雅鲁藏布江地区经过多年发展也逐渐呈现集聚性（郑茹敏等，2019）。当前，全国范围内分布较为密集的地区有 7 处，为东北长白山地区、京津冀地区、山东半岛地区、长江三角洲地区、关中地区、川渝地区、湘赣交界地区（李东瑾和毕华，2016）。

中国各个省（自治区、直辖市）都拥有国家级森林公园，但呈现不均衡性分布特征。分布数量最多的省份是黑龙江省，有 66 处，最少的是天津市，仅有 1 处，平均每个省级行政区拥有国家级森林公园 29 处（图 4-1）。密度最高的是上海，达到 7.79 个/万 km^2，最低的是西藏，为 0.05 个/万 km^2，全国国家级森林公园平均密度为 0.93 个/万 km^2。郑茹敏等（2019）对中国国家级森林公园时空演变的影响因素分析发现，水热气候条件是国家级森林公园演变的基础动力，森林资源是直接动力，人口数量和经济水平在两者的基础上又推动了国家级森林公园的进一步演进，政府行政力是隐形的指导力量；自然约束力主要影响国家级森林公园的面积分布，社会驱动力和政府行政力则主要影响国家级森林公园的数量分布。

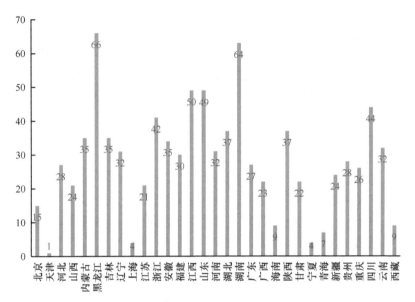

图 4-1 2018 年各省份国家级森林公园数量图

资料来源：国家林业和草原局官网

4. 国家级地质公园分布特点

国家级地质公园的空间分布存在密集区与稀疏区并存的现象。全国范围的国家级地质公园呈集聚－随机分布状态：东部、西部地区的国家级地质公园呈集聚－随机分布，而中部、东北地区的国家级地质公园呈随机分布状态，东部与西部地区国家级地质公园的集聚程度高于中部与东北地区（何小芊和刘策，2019）。各省份国家级地质公园分布数量具有聚集性特征。排在前 10 位的川、闽、豫、湘、皖、鲁、桂、甘、滇、冀等省（自治区）国家级地质公园数量累计达到全国总数的 50.18%，排在后 10 位的津、沪、琼、宁、藏、京、赣、浙、辽、吉 10 个省（自治区、直辖市）的国家级地质公园数量仅占全国总数的 15.13%，省际分布差异明显。但从时间的纵向对比看，省际不平衡是在逐渐减弱的。例如，截至第六批国家级地质公园批准时排在前 10 位和排在后 10 位的省份的国家级地质公园数量占总数的比例分别是 51.6% 和 10.95%，截至第七批批准时，其占总数的比例分别是 51.25% 和 12.9%。

国家级地质公园的距离可达性和时间可达性优良。84.80% 的国家级地质公园在距离地级行政中心 100km 的范围内，平均可达时间为 67.33min，可达时间在 60min 内的国家级地质公园占总数的 65.72%。在基于县域单元的国家级地质公园整体可达性上，以黑河—腾冲线为界，呈现"反自然梯度"的分布格局，东部和中部地区远高于东北和西部地区，且东部与中部内部差异小、东北与西部地区内部差异大。国家级地质公园空间可达性与空间分布呈显著正相关，区域社会经济发展水平对国家级地质公园空间可达性有重要影响（何小芊和刘策，2019）。

地质构造条件、资源禀赋条件、区域经济水平是造成空间分异的三大主因（姚维岭和陈建强，2011）。通过对不同阶段国家级地质公园空间分布的分析，发现中国国家级地质公园分布重心向北迁移，与区域中心城市的关系日趋紧密。地质构造条件、地质公园的旅游化与拟建地政府部门认知水平是影响国家级地质公园空间分布演化的重要因素（何小芊等，2014）。

5. 国家级湿地公园分布特点

国家级湿地公园在东部沿海和西部地区分布较为集中，而在中部地区分布较为分散，高密度热点区域为鲁中南、长三角、湘北-鄂东南等地（郭子良等，2019）。从自然地理空间分布来看，国家级湿地公园集中分布在亚热带、中温带和暖温带，年平均降水量 800~1 600mm 和 400~800mm 的区域，以及海拔 1 500m 以下的区域。此外，中国大部分国家级湿地公园的建设位于农田和城镇范围内，占其总数量的 67.37%，其所在区域的基质类型从高到低依次为农田、城镇、森林、草地、荒漠、湿地（郭子良等，2019）。

国家级湿地公园的可接近性整体较强。潘竟虎和张建辉（2014）的分析表明，国家级湿地公园的平均可接近时间为 144.07min，全国 60% 的区域国家级湿地公园可接近时间在 120min 以内，30min 以内的可接近性区域占全国总面积的 13.29%，可接近时间最长的地点位于青藏高原，高达 1 283min；可接近性的空间分布具有明显的交通指向性。

目前中国各省（自治区）国家级湿地公园在建设数量和面积上均有很大的差异。国家级湿地公园建设数量最多的省（自治区）依次为湖南、山东、湖北、黑龙江和新疆，其数量均超过 55 个，同时其也是湿地公园建设面积较大的省（自治区）。但这些省（自治区）相对比较随机，包括了华中、东北、华东和西北等地，在全国各省（自治区）呈现分散建设格局。而北京、天津和上海等直辖市国土面积较小，湿地面积有限，国家级湿地公园建设数量极少。从全国来看，海南、福建和浙江等东部沿海省份国家级湿地公园的建设数量和面积均低于全国平均水平，其数量多在 20 个以下，总面积不足 500km²。中国中部省（自治区）在国家级湿地公园建设数量上占据优势，而西部省（自治区）在国家级湿地公园建设面积上占据优势（郭子良等，2019）。

第五节　重要自然保护地布局存在的问题

一、自然保护地覆盖范围与保护需求不完全匹配

中国重要自然保护地空间布局与保护需求并不完全匹配，部分区域布局过于密集，导致资源利用率不高和人员重复建制、设施浪费；另一些区域则过于稀疏甚至没有，出现保护空缺区域。

第一，重要自然保护地分布过密。以湿地型自然保护区为例，鄱阳湖流域湿地型自然保护区分布过密，80%以上的自然保护区之间距离小于40km。过于集中的湿地自然保护区之间由于保护目标和发展需求的不同极易产生冲突，且区域相邻的湿地自然保护区之间资源相似、配置相近，造成自然保护地代表性不强、重复建设和人员浪费（燕然然等，2013）。

第二，重要自然保护地分布过疏。青藏高原湿地区虽然湿地资源非常丰富，却因社会经济条件和交通可达性较差而建立国家湿地公园的数量较少（吴后建等，2015）。例如，青藏高原湖区是中国六大湖区中湖泊面积最大的一个，占全国湖泊面积的48.5%，但拥有的国家级自然保护地仅占全部保护地的3.65%（朱里莹等，2017）。

第三，重要物种或生态系统存在保护空缺。此问题在本章第三节已经论述。

二、完整生态系统被分割为多个自然保护地

具备区域全部本土生物多样性和生态学进程是生态系统完整性的重要条件（黄宝荣等，2006），也是生态系统功能正常发挥的前提。当前，自然保护地中常存在一个完整的生态系统区域由于归属不同的行政区划或者包含多个生态系统类型，从而被不同职能部门划分为多个自然保护地的现象。

例如，江西省武夷山国家级自然保护区和福建省武夷山国家级自然保护区相连，是中亚热带中山森林生态系统的重要组成部分。但由于武夷山脉位于两省的交界处，故而其西北部和东南部被分别划为两个不同的自然保护地，不利于从整个生态系统的角度进行保护和利用的宏观统筹规划。钱江源片区是钱塘江的源头，属于全球罕见的低海拔中亚热带常绿阔叶林森林生态系统，对于钱塘江流域的生态安全意义重大。该片区地跨江西、安徽、浙江三省，江西省婺源县建有森林鸟类国家级自然保护区，安徽省黄山市建有休宁县六股尖省级自然保护区，浙江省建有古田山国家级自然保护区、钱江源国家森林公园和钱江源省级风景名胜区三个自然保护地。可见，钱江源片区不仅被行政区划分割，还被不同职能部门划分为不同类型的自然保护地，碎片化严重。

三、自然保护地空间范围交叉重叠

中国重要自然保护地空间范围的交叉重叠现象比较普遍，主要包括以下三个方面。

（一）不同自然保护地空间范围的交叉重叠

同一片区尤其是生态系统类型复杂的区域会被多个职能部门划为保护区，各种类型自然保护地由于保护对象和保护级别不同而划定的范围存在交叉重叠。不同自然保护地空间范围的交叉重叠大概可以分为两个自然保护地的部分范围相互交叉重叠、一个自然保护地完全在另一个自然保护地范围内、一个自然保护地的一部分包含于另一个自然保护地范围内三种情况，部分区域也存在以上在三个或多个自然保护地之间出现的现象。例如，上文提及的雅鲁藏布大峡谷、比日神山国家森林公园和西藏工布自治区级自然保护区的交叉重叠关系。交叉重叠区域分属不同的自然保护地就意味着该片区有两个或多个管理部门，保护和利用的标准、原则也存在很大差异，极易造成过度开发、管理矛盾和保护不善等问题。

（二）同一自然保护地不同名称范围的不一致

同一地块有多个自然保护地类型是普遍存在的现象。以河南省焦作市云台山为例，它同时是世界地质公园、国家 AAAAA 级旅游景区、国家级风景名胜区、国家水利风景区、国家地质公园、国家级自然保护区和国家森林公园，达到"一地多牌"。但由于不同类型自然保护地的保护对象、保护要求和建立时间不同，各名称下的自然保护地空间范围也不尽相同。泰山、武夷山、九寨沟、黄山均存在一地多牌和不同自然保护地类型之间的复杂边界关系（彭琳等，2017）。九寨沟同时是国家森林公园、国家级自然保护区、国家级风景名胜区和国家地质公园，九寨沟国家级风景名胜区是在自然保护区的范围基础上纳入北侧的漳扎镇，国家地质公园则在风景名胜区范围的基础上纳入了东侧的部分山地，而九寨沟国家级森林公园则在九寨沟国家级自然保护区的外围。泰山所拥有的国家级水产种质资源保护区、国家级森林公园、国家级自然保护区、国家级风景名胜区和国家地质公园五个国家级称号的边界各不相同，并依次扩大。武夷山所拥有的国家级森林公园、国家级自然保护区和国家级风景名胜区三个自然保护地名称边界各自独立，极易混淆。黄山国家级风景名胜区范围大于黄山国家地质公园，黄山国家森林公园则在风景名胜区的范围之外。由以上四个自然保护地的边界复杂性可知，中国重要自然保护地的边界范围错综复杂。同一自然保护地复杂的边界既造成了不同部门之间的界权问题，也为准确统计自然保护地面积和合理的统筹布局造成困难。

（三）自然保护地范围交叉重叠的空间特点

马童慧等（2019）通过对全国 1 532 个不同类型和级别具有空间重叠、管理部门交叉的自然保护地进行空间分析发现：①鲁中山区、太行山、大别山、天目山–怀玉山、皖江等生态功能区的自然保护地重叠最为严重，其中太行山区、大别山区、天目山–怀玉山区为重叠自然保护地密度高的生物多样性优先保护区，目前 10 个国家公园试点区域中有大熊猫国家公园体制试点区、湖南南山国家公园体制试点区、钱江源国家公园体制试点区三处位于自然保护地重叠高密度区；②原主管部门中，原国家林业局与住房和城乡建设部的交叉管理自然保护地数量最多，为 294 个；③黑龙江、安徽、山东、河南、湖北、湖南等省范围内的自然保护地空间重叠状况明显高于其他省（自治区），而晋、冀、豫与皖、鄂、赣这两处三省交界处重叠程度更高，其他多处三省交界区域也存在自然保护地的中度重叠。

四、自然保护地功能分区不合理

功能分区是自然保护地空间管理的重要依托，也是生态保护的空间依据。中国重要自然保护地分区标准过于笼统，对功能分区的动态变化需求考虑不足，存在保护空间和生产生活空间交叉重叠与不同分区结果的空间利用矛盾。不合理的功能分区给自然保护地资源利用、生态保护和空间管理带来困难。

（一）分区标准过于笼统

功能分区政策在中国自然保护地管理中实施已久（钟林生和周睿，2017）。中国重要自然保护地的分区方法主要有四种：自然保护区采用的"人与生物圈"的"三分法"（核心区、缓冲区和实验区），地质公园功能分区与之类似，分为一级保护区、二级保护区和三级保护区；森林公园采用的"四分法"（核心景观区、一般游憩区、管理服务区和生态保育区）；湿地公园（保育区、恢复重建区、宣教展示区、合理利用区和管理服务区）和风景名胜区采用的"五分法"（特别保护区、风景游览区、风景恢复区、发展控制区、旅游服务区或基地）（表4-5）。不仅各类自然保护地的功能分区没有统一标准，每一种功能分区方法也没有给出科学的分区依据和分区的具体方法。

表4-5　中国重要自然保护地功能分区标准

自然保护地类型	分区结果	分区标准	援引文件
自然保护区	核心区、缓冲区、实验区	a. 核心区：将自然保护区内保存完好的自然生态系统、珍稀濒危野生植物和自然遗迹的集中分布区域划入核心区 b. 缓冲区：在核心区外围根据外界干扰因素的类型和强度确定缓冲区的空间位置和范围 c. 实验区：在划定自然保护区的核心区和缓冲区之后，剩余部分为实验区	自然保护区功能区划技术规程（LY/T 1764—2008）

自然保护地类型	分区结果	分区标准	援引文件
森林公园	核心景观区、一般游憩区、管理服务区、生态保育区	a. 核心景观区是指拥有特别珍贵的森林风景资源，必须进行严格保护的区域 b. 一般游憩区是指森林风景资源相对平常，且方便开展旅游活动的区域 c. 管理服务区是指为满足森林公园管理和旅游接待服务需要而划定的区域 d. 生态保育区是指在本规划期内以生态保护修复为主，基本不进行开发建设、不对游客开放的区域	国家级森林公园总体规划规范（LY/T 2005—2012）
风景名胜区	特别保护区、风景游览区、风景恢复区、发展控制区、旅游服务区或基地（以上为建议分区）	a. 对风景区内自然文化资源价值突出，需要重点涵养、维护的对象与地区，应划出一定的范围与空间作为特别保护区 b. 对风景区的景物、景点、景群、景区等各级风景结构单元和风景游赏对象集中地，可以划出一定的范围与空间作为风景游览区，可开展游览利用活动 c. 对风景区内需要重点恢复、培育、抚育的对象与地区，宜划出一定的范围与空间作为风景恢复区，限制人为活动，恢复自然生态环境 d. 对乡村、城镇集中分布的地区，宜划出一定的范围与空间作为发展控制区，也可准许原有土地利用方式与形态，控制建设内容、规模与风貌 e. 对旅游服务设施集中的区域，可以划出一定的范围与空间作为旅游服务区或基地，明确建设内容与规模，控制建设风貌	风景名胜区总体规划规范（GB 50298—1999）
地质公园	一级保护区、二级保护区、三级保护区	a. 一级保护：对国际或国内具有极为罕见和重要科学价值的地质遗迹实施一级保护，非经批准不得入内 b. 二级保护：对大区域范围内具有重要科学价值的地质遗迹实施二级保护 c. 三级保护：对具一定价值的地质遗迹实施三级保护	地质遗迹保护管理规定
湿地公园	保育区、恢复重建区、宣教展示区、合理利用区、管理服务区（以上为建议分区）	根据规划区资源特征和分布情况，为实现规划目标将公园划分成既相对独立、又相互联系的不同地理单元，明确各单元的建设方向，采取相应的管理措施	国家湿地公园总体规划导则

　　自然保护区是中国建立时间最早、管理制度相对完善的保护地类型。根据《自然保护区功能区划技术规程（LY/T 1764—2008）》，核心区的分区依据为："将自然保护区内保存完好的自然生态系统、珍稀濒危野生动植物和自然遗迹的集中分布区域划入核心区。根据主要保护对象的分布及生存需求空间和自然环境状况，确定核心区的空间位置和范围；也可根据关键种及其生境的分布状况确定核心区的范围。"由以上的表述可知，对自然保护区的核心区范围的划定具有一定的主观性。虽然这种划分依据给生态本底不同的自然保护地划定核心区更大的自由，更能因地制宜地划定更合理的范围，但也客观上给出于非保护目的划出部分理应严格保护区域作为他用带来了可能性。通过对自然保护区功能区范围调整的原因进行统计发现，社区发展、城镇建设等是主要原因，而功能区调整对于自然保护区内及其周边野生动植物生境变化和种群活动扩张的关注度并不高（郭子良等，2016），这也可以从侧面反映宽泛的功能分区规定对保护目标的不利影响。另外，保护区内土地性质和功能不够明确，且细分空间的边界划定忽略了当地居民的发展需求，导致土地资源的不合理利用。实验区和缓冲区同时承担着保护与开发的

双重目标，区域内土地的性质以及土地能够使用的程度界定模糊，当地居民的发展需求未得到满足，如放牧、偷猎、采集、农耕地的侵蚀等问题便难以解决（张娜和吴承照，2014）。

（二）分区没有考虑动态变化

中国重要自然保护地的分区模式发端于国际人与生物圈计划（MAB）的同心圆形分区，该种分区模式简单、易于实施，但它是静态的、机械的、封闭的，对自然资本空间分布的动态特征考虑不够，没有考虑生态系统各种服务之间的权衡，没有充分考虑人在社会经济条件限制下对自然资本的保护和开发动因（何思源等，2017）。

首先，功能分区一旦划定，在较长一段时间各功能区的使用性质就不会改变，一些区域永久保护，另一些区域长期开放。由于生态系统恢复力稳定性的有限性，长期开放区域生态系统会受到严重影响。而实际情况是不同类型的功能分区通过使用强度和时间的调控完全可以实现保护与开发双赢，如野生植被类型自然保护区可以根据植被的抵抗能力和恢复能力，在不同的季节对某些场地实施关闭与开放；野生动物类型的自然保护区则可以在保护物种繁殖和迁移的季节关闭而在其他时间内开放（张娜和吴承照，2014）。

其次，随着人口的增长，经济社会发展需求日渐迫切，静态的功能分区模式不能与新时期的人地关系相适应。近年来，自然保护区内的工程建设项目、开发活动以及其与周边社区的关系的协调成为中国自然保护区功能区调整的最主要原因（郭子良等，2016）。例如，国道214及两侧居民区被划为西藏芒康滇金丝猴国家级自然保护区的缓冲区，道路改造和社区生产生活需要与缓冲区空间管理要求相冲突，是该保护区功能区调整的重要原因（徐志高，2012）。但频繁的功能区调整会增加人力和物力成本，而滞后的功能区调整则会给生态建设、环境保护和社区发展造成阻碍。在1992年建成之初天津古海岸与湿地国家级自然保护区将建成区、农田、盐池、城市规划用地、居民聚居区等共计$700km^2$的人类活动区域划为保护地的实验区，占保护区总面积的70%；具有重点保护价值的核心区和缓冲区加起来不到保护区总面积的10%；实验区内分布着2个县（城区），30个乡镇，316个村庄，多个工厂、商店，多条公路、铁路（纪大伟等，2010）。显然，区域经济发展的实际需求与自然保护区的管理要求是冲突的。这种生产、生活与管理的矛盾直到2009年对实验区进行调整才得到解决，十多年的矛盾冲突状态既给保护区管理带来困难，又对当地的经济社会发展造成阻碍。

（三）保护空间与生产生活空间冲突

与西方国家自然保护地为大面积荒野地的状况不同，中国自然保护地空间范围内通常居住着不少的社区居民。功能分区不够合理的自然保护地生态保护空间会与当地居民的生产生活空间交叠，由于对空间利用的目的不同，生态保护和经济社会发展之间便不可避免地产生冲突。由于保护区建立时间较早，安徽省鹞落坪国家级自然保护区将中国工农红军第二十八军军政旧址、皖西特委驻地等开展爱国主义教育的重要基地划入了保护区的缓冲区，爱国主义教育基地的游览和教育作用与缓冲区"只准进入从事科学研究观测活动"[①]的管理要求互相矛盾（李道进等，2014）。位于贵州省黔东南州的雷公山国家级自然保护区，地跨雷山、台江、剑河、榕江4县，居住在保护区内的有25个村，2 683户，1.2万人。其中雷山县方祥乡全部位于雷公山国家级自然保护区核心区。全乡7个行政村10个自然寨，近6 000人，拥有耕地6 365亩。由于位于核心区，产业选择和公路建设受到较大限制，多数村寨交通不便，主要经济来源只能依靠种植业和养殖业以及外出务工[②]。

（四）多种分区之间的功能定位相互矛盾

"一地多牌"现象导致同一自然保护地多个"名号"，而各种名称下的自然保护地空间范围不一致，不同类型自然保护地的功能分区也存在差异，这就导致自然保护地内的各种功能区的混乱交叠，同一片区具有多种保护和开发强度标准，给资源保护和管理带来困难。九寨沟景区的各种规划分区就有多种矛盾：第一，风景名胜区的一级、二级保护区与自然保护区的实验区相对应，而前者的定位是在资源开发的同时注重保护，后者的定位是在资源保护的同时鼓励开发；第二，扎如沟纳久坡位于自然保护区的核心区，禁止任何单位和个人进入，而风景名胜区却在此范围内规划了三级公路、停车场和旅游服务部等旅游设施；第三，日则保护站泉群属地质公园特级保护点，禁止除科学研究和生态环境保护治理工程之外的一切活动，但该点却位于自然保护区实验区的旅游活动区上（朱忠福，2018）。

---

① 《中华人民共和国自然保护区条例》。
② 根据2014年实地调研资料整理。

第五章 中国重要自然保护地布局合理性评价与优化路径

　　建立布局合理的自然保护地体系，是中国近期及未来一段时间内生态文明建设的重大任务，空间布局合理性评估是建设自然保护地体系的前期工作。本章通过分析中国自然保护地布局合理性的目标和原则，通过建立科学的空间布局合理性评估体系，系统识别中国重要自然保护地布局存在的问题，厘清自然保护地之间的空间关系，提出空间布局优化的路径和措施，从而为构建科学合理的自然保护地体系提供支撑。

第一节 自然保护地布局合理性研究的意义与目的

一、甄别空间问题，优化自然保护地空间布局

　　根据 2019 年中共中央办公厅、国务院办公厅印发的《关于建立以国家公园为主体的自然保护地体系的指导意见》，建立分类科学、布局合理、保护有力、管理有效的以国家公园为主体的自然保护地体系，是中国近期及未来一段时间内的重大改革任务，关系到国家生态安全和美丽中国建设，以及中华民族的永续发展。通过前文分析可知，中国重要自然保护地布局在保护地总体布局、保护地空间关系和保护地内部功能分区宏观、中观、微观三个尺度上都已显现空间布局相关问题。精准识别方能精准施策，亟须建立科学的空间布局合理性评估体系，系统识别中国重要自然保护地布局存在的问题，提出空间布局优化的方案，为完成《关于建立以国家公园为主体的自然保护地体系的指导意见》中提出的"整合交叉重叠的自然保护地"、"归并优化相邻自然保护地"和"编制自然保护地规划"三大任务提供科学支撑，从而达到优化自然保护地空间布局、构建科学合理的自然保护地体系的重要目标。

二、明确保护空间，落实国土空间规划

　　国土空间规划是国家空间发展的指南、可持续发展的空间蓝图，是各类开发保护建设活动的基本依据。为建立科学高效的国土空间规划体系，整体谋划新时

代国土空间开发保护格局，2019 年中共中央、国务院印发《关于建立国土空间规划体系并监督实施的若干意见》。其中，生态环境保护等是主要考虑因素，生态空间与生产空间、生活空间的科学布局是主要内容。自然保护地作为中国生态空间的主要组成部分，深刻影响着生态环境保护的成效。在前述甄别空间问题的基础上，明确自然保护地边界范围，划定合理的功能分区，厘清自然保护地之间的空间关系，是提高国土空间规划科学性、可操作性的基础，是实现国土空间开发保护更高质量、更有效率、更加公平、更可持续的前提条件。

三、提高保护成效，保障国家生态安全

中国重要自然保护地空间布局仍旧存在重要生态系统和重要物种的保护空缺、不同自然保护地空间重叠和功能分区的机械性等多种问题，相应导致自然生态系统完整性受损、重要物种栖息地不足、原本并不充足的保护资源浪费、空间冲突频发等削弱自然保护地保护成效的一系列结果，威胁着国家生态安全。通过系统评估，识别空间布局中存在的问题，进而优化整体布局，是提高自然保护效率、增强保护能力和促进自然保护地人地和谐，最终实现自然保护事业可持续发展的必要工作。因而，提高自然保护成效，促进自然保护地建设的可持续发展，是保障国家生态安全的必然要求。

四、协调空间功能，持续推进生态文明建设

生态保护是自然保护地建设的首要原则，但并不是唯一目标和功能。纵观全球自然保护地发展史，从最初的标志性景观和野生生物保护、游憩服务，自然保护地功能逐渐拓展至生态保护、社区发展、科研教育，呈现复合性特征（Watson *et al.*，2014）。根据国际经验，完全依靠政府财政投入的自然保护地建设是很难可持续的。同时，由于特殊的人口国情，中国自然保护地内部及周边的大量社区也要寻求可持续生计，因而要探索自然保护和资源利用新模式。合理的功能分区是结合自然本底统筹各项功能的有效空间方法。在功能分区合理性评估的基础上，优化功能分区标准，减少生态保护空间与生产、生活空间的冲突，有效统筹自然空间的保护和利用功能，可促进自然保护地建设的可持续发展，持续推进生态文明建设。

五、构建评估体系，助力全球自然保护地建设

自然保护地为《2030 年可持续发展议程》和《21 世纪议程》目标的实现做出了重要贡献，已成为全球公认的保护生物多样性和自然生态环境最重要和最有效的途径，是维护生态安全，实现社会经济可持续发展和人与自然和谐共生

的重要保障。截至 2018 年 7 月，世界自然保护地数据库（WDPA）共收录 23.8 万个自然保护地，覆盖了全球陆地和内陆水域面积的 15% 和海洋面积的 7%，形成一张巨大的自然保护网络（UNEP-WCMC *et al.*，2018）。经过 60 多年的努力，中国自然保护地体系在保护自然、改善环境和维护国家生态安全方面发挥了重要作用，也为全球自然保护事业在路径、方法、体制机制方面做出了有益探索（唐小平和栾晓峰，2017）。空间布局是自然保护地建设中的关键问题，空间布局合理性评估体系的建立则为自然保护地规划建设和监督管理提供了有效工具，评估框架建构和评估指标选择均可为其他国家或类似区域自然保护地建设的评估提供有益借鉴。

第二节 自然保护地布局合理性评价研究进展

当前自然保护地布局合理性的研究主要从以下三个视角展开：第一，自然保护地空间布局均衡性研究，主要考察分布集聚性、密度、交通可达性等；第二，自然保护地保护有效性评估，即自然保护地对重要生态系统、生物多样性热点区、特定物种等的覆盖情况；第三，功能分区合理性评估，即现有功能分区在保护自然中的有效性分析。

一、自然保护地空间布局均衡性研究

由于诸多自然保护地边界范围不清及面状数据的获取难度，利用 GIS 技术分析自然保护地点状数据的总体分布特征，是目前研究成果的主体，如分布的集聚性、分布密度、交通可达性等问题（常用指标详见表 5-1），用以反映空间分布的

表 5-1 自然保护地空间分布特征研究常用指标

指标	内涵	文献
最邻近点指数	整体分布的凝聚性	吴后建等，2015
不平衡指数	分布的均衡程度	
核密度	区域分布的集聚程度	
地理集中指数	区域分布的集中程度	孔石等，2014
综合密度指数	将区域面积和人口因素考虑在内的分布密度	
空间重叠数量	自然保护地空间重叠的数量	杨振等，2017
空间重叠面积	自然保护地空间重叠的面积	
人类活动强度（人为压力指数）	将人类活动强度与自然保护区空间叠加，探究自然保护地设立时生态保护与人类活动之间是否存在矛盾	李士成等，2018
可达性	区域内某点到达保护地所需时间或行程距离	何小芊和刘策，2019

均衡性（姜超等，2016；朱里莹等，2017；潘竞虎和徐柏翠，2018；何小芊和刘策，2019）。近几年利用面状数据的研究成果逐渐增加，自然保护地（主要是自然保护区）面积分布的空间特征得以清晰，并用以分析自然保护地的空间交叠数量和面积（杨振等，2017；Wu et al.，2018；马童慧等，2019；靳川平等，2020）。也有研究将自然保护地空间分布与中国生态地理区划和中国植被区划等进行空间叠加，从自然地理的角度评估自然保护地空间布局的合理性。相比之下，从人文地理角度的评估则较少，李士成等（2018）以自然保护区建立以前的人类活动强度与生态保护存在矛盾的程度来评估保护区设立时空间布局的合理性，是该领域的探索。

二、自然保护地保护有效性评估

空缺（GAP）分析与地理信息技术相结合是自然保护地保护有效性评估的常用方法，其基本思路是将重要生态系统或者重要物种生境与自然保护地范围空间叠加，识别保护空缺，分析覆盖面积的比例。按照尺度的大小，目前主要有全球、区域（跨国或多个国家）、国家和地方的保护空缺分析，保护对象涉及生态系统、生物多样性、特定物种等，但极少将生态系统和生物多样性同时考虑，详见表 5-2。

表 5-2　自然保护地有效性评估研究示例

保护对象	研究区域	自然保护地类型	研究思路	参考文献
生态系统	全球	IUCN 收录的 I～VI 类及在这六类之外的自然保护地	识别优先保护的生态系统，与全球自然保护地空间叠加	Sayre et al.，2020
重要生态区和特有的陆生脊椎动物	东非（布隆迪、肯尼亚、卢旺达、坦桑尼亚和乌干达）	IUCN 收录的 I～IV 类	分析自然保护地覆盖重要生态区和特有的陆生脊椎动物栖息地的情况	Riggio et al.，2019
植被	中国	国家级自然保护区	分析自然保护地对全国植被类型和植被区的覆盖情况	Sun et al.，2020
褐马鸡	中国	省级和国家级自然保护区	预测潜在适宜生境，与自然保护地叠加分析	李一琳和丁长青，2016
红树林生态系统	中国	不同级别自然保护区	自然保护区对红树林生态系统的覆盖范围和空缺识别	卢元平等，2019
紫花含笑	中国	国家级自然保护区	国家级自然保护区对紫花含笑适宜生境的覆盖情况	刘慧明等，2019
濒危水鸟	中国京津冀地区	国家级自然保护区	国家自然保护区对濒危水鸟潜在适宜区和热点区的覆盖情况	白雪红等，2019
自然植被	中国京津冀地区	各级自然保护区	中国植被图与自然保护区范围叠加	周鑫等，2017
生物多样性	中国东北地区	国家级自然保护区	识别生物多样性热点区，与自然保护地叠加分析	栾晓峰等，2009
高山草原植物生物多样性	中国青藏高原	各类自然保护地	高山草原植物生物多样性热点区与自然保护地叠加分析	Su et al.，2019

由表 5-2 中的研究思路可知,保护有效性评估主要按照是否覆盖和覆盖比例作为布局是否合理的判断,但"覆盖多少保护有效"缺乏客观的标准,评估结果往往只得到保护和保护空缺两个选项。周大庆等(2015)基于中国自然保护区植被类型数据库,按照自然植被类型在自然保护区分布的数量和面积,将保护效果分为有效保护、较好保护、一般保护、较少保护、保护状况不明、未受保护和不予评价七个级别,确定每种植被类型的保护现状,识别保护空缺(周大庆等,2015)。评估的分级制,使评估结果更为精准,同时增强决策应用的灵活性。

总体上就中国而言,该视角的研究还局限于自然保护区这一类自然保护地,对森林公园、风景名胜区、湿地公园、地质公园等不同类型自然保护地的协同保护效果关注不足,准确判断当前自然保护地布局合理性较为困难。

三、功能分区合理性评估

尽管多有文献指出中国自然保护地功能分区存在分区标准笼统、不够灵活、存在空间冲突(李道进等,2014;郭子良等,2016;姚帅臣等,2021),但实施系统功能分区有效性和合理性评估的研究较少。Xu 等(2016)通过分析 2000~2010年 109 个国家级自然保护区农业用地和城市用地的变化,对中国自然保护地分区的有效性进行了评估。研究显示,在此期间,82%的自然保护区人类干扰较少或保持不变,但在核心区、缓冲区和实验区的总体人为干扰分别增加 7%、4%和 5%,且到 2010 年还约有 58%的自然保护区核心区受到人为干扰。这表明中国当前的"三分法"(核心区、缓冲区和实验区)在保护自然中发挥了有效的作用,但仍需要更加合理的功能分区。

由以上综述可知,针对自然保护地布局合理性的评估还停留在布局均衡性、保护有效性、功能分区合理性三个单方面的研究,缺乏针对"布局合理"科学内涵的综合评估,且主要关注生态保护功能,对自然保护地科学研究、生态教育、游憩利用和社区发展等要素考虑较少,不利于自然保护地的可持续发展。就自然保护地类型而言,仍以自然保护区为主,对自然保护地体系的总体评估不足。就保护对象而言,仍以单个物种或局部生物多样性为主,在全国生物多样性、生态系统保护上的效果不清晰。

第三节 自然保护地布局合理性评价分析

一、自然保护地布局合理的内涵

根据《关于建立以国家公园为主体的自然保护地体系的指导意见》,保护自然、服务人民和永续发展是中国新型自然保护地体系建设的三大目标,分类科学、布局合理、保护有力和管理有效是建立以国家公园为主体的自然保护地体系的四项标准（唐小平等，2019）。布局合理性应是中国新型自然保护地体系建设考核的重要内容。面向自然保护地体系建设的三大目标，自然保护地布局合理应包括保护对象有效覆盖、空间功能持续协调和生态系统服务公平三个方面的内容（图 5-1）。

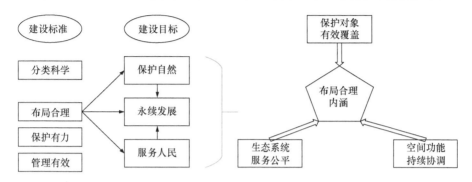

图 5-1　面向目标的自然保护地布局合理性内涵

自然保护的内容主要包括保护生物多样性、地质地貌多样性和景观多样性以及维持自然生态系统完整性。从空间布局的角度讲，自然保护地要将具有特殊和重要意义的野生动植物栖息地、自然生态系统、自然历史遗迹和自然景观纳入保护范围，做到应保尽保，且无交叉重叠。服务人民是指保护自然的根本目的是为人类社会提供高质量服务，利用良好的生态资源，为社会提供最公平的生态产品和最普惠的生态福祉。从空间上则指全民在享受自然保护成果（即生态系统服务）中的空间正义性，它包括空间生产过程的正义性和空间分配结果的正义性，即要实现自然保护地布局的空间过程和空间布局结果的公正。永续发展指在漫长的历史进程中，中华民族用自己的智慧创造和保存了丰富而珍贵的自然与生态文化遗产，孕育了天人合一的生态智慧，面对资源约束趋紧、环境污染严重、生态系统退化的严峻形势，必须关注人地和谐，树立可持续发展理念，维持人与自然长期和谐共生并永续发展。从空间布局上则指，优化自然保护地布局范围和功能分区，减少生态保护空间和当地生产生活空间冲突，实现空间功能持续协调。

二、布局合理性评价指标体系构建

（一）指标体系构建依据

1. 指标体系构建原则

自然保护地布局合理性评价指标体系构建是在前述"布局合理的内涵解析"

基础上，以自然保护地建设目标为导向，面向中国国情，针对中国重要自然保护地布局出现的问题，将"自然保护地布局合理"分解为保护对象有效覆盖、空间功能持续协调和生态系统服务公平三大维度，结合已有研究筛选相应指标，建立评估体系。

为提高评估的有效性，在构建评价指标体系时，主要遵循以下原则。①独立性原则。各评价指标在同一层次上应相互独立，无重复不交叉。②系统性原则。从生态保护有效、生态产品公平和空间功能协调三个维度评估，能够全面反映自然保护地生态保护、科学利用、可持续发展的目标，涵盖面广，系统性强。③科学性原则。基于科学依据和可信的研究成果，运用科学方法筛选能够反映真实状态的评价指标并构建体系。④可操作原则。指标尽量简单明了并易于采集、处理，以进行前后对比与评价。

2. 确定评估单元

研究借鉴郭子良等（2016）自然保护综合地理区划结果，以自然保护地理小区为评估单元，层层反映中国不同自然保护地理区、自然保护地地带和自然保护地理区域的自然保护地布局状况，进而评估全国自然保护地布局合理性（郭子良等，2016）。自然保护综合地理区划结合了中国气候区划、土壤区划、植被区划、动物地理区划等区划方案，突破单一因素（生物因子或非生物因子）、专项数据类型的瓶颈，是中国生物多样性保护、自然保护地体系建设的重要基础资料，可为自然保护地科学建设和合理布局提供科学依据。自然保护综合地理区划按照相对一致性、综合性和完整性原则，提出了包含 8 个自然保护地理区域、37 个自然保护地理地带、117 个自然保护地理区和 496 个自然保护地理小区的中国自然保护综合地理区划方案。其中，自然保护地理小区是本研究评估的最小地理单元。

3. 指标筛选流程

借鉴 Ocampo 等（2018）的指标筛选流程（图 5-2），评价指标体系构建过程包含以下两个步骤。①建立备选指标列表。收集自然保护地评估相关文献，按照评估尺度和评估对象两个标准筛选相关指标，并将指标体系分成生态保护有效、生态产品公平和空间功能协调三个维度，建立备选指标列表。②专家筛选指标，建立评价指标体系。邀请生态学、地理学等自然保护地领域研究者和国家级、省级自然保护地管理者组成专家组，由专家组按照指标的适用性和重要性两个原则筛选指标，形成最终指标体系。

（二）指标体系方案

为全面评估自然保护地布局的"合理性"，本研究以自然保护地合理布局为评

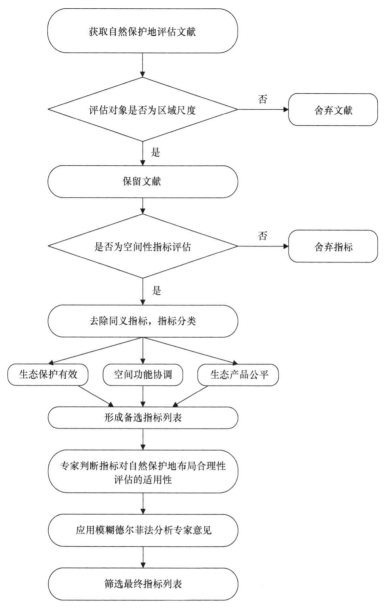

图 5-2　自然保护地布局合理性评估指标筛选流程图

估总目标，以生态保护有效、生态产品公平、空间功能协调为子目标建立评估指标体系。评估体系中的三大维度同时针对上述中国重要自然保护地布局存在的问题。"保护对象有效覆盖"相关指标可甄别中国重要自然保护地空间布局与保护需求并不完全匹配、完整生态系统被分割的问题。"空间功能持续协调"相关指标可以反映中国自然保护地中存在的空间冲突问题。按照《关于建立以国家公园为主体的自然保护地体系的指导意见》中对自然保护地整合和"两园一区"的重新分类，未来中国自然保护地将不存在同一空间多个自然保护地的现象，故本指标体系中不再设同一区域的空间功能重叠相关评估指标。"生态系统服务公平"则是体现国民日益增长的良好生态环境需求，为公平的提供最普惠民生福祉目标而设立的。

具体评估思路充分利用已有研究成果，"保护对象有效覆盖"的评估采用自然保护地保护有效性评估方法，"生态系统服务公平"评估则利用自然保护地空间布局均衡性研究成果，"空间功能持续协调"则用自然保护地内人类活动强度来体现。指标列表借鉴已有研究并结合专家意见得出，详见表 5-3。

表 5-3   中国重要自然保护地布局合理性评价指标体系

目标层	要素层	准则层	指标层
中国重要自然保护地布局合理	生态保护有效	生物多样性保护	野生动物保护
			野生植物保护
			遗传种质资源保护
		生态系统保护	生态系统完整性
			生态系统多样性
		自然遗迹保护	自然遗迹保护完整性
			自然遗迹保护比例
	空间功能协调	生产空间协调	农业用地比例
			工业用地比例
			服务业用地比例
		生活空间协调	建设用地比例
			单位面积人口规模
			灯光指数
	生态产品公平	产品内容公平	生态产品多样性
			生态产品供给能力
			生态产品价格
		产品距离公平	交通可达性
			单位面积分布密度

（三）指标解释

1. 生物多样性保护

生物多样性保护有效性的评估共包含野生动物保护、野生植物保护、遗传种质资源保护三个指标。评估思路是分别计算每个自然保护地理小区的野生动物保护、野生植物保护和遗传种质资源保护价值，识别野生动物、野生植物和遗传种质资源保护的生物多样性热点区，与现有自然保护地空间叠加，分别获得保护有效性比例。

每个自然保护地理小区野生动物和野生植物保护价值的识别有濒危性、特有性和保护等级三个判断标准（表5-4和表5-5），遗传种质资源保护价值的识别有分类独特性、濒危性和近缘程度三个判断标准（表5-6），具体赋分标准见郭子良等（2017）和原国家林业局发布的《自然保护区生物多样性保护价值评估技术规程》（LY/T 2649—2016）。

表5-4 野生植物的保护重要性评价指标分级赋值标准

评价指标	分级赋值			
	8	4	2	1
濒危性	极危	濒危	易危	近危和无危
特有性	植物地区特有	植物亚区特有	中国特有	非中国特有
保护等级	国家一级重点保护或特殊保护	国家二级重点保护	地方重点保护	其他

表5-5 野生动物的保护重要性评价指标分级赋值标准

评价指标	分级赋值			
	8	4	2	1
濒危性	极危	濒危	易危	近危和无危
特有性	动物地理区特有	中国特有	中国主要分布	中国次要或边缘分布
保护等级	国家一级重点保护或特殊保护	国家二级重点保护	地方重点保护	其他

表5-6 遗传种质资源的保护重要性评价指标分级赋值标准

评价指标	分级赋值			
	8	4	2	1
分类独特性	单种科	单种属	寡种属	其他
濒危性	极危	濒危	易危	近危和无危
边缘程度	家禽家畜或农作物同种	家禽家畜或农作物原种	家禽家畜或农作物同属	其他

2. 生态系统保护

生态系统保护有效性评估是对现有自然保护地内生态系统的保护效果进行评估，主要评估内容包括生态系统完整性、生态系统多样性两个指标。生态系统完整性主要考虑自然保护地面积对维持生态系统结构和功能的适宜性、景观破碎化程度和边缘效应的影响。生态系统多样性主要考虑生境类型多样性、生态系统的组成成分和结构类型等。

3. 自然遗迹保护

自然遗迹保护考虑保护完整性和保护需求两个角度。一是计算自然保护地理小区的自然遗迹保护价值，识别全国自然遗迹保护优先区域，与现有自然保护地空间叠加，评估保护比例。二是对自然保护地内部自然遗迹完整性进行评估。

自然遗迹保护价值计算应考虑的因素主要有典型性、稀有性和保留的完整性。自然遗迹完整性用景观破碎化指数计算，公式如下：

$$I_F = 1 - \sum_1^n (A_i \mid A)^2$$

式中，I_F 为自然遗迹景观破碎化指数，其值介于 0～1，I_F 值越大，保护性景观总体上越趋于破碎化，其完整性越差；A_i 为第 i 个自然遗迹镶嵌体的面积；A 为自然遗迹的总面积；n 为自然遗迹镶嵌体的个数。

4. 生产空间协调

因中国自然保护地核心保护区的永久基本农田、镇（村）、矿业权等将逐步有序退出，故在评估中仅考虑一般控制区的土地利用情况。自然保护地与生产空间的协调性主要采用自然保护地一般控制区及其辐射区域（距离自然保护地边界10km 范围）的土地利用情况衡量，公式如下：

$$F = \alpha A + \beta B + \gamma C$$

式中，F 为生产空间协调性；A 为农业用地比例；B 为工业用地比例；C 为服务业用地比例；α、β、γ 分别为 A、B、C 的权重。

5. 生活空间协调

自然保护地与生活空间的协调性主要衡量自然保护地一般控制区及其辐射区域人类生活利用强度。采用建设用地比例、单位面积人口规模和灯光指数三个指标衡量。

作为人类生产生活行为的表征，夜间灯光亮度一定程度上反映区域人类活动水平。"灯光指数"的数值越大，表明该区域的灯光亮度越高、人类活动越频繁，对自然保护地的干扰越大。灯光指数计算公式如下：

$$\text{TLI} = \sum_i DN_i \times C_i$$

式中，TLI 为灯光指数；DN_i 为第 1 级像元的灰度值；C_i 为第 i 级像元的个数。

6. 产品内容公平

本研究采用广义上的生态产品概念。它是指具有正外部性的生态系统服务，包括生态有机产品、调节服务产品、文化服务产品等（高晓龙等，2020）。自然保护地理小区内自然保护地提供的生态产品内容公平性通过生态产品多样性、生态产品供给能力和生态产品价格三个指标衡量。前两个指标是指当地居民人均享有的生态产品的类型和数量，后一个指标是指相对于当地居民收入水平的生态产品相对价格。

7. 产品距离公平

产品距离公平主要用于评估区域居民通过自然体验、生态旅游等方式享有自然保护地生态文化服务的空间公平性。采用当前自然保护地点状数据空间布局评估常用的两个指标：交通可达性和单位面积分布密度。其中，交通可达性包括陆路交通可达性和航空交通可达性两部分。陆路交通可达性借助 GIS 工具的"累积耗费距离算法"，计算每个网格（GRID）到某个目的网格的最短加权距离。航空交通可达性首先通过 GIS 选取自然保护地周边最近的机场，然后计算这个机场到达全国其他机场的平均飞行时间和该机场到自然保护地所需陆路交通时间，时间总和即为自然保护地的航空交通可达性。

三、布局合理性分析

鉴于中国自然保护地体系正在调整中，全面定量评估暂时难以实现，本研究拟定性分析评价目前中国自然保护地布局合理性。

（一）生态保护有效性评价

中国自然保护地有力促进了生态系统的完整保护，但空间交叠问题阻碍了生态系统的完整管理和保护有效性的提高。中国陆域自然生态系统按覆盖类型大致可以分为 539 种（含森林、竹林、灌丛与灌草丛、荒漠、高山高原等），水域与湿地自然生态系统可以分为 165 种。初步统计有 91.5% 的陆域生态系统类型和 90.8% 的水域与湿地生态系统类型已纳入有代表性的自然保护地进行就地保护，西藏自治区羌塘、青海省三江源、新疆维吾尔自治区塔什库尔干、江西省鄱阳湖、湖北省神农架、贵州省草海、云南省西双版纳、广东省湛江市红树林等自然保护地保护着各地带最典型的自然生态系统（唐小平，2016）。维护生态系统完整性需要足够的、连贯的、完整的自然空间。然而，自然保护地的空间交叠关系使完整的生态系统管理呈碎片化，降低了生态系统完整性和生物多样性保护的有效性。这在第四章的第五节已有讨论。

自然保护地已成为中国野生动植物物种的最后庇护所。作为世界上动植物物种最为丰富的国家之一，中国仍有部分生物多样性热点区、重要物种存在保护空缺。相关内容第四章已经详细阐述。

自然保护地守护了传给未来的珍贵景观遗产。自然保护地建设有助于保护自然遗迹、地质遗存等独特自然景观（Zhang *et al.*，2017）。截至 2020 年底，中国拥有世界地质公园 41 处（表 5-7），以占全球四分之一的数量居世界第一，保护了具有全球价值、突出地质科学意义的珍奇秀丽和独特魅力的地质景观，以及与之融合的自然景观与人文景观。此外，中国各级风景名胜区、地质公园等也有效保护了中国的名山大川、重要遗迹等自然，或自然和人文的复合景观。

表 5-7　中国世界地质公园及其批准年份

序号	名称	批准年份	序号	名称	批准年份
1	张掖世界地质公园	2020	22	五大连池世界地质公园	2004
2	湘西世界地质公园	2020	23	泰宁世界地质公园	2005
3	沂蒙山世界地质公园	2019	24	庐山世界地质公园	2004
4	九华山世界地质公园	2019	25	石林世界地质公园	2004
5	王屋山–黛眉山世界地质公园	2006	26	延庆世界地质公园	2013
6	泰山世界地质公园	2006	27	房山世界地质公园	2006
7	兴文世界地质公园	2005	28	黄山世界地质公园	2004
8	雁荡山世界地质公园	2005	29	黄冈大别山世界地质公园	2018
9	嵩山世界地质公园	2004	30	光雾山–诺水河世界地质公园	2018
10	张家界世界地质公园	2004	31	可可托海世界地质公园	2017
11	丹霞山世界地质公园	2004	32	织金洞世界地质公园	2015
12	云台山世界地质公园	2004	33	大理苍山世界地质公园	2014
13	敦煌世界地质公园	2015	34	昆仑山世界地质公园	2014
14	阿尔山世界地质公园	2017	35	香港世界地质公园	2011
15	神农架世界地质公园	2013	36	秦岭终南山世界地质公园	2009
16	三清山世界地质公园	2012	37	阿拉善沙漠世界地质公园	2009
17	天柱山世界地质公园	2011	38	龙虎山世界地质公园	2008
18	宁德世界地质公园	2010	39	自贡世界地质公园	2008
19	镜泊湖世界地质公园	2006	40	伏牛山世界地质公园	2006
20	乐业–凤山世界地质公园	2010	41	中国雷琼世界地质公园	2006
21	中国克什克腾世界地质公园	2005			

（二）空间功能协调性评价

作为人口大国，人地关系协调发展一直是中国自然保护地建设的关键。它主要包括生态空间与生产空间、生活空间的协调两个方面。党的十八大以来，自然保护地生态空间与生产空间的协调性已经显著提升，生态空间与当地社区生产、生活空间的协调是未来需要给予更多关注的问题。

生态文明建设战略提出以来，生态空间被矿产开采、农业种植、畜牧养殖、旅游发展过度侵占的现象得到有效遏制。例如，祁连山国家级自然保护区违法违规开矿、水电设施违建等问题得到制止，正在重点实施矿山生态环境治理恢复、土地整治与修复、生物多样性保护等全方位系统综合治理修复；在青海湖国家级自然保护区内违规设立或延续矿业权、违法违规开发旅游问题均已纠正，矿权逐步退出，矿山地质环境持续修复治理，鸟岛、沙岛等核心区停止对外开放。

早期的自然保护地范围划定缺乏充分的调研和科学依据，导致自然保护地生态空间与当地社区生产、生活空间的冲突。例如，自然保护区内的工程建设项目、开发活动及其与周边社区的关系的协调成为中国自然保护区功能区调整的最主要原因（郭子良等，2016）。自然保护地空间范围内通常居住着大量的社区居民，当地社区的生产、生活空间与生态保护空间的持续协调还有待优化。例如，青海省玛多县 75%的面积位于三江源国家公园黄河源园区，为维护母亲河源头的生态平衡，全县响应"保护生态、减人减畜、退牧还草"的号召，为黄河中下游乃至全国的生态文明建设做出了巨大牺牲。玛多县从 20 世纪 80 年代初牧民人均纯收入居全国之首的县，现在却成为国家级扶贫开发工作重点县，当地原有的畜牧业发展空间大大减少。因此，仍需在提升自然保护地生态空间与当地社区的生产、生活空间的协调性方面给予更多关注。

（三）生态系统服务公平性评价

生态系统服务是指人类从各种生态系统中获得的所有惠益，人们最终享受到的生态产品广义上与生态系统服务相同（黄如良，2015；傅伯杰等，2017）。毫无疑问，生态产品是有益于人的健康的产品，是与人类福祉高度相关的产品（黄如良，2015）。因而，生态产品与物质产品、文化产品并称支撑现代人类生存和发展的三类产品。生态产品包括了维持生命支持系统、保障生态调节功能、提供环境舒适性的自然要素，包括干净的空气、清洁的水源、无污染的土壤、茂盛的森林和适宜的气候等（曾贤刚等，2014）。自然保护地是提供高质量生态产品的重要空间，自然保护地布局影响着生态产品供给的空间公平性。

由于目前对生态系统服务空间流动的研究尚处在概念阶段，我们对自然保护地生态系统服务与人类福利之间的空间关系尚不明晰（肖玉等，2016）。但总体上，中国重要自然保护地主要分布在胡焕庸线东南，自然保护地布局数量与人口密度具有一致性，体现了自然保护地生态产品供给与需求的总体匹配性（欧阳志云等，2020）。从国民个体来讲，享有生态产品是生态福祉的重要内容。根据中国现行法律，全国民众均有相同权利享受自然保护地提供的生态产品。但由于自然保护地提供的诸多生态产品的不可移动性，国民在享有自然保护地提供的良好的环境、优美的景观等生态产品时必然具有区域差异性。例如，地质公园、风景名胜区等自然公园在"胡焕庸线"以西分布数量少、交通可达性差，这一地区民众在享受它们提供的文化服务产品时就需要付出更多经济和时间成本（何小芊和刘策，2019；张同升和孙艳芝，2019）。具体的，在空间距离、交通方式、收入条件等多种因素影响下，国民享受自然保护地生态系统服务的公平性感知和受益的空间公平性还有待深入研究。

第四节　自然保护地布局优化路径

一、优化原则

合理布局是自然保护地有效发挥各项功能、维持人与自然和谐共生和可持续发展的必要条件。当前中国自然保护地空间布局仍然存在保护地覆盖范围与保护需求不完全匹配、完整生态系统被分割、自然保护地范围交叉重叠、功能分区不尽合理等问题，亟须抓住建立以国家公园为主体的自然保护地体系的战略机遇，从问题出发，按照保护优先、秉承公正、注重效率的原则，以自然保护地可持续发展为总体目标，研究分析自然保护地的布局优化路径，以促进自然保护地保护生态环境、提供生态系统服务等功能的发挥，为生态文明和美丽中国建设、维护国家生态安全屏障功能提供基础支撑。

保护、公平和效率是重要自然保护地空间布局优化的三大原则。其中，保护是首要原则，是重要自然保护地的功能决定的；公平和效率必须同时兼顾，这关系到重要自然保护地建设的可持续性和国民享有生态服务的正义性。

（一）保护优先

生态保护是重要自然保护地建设的根本宗旨，也是空间布局的首要原则。因此，自然保护地的建设应以应保尽保为标准，涵盖所有具有重要价值的珍稀濒危野生动植物栖息地、有代表性的自然生态系统、有特殊意义的自然遗迹等所在的区域，不因经济条件、所在区位、社会文化等其他因素的限制而影响区域保护地建设的位置和数量，做到不遗漏、不重复，实现全面保护和高效保护。

（二）秉承公正

将生态保护和社会正义结合起来是解决环境问题的关键，也是重要自然保护地可持续发展的前提和基础。自然保护地的空间布局结构和具体区位选择会影响国民游憩权利的享有和当地社区居民的生存和发展权利。因此，在未来的自然保护地空间布局过程中应坚持公正原则，确保相应政策内容和具体实施过程的公正导向，并对已经造成或无法避免的权利剥夺或利益受损情况给予合理的补偿。此外，必须强调的是，我们的后代、除人类以外的生物、周围的环境也是平等的伦理主体，享有平等的环境权利，重要自然保护地的布局还必须遵循种际环境公正和代际环境公正原则。

（三）注重效率

效率是时代进步的指针，也是优化重要自然保护地空间布局在当代必须坚持的原则。重要自然保护地的保护和利用是一对天生的矛盾体，只能寻求在最少物质和人力投入水平的最优保护，最低生态消耗和环境影响下的高效利用。充分利用先进的科学技术水平和社会主义制度的力量整合优势，优化中国重要自然保护地的空间布局，提高重要自然保护地的经济效率和生态效率。

二、优化目标

为解决上述自然保护地布局在宏观、中观和微观三个尺度上存在的问题，实现：①自然保护地体系覆盖范围与保护需求匹配，充分保障国家生态安全；②不同区域公民在享受自然保护地提供的生态产品和服务时实现空间正义（张香菊和钟林生，2021）；③自然保护地空间范围清晰、生态系统完整、功能分区合理，满足生态保护、社区发展和科学利用的不同需求。本方案遵循保护、效率、公正原则，以中国重要自然保护地布局合理为总体目标，以生态保护有效、生态系统服务公平和空间功能协调为子目标探索自然保护地布局的优化路径。

（一）生态保护有效

生态保护有效是指单个自然保护地空间范围可以有效保护其主要保护对象，自然保护地体系的空间格局有利于自然保护地维持生物多样性、保育自然生态环境、保护自然遗迹和自然景观等综合保护功能的发挥。第一，自然保护地体系要在中国各类代表性生态系统分布区均有设置，包括森林、湿地、草地和荒漠等；第二，自然保护地体系覆盖珍稀濒危物种分布区和潜在栖息地，能够实现物种丰富度和多度的有效保护；第三，自然保护地体系实现对高级别自然遗迹、自然景观分布区及周边环境的有效覆盖。

（二）空间功能协调

空间功能协调是指自然保护地的空间布局在优先保障生态保护功能的同时，为当地经济社会发展和居民生活留有空间，实现自然保护与当地发展互相促进。一方面，自然保护地总体布局将使对当地经济发展影响较大的农业、林业、建设等用地的占用率降到最低；另一方面，自然保护地范围清晰、功能分区合理，自然保护地布局避开人口居住密集区，自然保护空间与当地生产、生活空间的边界清晰，功能互补，实现人地关系的协调持续发展。

（三）生态系统服务公平

生态系统服务公平是指自然保护地布局能够使中国所有公民在享有自然保护地提供的生态系统服务时是空间正义的：①不同区域民众都能够平等地享受自然保护地建设带来的良好生态环境、优美的自然景观等，享受生态权利的方式可以是免费享用清洁的空气、水等，也可以是以平等的价格购买有机农产品或自然体验、生态旅游等服务；②不同区域公民也平等负有为自然保护地建设服务的义务，做出贡献的方式可以是经济投入、体力投入或智力投入等多种形式。优化自然保护地布局应考量不同区域的生态环境差异、生态产品需求和区域经济发展水平，体现良好生态环境是最公平的公共产品、最普惠的民生福祉这一目标（何思源等，2019）。

三、优化路径

遵循上述优化原则，建议在完善相关法律法规的基础上，从宏观布局、自然保护地空间关系和功能分区等角度提出以下优化路径。

（一）完善自然保护地立法建设，为合理布局提供法律保障

中国自然保护地管理尚无统一的法律法规，已有的行政法规、地方性法规和规章都没有形成体系，且约束力差异较大，内容存在交义和矛盾。自然保护地领域的司法机制缺位是引致空间布局不合理和空间冲突的重要原因，亟须完善"基本法+专类保护地法"两层法律体系，即自然保护地法和以国家公园法为代表的专类保护地法。从法律的层面对自然保护地体系建设宗旨、设立程序和管理体制进行规范。第一，通过立法保障野生动植物物种的生存空间，规定自然保护地建设投入的稳定来源，避免因区域经济发展减少或降低对生物多样性和重要生态系统的保护，为"失语"的自然争取空间权利，促进空间生态正义。第二，通过自然保护地立法理顺中央和地方的关系，规范各自然保护地管理和经营主体的责、权、利，确保重要自然保护地布局由国家统一按照保护需求设立，给予可持续利用类自然保护地管理和经营主体一定的自主性。第三，良好生态环境是最普惠的民生福祉，还应强调所有公民不分空间和时间，可以平等拥有享受自然保护地提供的生态服务和生态产品的权利，但同时也应相应承担自然保护的义务。

（二）按照"自上而下"的方式布局重要自然保护地，增强布局均衡性

对中国自然保护区布局驱动要素的研究表明，尽管生态保护需求是一个重要因子，但以地价为代表的经济因素对中国自然保护地（尤其是低级别自然保护地）设立的影响更大（Wu *et al.*，2018）。因此，中国重要自然保护地的空间布局应根

据自然生态资源分布实际,以完整生态系统为基本单元,按照"自上而下"的方式进行遴选和建设,避免因受到地方政府财力、产业选择等因素影响,致使亟待保护的珍稀濒危物种、生态脆弱片区未得到有效保护。未来,应根据中国生态本底现状,结合《全国主体功能区规划》《全国生态功能区划(修编版)》和生态保护红线等国家政策要求,构建区域生态保护重要性的评价指标体系,科学评估和识别亟待保护的重要生态保护区域,在此基础上建立重要自然保护地,避免具有重要生态保护价值和保护需求的区域被遗漏。同时,应加大国家财政出资力度,以确保重要自然保护地的运营管理资金和国民平等享有优质生态产品的权利,避免资本对自然空间的过度侵占和对低收入群体环境权利的剥夺,体现自然资源的全民共有和自然空间的人地和谐。

（三）优化自然保护地空间范围,增强保护有效性

除自然保护区外,当前中国自然保护地多数无明确边界,这给自然保护地资源普查、监督管理、功能分区和自然保护地体系的空间规划发展带来困难。同时,由于缺乏准确的空间范围数据,生物多样性和生态系统保护有效性的评估仅限于部分自然保护地,无法准确识别保护空缺。因此,应抓住归并优化相邻自然保护地的契机,制定自然保护地边界勘定方案、确认程序和标识系统,开展自然保护地勘界定标并建立矢量数据库,与生态保护红线衔接,在重要地段、重要部位设立界桩和标识牌。以保持生态系统完整性为原则,遵从保护面积不减少、保护强度不降低、保护性质不改变的总体要求,整合各类自然保护地,解决自然保护地区域交叉、空间重叠的问题,将符合条件的优先整合设立国家公园,其他各类自然保护地按照同级别保护强度优先、不同级别低级别服从高级别的原则进行整合,做到一个自然保护地、一套机构、一块牌子。合理确定归并后的自然保护地边界范围和功能分区,解决保护管理分割、保护地破碎和孤岛化问题,实现对自然生态系统的整体保护。在摸清资源本底的前提下,明确自然保护地内各类自然资源的允许利用清单与利用方式,规范利用程度和边界范围,为自然保护地空间管理和有效保护明确空间界线,提供空间依据。

（四）建立动态性功能分区机制,减少自然保护地内部空间冲突

由以上分析可知,机械化的功能分区方式是中国自然保护地内部人–地关系不协调的重要原因。因此需要根据国外经验和中国实际,在摸清资源本底和社区充分参与的前提下,建立动态性功能分区机制。首先,减少自然保护地与当地社区生产、生活空间的重叠,对于位于核心保护区的社区通过生态移民的方式逐步搬迁,对于位于一般控制区的社区,可在尊重居民意愿的前提下,通过生态移民、提供替代生计和生态补偿等方式减少其对自然保护地生态资源依赖的同时保障社

区居民平等的发展权利。其次，应建立自然保护地的实时监测机制，根据不同生态干扰类型和生态恢复时间长度划定游憩利用片区，轮流开放，给游憩利用片区生态系统提供自我恢复的时间。最后，应根据动物的生长、繁殖和迁徙规律灵活划定功能区范围，在充分保证野生动物栖息地的前提下，提高野生动物（尤其是迁徙性或活动范围变动大、规律性强的动物）保护型自然保护地的空间利用效率。

第六章　中国国家公园建设区域遴选与布局研究

国家公园是一个兼具"自然保护"和"公民游憩"的物质载体，它是由保护原生态的朴素理想发展形成的一套保护理念，再由单一的国家公园概念发展成为国家公园和保护区体系，已经成为全人类的自然文化保护思想和保护模式的具体体现。国家公园作为全球自然保护地的一种类型，其"公益性"本质决定了其应属国家所有，受法律保护，禁止任意开垦、占据和买卖，以保持资源的真实性、完整性和可持续利用（孟宪民，2007）。与其他自然保护地类型相比，国家公园的优越性在于它是一种兼顾生态资源保护和适度利用，从而有效协调保护与发展矛盾的资源管理制度。随着全世界国家公园的发展，国家公园已经不仅仅是一个自然区域，许多国家将其作为保护典型生态系统完整性的国家战略。

国家公园承担着自然生态资源保护和利用的双重任务，是能够有效协调保护与利用矛盾的自然保护地类型（罗金华，2013）。作为公共资源，国家公园有效地发挥着生态系统及生物多样性保护、旅游休闲、自然资源供给的生态服务功能（张倩和李文军，2013），较好地处理了自然生态环境保护与资源开发利用的关系。与此同时，国家公园的"公益性理念"现已在全球广泛推广，国家公园成为各国生态资源保护和可持续利用的有效途径，许多国家建立了与之相符的资金机制、管理机制、经营机制、监督机制等，以完善的管理体制保障其管理目标长久实现（罗金华，2013）。

第一节　国家公园概念与设立特点

一、国家公园概念

国家公园最早是世界各国为"保护国家典型自然生态系统完整性目的而划定的、需要特殊保护和管理的面积较大的自然区域"，是名称为"National Park"的自然保护地（杨锐，2001）。美国自然保护先驱约翰·缪尔把大自然的美景、保护自然遗产的价值和保护自然的科学方法相结合，通过建立国家公园倡导自然哲学思想，将朴素的自然保护主义上升为自觉的理性行为。1969 年 11 月，联合国自然资源会议对国家公园进行了定义，认为国家公园是这样一片比较广大的土地：①具有一个或多个未经人类开发和侵占造成实质性破坏的生态系统，其物种、地貌和生境在教育、科学及游乐方面均具有特殊价值，或者存在着具有高度美学价值的自然景观；②国家的最高管理机构已采取各种措施防止或取缔在整个地区内可能进行的开发或侵占，并切实尊重和保护生态、地貌或美学特征；③进入公园需要经批准，包括参观、教育、文化和游赏。

1994 年，IUCN 发布的《IUCN 自然保护地管理分类应用指南》，提出设立国家公园的基本条件：①为现在及将来一个或多个生态系统的完整性保护；②禁止有损于保护区规定目标的资源开发或土地占用活动；③为精神、科学、教育、娱乐及旅游等活动提供一个环境和文化兼容的基地，在一定范围内和特定情况下，准许游客进入。2013 年修订的自然保护地管理类别指南中，IUCN 根据不同国家的自然保护地保护管理实践，将国家公园定义为："大面积自然或近自然区域，用以保护大尺度生态过程以及这一区域的物种和生态系统特征，同时提供与其环境和文化相容的精神的、科学的、教育的、休闲的和游憩的机会"。

国家公园具有综合性，涵盖自然区域各种自然生态资源，强调生态系统完整性未被利用或破坏，突出保护自然生态资源的原真性，定义和宗旨更加重视"为人类福祉与享受""对大众进行生态教育"的目标，兼顾保护和利用两者关系的协调。美国国家公园甚至由单一的自然区域发展成为包括自然区域、历史遗迹与游憩的自然保护体系。由于各国国家公园在功能和利用强度等方面存在差异，为了使用"共同的语言"进行保护交流，达成对国家公园认识的共识（陶一舟和赵书彬，2007），IUCN 经过不断修订自然保护地分类标准最终于 1994 年将全球保护地划为 6 种类型，其中，II 类国家公园是指：①为当代或子孙后代保护一个或多个生态系统的生态完整性；②排除与保护目标相抵触的开采或占有行为；③提供在环境上和文化上相容的、精神的、科学的、教育的、娱乐的和游览的机会（Dudley，2008）。

此后，所有名为"National Park"的国家公园都可以在 IUCN 自然保护地体系中找到对应的位置，如瑞士国家公园（Swiss National Park）归属于 Ia 类，大沼泽国家公园（Everglades National Park）（美国）归属于 Ib 类，新森林国家公园（New Forest National Park）（英国）归属于 V 类等。IUCN 自然保护地分类体系是目前各国公认的比较全面、比较合适并被普遍接受的自然保护地分类体系。此后，《联合国保护地名录》（*United Nations List of Protected Areas*）将此分类系统作为统计各国保护地的数据标准。归纳后的 II 类国家公园在功能定位上是以生态保护、科研宣教和游憩利用为管理目标的一种自然保护地类型，始终将公益服务排在首位，其自然性程度仅次于 Ia 严格自然保护区和 Ib 荒野区，且在一定空间范围和资源利用上为游憩和社区发展留有余地。这种理念和功能并不会因为国情体制和资源条件差异而难以借鉴。

中国政策文件也对国家公园进行了界定，2017 年颁布的《建立国家公园体制总体方案》提出，国家公园的首要功能是重要自然生态系统的原真性、完整性保护，同时兼具科研、教育、游憩等综合功能（中共中央办公厅和国务院办公厅，

2017)。2019 年，《关于建立以国家公园为主体的自然保护地体系的指导意见》提出，国家公园是指以保护具有国家代表性的自然生态系统为主要目的，实现自然资源科学保护和合理利用的特定陆域或海域，是中国自然生态系统中最重要、自然景观最独特、自然遗产最精华、生物多样性最富集的部分，保护范围大，生态过程完整，具有全球价值、国家象征，国民认同度高（中共中央办公厅和国务院办公厅，2019）。中国国家公园在维护国家生态安全，保护最珍贵、最重要生物多样性集中分布区域，以及提供生态服务福利等方面都具有重要功能。国家公园不同于严格的自然（野生地）保护区（Strict Nature Reserve）（此类保护区不受人类直接干扰，没有管理活动），也不同于娱乐性景区或城市公园，而是具有一个或多个典型生态系统完整性的区域，如特殊自然景观、生物或物种管理区、高质量的陆地、海岸、岛屿风光等，包括与传统土地利用方式相和谐的生物群落和社会习俗所构成的人文景观，是为了保护和可持续利用自然资源而划定的特殊区域。

二、国家公园设立宗旨

国家公园的宗旨是自然保护和游憩利用，并由此而丰富和发展成为一种被广为接受的自然管理模式。由于自然权利与公众游憩权之间的关系协调难度较大，全球正致力于协调自然资源保护与利用的矛盾。Pigram 和 Jenkins（2011）认为，设置国家公园的目的是保护和保存自然资源，这一目的也是整个国家公园的中心主题，但是保护目的是使这些自然资源开发出来能够满足国家公民的游憩需求。尽管人类在自然遗产保护和利用方面存在问题，但是随着思想认识的进步，保护的力度正在逐渐提高，利用方式不断向合理转变，并以国家名义展示国家的自然管理理念。

（一）国家意义：国家层面上处理保护与利用之间的关系

国家公园的国家意义体现在具有国家代表性资源、国家自然管理战略和国家政府管理权限三个方面。

1. 国家代表性资源

自然资源或环境是国家公园的物质载体，因此是定义国家公园并进行评价的主要指标。国外各种定义较为集中地阐述了国家公园的资源条件，即具有"国家意义""国内外（国际）影响""重要性的自然区域""自然和人类福利"等要素，对自然资源的重要性、典型性和特殊价值等提出要求，为资源保护提供了充分的理由。中国国家及遗产地定义只有地质公园强调了"科学意义"，在各类评价标准中对"重要性""国家影响"有所表述，但对"国家意义"的理解不全面。中国各类国家级遗产地虽然以自然生态系统或资源景观为其承载内容，但因为分类的缘故，各条定义均突出了具体的资源类型，风景名胜区、森林公园、地质公园、矿山公园等还包括了人文资源或景观，内容较国外国家公园更为丰富。

2. 国家自然管理战略

1872 年美国国会通过公园法案《黄石国家公园法》（Yellowstone National Park Act），将国家公园确定为"为了人们利益和欣赏目的的大众公园或休闲地"，以"保护并防止破坏或损坏，保护所有林木、矿藏、自然遗产，保护公园里的奇景，保持公园的自然状态"为宗旨。1916 年，美国《国家公园管理局组织法》（National Park Service Organic Act）规定建立国家公园的目的是"保护景观、自然和历史遗产以及其中的野生动植物，以这种手段和方式为人们提供愉悦并保证它们不受损害以确保子孙后代的福祉"。保持原生状态、自身和国家的利益，让后代欣赏美景，正是国家公园宗旨的体现。

国家公园倡导的尊重"大自然权利"和"公民游憩权"的理念为世界各国人民所接受，成为一种具有国家象征性的事物。从自然保护理念的演化来看，国家和地区的自然管理战略发生了三个转变，即由放任过度利用转变为限制性利用，由绝对保护转变为相对保护，由消极保护转变为积极保护。

3. 国家政府管理权限

国家意义体现在政府对自然资源和环境管理上的权限。定义和宗旨中对管理权限提出要求的虽然只有 IUCN 和俄罗斯，分别是国家最高权力机关和联邦政府。但实际上，各国在管理实践中均强调政府的管理权限，如美国采取中央集权为主，辅以部门合作和民间机构合作的模式，实行内政部国家公园管理局、地区管理局和基层管理局三级管理机构的垂直领导和统一管理的模式；法国、挪威、英国、加拿大、日本采取中央集权和地方自治相结合的综合管理模式，注重发挥中央政府、地方政府、特许进入人、科学家、当地群众的积极性，共同参与管理。

（二）主体功能：尊重"大自然权利"

国家公园所强调的是人类在尊重"大自然权利"的前提下利用并保护自然。国家公园建设理念自出现之后，逐渐被世界各国所接受，并发展成为一场波及世界的自然保护运动，促进了"国家公园和保护区体系""世界遗产""生物圈保护区"等相关概念的产生。1978 年，IUCN 制定了第一个保护区管理类型系统，将国家公园列入其中。经过多年的反复讨论和研究，1994 年 IUCN 世界自然保护地委员会（WCPA）根据管理目的制定了新的保护区管理类型系统，国家公园划入保护地（Protected Area）6 个类别的 II 型，规定了国家公园以自然生态完整性为先决条件并以保护自然生态完整性为目的，兼具保护区和旅游景区两种功能，即具有保护生物多样性和提供游憩机会双重目标。

世界各国和各地区国家公园定义和宗旨中均包含了"保护""利用""环境教育"等要素，说明国家公园的设置主旨是为了保存与保护自然景观资源、维护生态平衡，所反映的尊重"大自然权利"的精神，体现了人与大自然的一种平等伦理关系，不同于人类为中心的征服自然观，也与强调自然环境对社会发展起决定作用的环境决定论不同，与针对人类工业文明发展导致全球日益严重的环境危机而提出的"人地关系和谐论"相一致，体现了人与自然共生和谐的关系。尊重自然、合理利用自然的理念，符合生态文明发展的要求。

（三）公众属性：公民游憩权

国家公园的公民属性体现在各条定义中所表达的"人类福祉与享受""人民的利益""服务于人民""世代人民"。公民游憩权是社会福利的重要内容之一，尊重和保障公民游憩权是现代社会文明进步的象征。国家公园保护自然资源的目的是为了公众使用，不仅是当代的公众，而且是世代公众的公平使用，因此，国家公园提倡的保护不是消极保护，公众使用的方式集中在欣赏、休闲、游憩、文化科研和生态环境教育（张丛林等，2020）。无论从本质内涵上，还是从评价要素上，国家公园应充分重视公民的游憩权。例如，美国国家公园重视"大众欣赏、休闲"，加拿大国家公园突出"服务于人民享受、接受教育、娱乐和欣赏"，等等，均表达了公民游憩权与大自然权利是平等的，但必须是限制性的含义。

以具有代表性的 IUCN、美洲的美国和加拿大，欧洲的挪威、俄罗斯，亚洲的日本、韩国等的国家公园为重点，对照中国国家级遗产地，分析和比较中外国家公园（中国国家级遗产地）的定义、设置宗旨和入选条件及评价标准（表6-1、表6-2）。中国各类国家级自然保护地均开展旅游开发利用，以满足公民日益增长的回归自然、观光游憩需求，这与中国经济快速发展和国民生活提高及其旅游需求增长有关。它们的功能侧重游憩休闲、生态旅游、科研教育，条件评价要素主

表6-1　国外代表性国家公园的定义与设置宗旨

组织或国家	定义	设置宗旨
IUCN	具有国家意义的公众自然遗产公园，它是为人类福祉与享受而划定，面积是以维持特定自然生态系统，由国家最高权力机关行使管理权，一切可能的破坏行为都受到禁止，到此观光需以游憩、教育和文化陶冶为目的的并得到批准	人类福祉与公民享受；组织或取缔一切破坏行为；满足游憩、教育和文化科普需求
美国	为了人们利益和欣赏目的的大众公园或休闲地	为了人民的福祉与享受，保护并防止破坏或损坏，保护所有林木、矿藏、自然遗产，保护公园里的奇景，保持公园的自然状态
加拿大	以"典型自然景观区域"为主体，是加拿大人世代获得享受、接受教育、进行娱乐欣赏的地方	为了加拿大人民的利益、教育和娱乐而服务于加拿大人民，国家公园应该得到很好地利用和管理以使下一代使用时没有遭到破坏

组织或国家	定义	设置宗旨
俄罗斯	具有特殊生态价值、历史价值和美学价值的自然资源，并可用于环保、教育、科研和文化目的的及开展限制性旅游活动的区域	维护自然资源及独特的和标准的自然地段及自然对象；维护历史文化设施；对居民进行生态教育；为开展限制性旅游和休闲创造条件；研究和推广自然保护和生态教育的科学方法；进行生态监测；修复遭破坏的自然资源和文化设施
挪威	指面积不大、未过多受到人类破坏的乡村区域，通常为国家所有	严格保护乡村的物种多样性，使某些特殊的乡村地区免遭徒步旅行和其他传统类型的人类户外活动的破坏，有利于自然和人类自身的福利
日本	指全国范围内规模最大并且自然风光秀丽、生态系统完整、有命名价值的国家风景区及著名的生态系统	保护风景区和生态系统，促进其利用，发展户外旅游和对公众进行环境教育
韩国	指可以代表韩国自然生态界或自然及文化景观的地区	保护代表性的自然风景地，扩大国民对其的利用率，为保健修养、提高生活情趣做出贡献

表 6-2　中外代表性国家公园（中国国家级自然保护地）定义和宗旨主要评价要素

类型/项目	宗旨	功能	保护	设置条件	规模
IUCN	人类福祉与享受	游憩、教育和文化陶冶	取缔一切可能的破坏行为	保护、面积、开发	足以维持特定自然生态系统
美国	人民福祉与享受	公众利用、游览欣赏、科学研究	林木、矿藏、自然遗产、奇景、自然状态	全国意义、适宜性、可行性	必要的规模
加拿大	人民的利益、教育和娱乐	享受、教育、科研和文化	自然资源、自然地段、自然状态	特殊价值、土地权属、利用、保护	一
挪威	自然和人类自身的福利	保护	物种多样性、特殊乡村地区	自然状态、独特性、面积、土地权属	面积较大
日本	保护和利用	保护、利用、户外旅游、环境教育	风景区和生态系统	规模面积、开发状态、利用功能	超过 20km² 的核心景区
韩国	保护和利用	保护、保健休养、提高生活情趣	自然生态系统和自然风景	面积、保护、开发、利用	区域代表性
中国自然保护区	特殊保护和管理	保护、科学研究、宣传教育、生产利用、游览	陆地、陆地水体或者海域	典型性、代表性自然区域、特殊保护价值、政府批准	一定面积
中国风景名胜区	保护和利用	游览、科学、文化活动	风景名胜资源、自然生态平衡	反应变化发展过程、自然状态原貌、国家代表性	一
中国地质公园	保护地质遗迹、地方经济、社会、环境可持续发展	观光旅游、度假休闲、保健疗养、科学教育、文化娱乐	地质遗迹	区域性典型意义、面积	一定规模和分布范围
中国森林公园	森林生态旅游	游览、休闲、科学、文化、教育	森林风景资源和生物多样性	森林风景资源质量等级、资源权属、管理机构	一定规模
中国湿地公园	特殊保护和管理	湿地保护与利用、科普教育、湿地研究、观光休闲娱乐	湿地生态系统	面积、水质、基础设施、管理机构、土地权属	一定规模和范围（20km² 以上）

续表

类型/项目	宗旨	功能	保护	设置条件	规模
中国矿山公园	展示人类社会发展的历史进程	游览考察、科学考察	矿业遗迹景观	矿业遗迹、区位、基础工作、土地权属、基础设施	一

注：一表示无此项。后同。

要集中在自然资源代表性、特殊意义、观赏价值、美学价值、科研价值、面积范围，体现了经济、文化和环境的可持续发展（国家地质公园），展示生态系统服务功能（国家湿地公园）、行业发展历史与研究价值和教育功能（国家矿山公园）等目的。例如，风景名胜区的功能是"开展游览、科学文化活动"；地质公园重视开展观光旅游、度假休闲、保健疗养、科学教育、文化娱乐、普及地球科学知识；森林公园侧重开展森林生态旅游，普及生态文化知识。

三、国家公园发展经验

国家公园运动的发展源于自然保护运动。17 世纪中叶，国家公园理念开始在君主制国家兴起，但发展缓慢。到了 19 世纪，国家公园运动开始蓬勃发展，主要有三个方面的原因：①一些浪漫主义作家对自然美的发现，并且广泛传播；②对自然界的科学认识不断加深（伴随着 19 世纪的殖民主义，自然科学家同殖民者一道游历了世界，并有大量的科学发现，如达尔文的生物进化论、生态学概念的提出等）；③对野生动物尤其是鸟类的残酷杀害的反省（Holdgate，1999）。20 世纪以来，国家公园倡导尊重"大自然权利""公民游憩权"理念，世界各国政府和非政府组织普遍认可国家公园作为一种保护自然环境和自然遗产资源的有效管理模式。全球自然保护地总量大幅增长，而且类型和分布格局多样化，有效保障了自然生态空间和人类游憩的需求。

走在近代国家公园运动前列的是美国。1832 年，美国国会批准在阿肯色州建立第一个自然保护区——热泉保护区，但没有人将其宣布为世界上第一个国家公园。1864 年 6 月，美国总统林肯签署了一项法案，将约塞米蒂和马里波萨巨树森林划为永久公园，并赠予加利福尼亚州政府进行管理，命名为州立公园（State Park）。1872 年 3 月，经美国国会批准，建立了世界上第一个国家公园——黄石国家公园，并颁布了《黄石国家公园法》，开创了国家公园运动的先驱。加拿大于1885 年开始在西部划定了 3 个国家公园（班夫国家公园、冰川国家公园、沃特顿湖国家公园）。19 世纪，几乎全部国家公园都是在美国和英联邦范围内出现的。现代居民对于自然美景和荒野地，有发自内心深处的需要。美国是在一块新大陆上建立起来的国家，短暂的历史和广阔的土地，使其有条件建立具有原始风景的国家公园。美国国家公园体制实现了这种需求，并将这种思想与理念传播至全世界（Forbes，2003）。相对于美国国家公园的发展，加拿大也成为国家公园运动的主要力量，其比较如表 6-3 所示（宋秉明，2001；王连勇，2003；李如生，2005；National Parks Service，2005）。

表 6-3　美加两国国家公园发展比较

比较要素	美国	加拿大
第一座国家公园设立	黄石，1872 年	班夫，1885 年
系统属性	多元性（含自然、历史、游憩三类区域共 23 类子系统）	单纯性（仅含国家公园与国家海洋公园两类，属自然区域）
行政隶属	内政部	遗产部
国家公园署设立年份	1916 年	1911 年
管理机构层次	四级制：国会、总署、区域管理处、公园管理处	四级制：国会、总署、区域管理处、公园管理处
国家公园法	单性法（每个国家公园均由个别法令的制定而成立）	1930 年制定通则性国家公园法（1911 年颁布了《自治领森林保护区和公园法》）
政策	具有完整的管理指导与运作步骤且具法律效力	具有完整的管理指导与运作步骤，但仅为行政文件，不具有法律效力

　　总结来看，国家公园这种新型的土地管理模式首先传播到了澳大利亚、加拿大、新西兰和其他一些有着大面积未开垦土地的国家，传到非洲和欧洲是 20 世纪早期，传到南美洲是 1910 年后，传到独立国家联合体是 20 世纪 30 年代之后。世界国家公园发展的 3 个阶段：100 年之前的早期阶段，仅有 6 个国家建立国家公园（包括斯里兰卡、南非和荷兰）；1900～1950 年的普及阶段，除大洋洲之外，各大洲均有国家设立国家公园；1950 年之后的快速发展阶段，有 75%以上的保护地是在 1950 年之后建立的，其中以非洲国家公园数量增长最快。

　　世界各国都在使用"国家公园"这个词，但国家公园体系为了适应不同国家的特殊国情而进化成不同的形式。①基于辽阔公共土地上的美国国家公园体系；②基于国土面积与土地所有权的限制条件下的分区体系（zoning system），包括日本、英国、意大利、德国、法国、韩国等；③以保护本土人文历史与自然景观为目标而设立的面积较小（1 万 hm^2 以下）的欧洲国家公园体系。

　　目前全球以保护特定区域内的自然资源为目标的自然保护地平均面积是 804km^2，以保护和利用风景为目标的自然保护地平均面积为 1 911km^2，以保护野生动植物栖息地为目标的自然保护地平均面积为 1 487km^2。其中风景保护地的平均面积最大，这些自然保护地绝大多数是国家公园，这也说明在全世界不同类型的保护地中，国家公园对自然环境的保护起到了重要作用。北美洲拥有全世界 25.8%的保护地，欧洲以保护景观为目标的保护地类型最多。大洋洲81%的保护地是风景与自然资源类，非洲50%以上的保护地是野生动植物栖息地；独联体国家50%的保护地是自然资源类，禁猎区类型保护地占了大约35%，南美洲47%的保护地是自然资源类，全世界大约90%的以保护生态系统为目标的保护地都建立在巴西、阿根廷和厄瓜多尔3个国家。作为以保护和利用风景为目标的保护地类型中数量最多的保护地，国家公园是在1961～1980年迅速增加的，它的发展背景就是1962年举行的第一届世界公园大会和1959年在墨西哥城联合国经济和社会委员会对建立国家公园的呼吁，他们认识到了国家公园对于促进精神、文化发展和增进人类福祉的作用，还有其对经济和科学研究的价值，以及作为长久保存动植物群落和自然状态下的地理结构的区域的重要价值。

国家公园发展体现了以下几个特点。

1）管理模式区域化。美国国家公园发展以法律为基础，以管理目标实现为目标，将理性分析、公众参与、责任制度纳入管理决策过程，为世界各国国家公园设置与管理提供了借鉴。其他国家针对各自的社会和文化背景，及其不同的财政投入，采取了与美国国家公园不相同的管理模式，出现了英国模式、法国模式、日本模式、澳大利亚模式等。

2）思想认识转变。保护对象上，从景观保护走向生物多样性保护；保护方法上，从消极保护走向积极保护；保护力量上，从政府保护走向多方参与；空间结构上，从散点状走向网络状。由于各国经济发展水平和人口分布密度差异，国家公园在协调资源保护和发展方面所起的作用程度并不相同。例如，人口稀少的新西兰，国家公园通过在外围规划旅游小镇迁入社区居民的方式为游客提供休闲游憩设施和服务（张进伟，2012）；而人口密度较大的英国，国家公园在其内部通过合理利用土地发展现代化农业来协调资源生态保护与社区可持续发展的矛盾（王应临等，2013）。

3）规划理论与方法方面。美国资源保护方面的专家为解决国家公园和保护区中环境容量问题提出了可接受的改变极限（Limits of Acceptable Change，LAC）理论，国家公园管理局根据LAC理论的基本框架，制定了"游客体验与资源保护"（Visitor Experience and Resource Protection，VERP）技术方法，国家公园保护协会制定了"游客影响管理"（Visitor Impact Management，VIM）方法等，并有7项具体技术方法或理论取得进步，即"可接受的改变极限"（LAC理论）、"游憩机会类别"（ROS技术）、"游客体验与资源保护"（VERP方法）、"基地保护规划"（SCP技术）、"市场细分"（Market Segment）、"分区规划"（Zoning技术）和"环境影响评价"（ELA）。

国家公园发展战略以保护资源、维护生态为基础，通过一定的经营方式实现人与自然均衡发展的最终目标。主要体现在：①国家公园有利于保持自然遗产资源原貌，实现生态的可持续性；②国家公园生态环境保护应当由政府主导，并依托民间组织力量；③以政府资助为主、民间筹集为辅，在保持国家公园非盈利的基础上，增加休闲、观光和教育的功能；④国家公园的设立不局限于某一特定区域，可以跨区域、跨行政权属，既要承担保护资源的任务，还要开发旅游产品。

第二节　国外国家公园设立标准

综合中外国家公园现行的各种定义和评价标准可知，各国对国家公园的定义与鉴别无论形式还是依据都千差万别，国家公园并无严格统一的准入标准，都是在大的原则下进行设定。虽然 IUCN 提出了设立国家公园的三大标准，但是在许多文件和生物多样性公约中，IUCN 都鼓励各国根据本国实际，设计与之相适应的保护区分类系统和准入标准。

各国设立国家公园体现各自自然资源特征以及对国家公园理解上的差异。世界各国设立自己的国家公园，并不都是完全抄袭美国模式和 IUCN 的标准，而是建立了各具特色、适合各自国情的国家公园：大部分国家的国家公园面积小于美国黄石公园；而有些面积远远超过黄石公园，如南非的克鲁格国家公园，面积是黄石国家公园的 2 倍以上；有些是私人捐赠建设的，如阿根廷的纳韦尔瓦皮国家公园，以及欧洲的一些国家公园等。有些国家公园不仅包括著名的自然景观，也包括丰富的历史文化遗产和宗教遗产等。

自然生态系统（或称为资源、景观）是国家公园的主要承载内容，其发展的主要目的是保护自然免遭破坏、维护自然完整性和原始状态，主要功能是保护前提下的公众游憩和环境教育。IUCN 提出自然保护地体系分类，美国、加拿大、新西兰等发达国家均以 IUCN 对于国家公园的设置标准为基础，相继建设了符合本国特点的国家公园体系规范标准，但多为宏观、原则性的条件，设置标准较多考虑的因素是自然生态资源重要性、保护自然生态景观和遗产等原则性条件，而面积、区位、游憩项目、设施建设等细分指标较少。然而，无论各国还是 IUCN 所确定的设立标准都比较原则化，缺乏对地理区位、资源条件、生态系统、面积边界、游憩项目、设施建设等具体指标的讨论（罗金华，2013）。

一、IUCN 标准

IUCN 在 1974 年出版的《世界各国国家公园及同类保护地名录》提出国家公园的准入条件为：面积不小于 1 000hm^2，具有国家代表性的特殊生态系统或特殊地形地貌、景观优美且未经过人类开采、聚居或开发建设的自然区；为长期保护自然、原野景观、野生动植物、特殊生态体系而设置的保护区域；是由国家最高权力机构采取步骤和有效措施维护自然生态、自然景观，限制开发工业区、商业区及聚居，并禁止伐林、采矿、设电厂、农耕、放牧、狩猎等行为的区域；是维护原始自然状态，作为当代及未来世代的科学、教育、游憩、启智资产的区域。在一定范围和特定情况下，准许游客进入。

国家公园在 IUCN 自然保护地分类管理体系中属于 II 类自然保护地。建设国家公园的主要目标是保护自然生态的多样性、生态系统及其生境，兼顾教育与游憩的功能。国家公园与其他自然保护地的关系如图 6-1 所示。

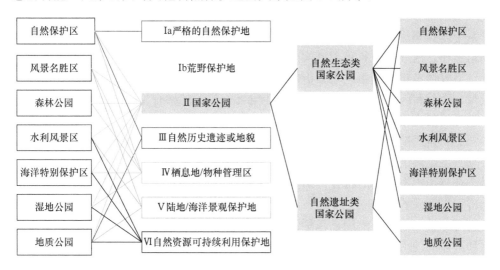

图 6-1　国家公园与其他自然保护地的关系

二、美国国家公园标准

世界上第一个国家公园——黄石公园于 1872 年在美国建立，按照地形和生物特征，将其属地划分为 20 个自然（地理）区和自然历史主题。在 20 类自然地理区中，每类都至少要建立 1 处国家公园，共设置了 59 个国家公园。

美国国家公园始终贯彻"公益性理念"管理理念，即根据国家公园的公益性质确定资源的使命，然后建立与使命相应的资金机制、管理机制、经营机制、监督机制等，以保证管理手段、管理能力与管理目标相适应（苏杨和汪昌极，2006）。在国家公园管理中贯彻的思想始终是：保持资源的真实性、完整性，做到可持续利用是主要目的。美国将国家公园的公益服务排在其使命的第 1 位，且强调充分满足当代人的可持续利用需要。

（一）进入标准

一个准备进入美国国家公园体系的新区，必须符合国家重要性、适宜性、可行性和美国国家公园管理局（National Park Service，NPS）的不可替代性（苏杨和汪昌极，2006）。

1）国家重要性（national significance）：具有全国意义的自然、文化或欣赏价值的资源。包括4个方面：①是一个特定类型资源的杰出代表；②对于阐明或解说美国国家遗产的自然或文化主题具有独特价值；③可以提供公众享受这一资源或进行科学研究的最好机会；④资源具有相当高的完整性。

2）适宜性（suitability）：具有加入国家公园系统的适宜性。

从两个方面进行考察：首先是所代表的自然或文化资源是否已经在国家公园体系中得到充足的反映；其次是所代表的资源类型没有在其他联邦机构、印第安部落、州、地方政府和私人机构的保护体系中得到充分反映。

适宜性考察以个案比较分析的形式进行，主要比较分析它与类似资源在特征、质量、数量和综合资源方面的异同，也会涉及资源的稀有性（rarity）及用于解说和教育的潜力等内容。

3）可行性（feasibility）：具有加入国家公园系统的可行性。包括两个方面：必须具备足够大的规模和合适的边界以保证其资源既能得到持续性保护，也能提供公众享用国家公园的机会；国家公园管理局可以通过合理的经济代价对该候选地进行有效保护。

可行性一般考虑的因素包括：占地面积、边界轮廓、对候选地及邻近土地现在和潜在的使用、土地所有权状况、公众享用的潜力、各项费用（包括获取土地、发展、恢复和运营）、可达性、对资源现状和潜在的威胁、资源的损害情况、需要的管理人员数目、地方规划和区划对候选地的限制、地方和公众的支持程度、命名后的经济和社会影响，以及资金和人员限制。

4）不可替代性：由NPS评估，是其他机构不可替代的。在20世纪80年代以后，美国国家公园体系达到400家单位，基本涵盖了美国重要的国家遗产，NPS的人力财力也已经达到极限。同时许多民间保护机构也在致力于资源保护，这种情况下，NPS鼓励民间保护机构、州和地方一级保护机构，以及其他联邦机构在新的资源保护地管理方面发挥作用。因此除非通过评估达到NPS管理的最优选择，是其他机构不可替代的，否则NPS会建议该候选地由一个或多个上述保护机构进行管理。

如果一个候选地确实能够满足国家重要性的标准，但不能满足其他3条标准，同时有希望拥有国家公园的相关称号，则美国国家公园管理局会赋予它们"国家公园体系附属地区"（areas affiliated with National Park System，AANPS）的称号。AANPS与其他国家公园体系单位一样，必须满足国家公园重要性的要求，也必须执行国家公园管理的相关政策和标准，同时管理该地区的非联邦机构必须与国家公园签定协议，以保证资源持续性保护。

这些标准的制定，就是要确保国家公园体系只能包括国家自然、文化和具有欣赏价值资源的杰出范例,进入国家公园体系不是保护国家最杰出资源的唯一选择(李如生,2005)。

（二）管理方案选择

如果某一个区域的资源具有全国性意义,并且也满足适宜性和可行性标准,那么选择由国家公园管理局进行管理,有助于实施资源充分保护。对于拟建国家公园的研究包括评估由州、地方政府、印第安部落、私人组织或其他联邦机构实施管理的结果。对于已建计划或其他特殊项目提供技术或资金帮助的情况进行评估。对以其他形式如国家公园自然界标、国家历史界标、国家风景河流、国家小径、生物圈保护区、州立或地方公园及其他一些特定的保护区域等进行管理的情况做出评估。对由国家公园管理局和其他实体进行合作管理的形式做出评估。涉及其他联邦机构的管理选择还包括将其指定为联邦荒野地、重要环境保护用地、国家保护用地、国家游憩区、海上或三角湾禁捕区及国家野生动物避难地等。

如果其他形式的管理也能保证对资源实施充分的保护并为民众提供良好的游憩机会,那么也可能不建议将这些区域纳入国家公园体系。美国国家公园与州立公园分工明确,国家公园以保护国家自然文化遗产,并以在保护的前提下提供全体国民观光机会为目的;州立公园主要为当地居民提供休闲度假场所,允许建设较多的旅游服务设施,州立公园体系的建立既缓解了国家公园面临的巨大旅游压力,又满足了地方政府发展旅游、增加财政收入的需要。

三、加拿大国家公园标准

加拿大于 1885 年建立了第一个国家公园,截至 2017 年拥有 39 个国家公园。初期,国家公园的建立以获利为目的而不是以资源环境保护为目的,造成了巨大的自然保护压力。1930 年,加拿大国会通过了《国家公园行动计划》(National Parks Act),确立了"国家永远的宗旨是为了加拿大人民的利益、教育和娱乐而服务于加拿大人民,国家公园应该得到很好的利用和管理以使下一代使用时没有遭到破坏"。1963 年加拿大国家和省立公园协会(National and Provincial Parks Association of Canada)(后称加拿大公园和原始生境学会)成立,公园由该协会进行监督。国家公园的价值取向从游憩利用主导转向生态保护(McNamee,1993;刘鸿雁,2001)。

加拿大 1971 年通过的国家公园系统,根据物理、生物和地理上的区别,将加拿大陆地系统划分为 39 个不同的国家公园自然区域。每一个自然区域在植被格局、地形、气候和野生动物方面都有自己的独特性(刘鸿雁,2001),地质、地形、生态特征为必须考虑的划分因素。

国家公园的自然区域被定义为以下概念：通过普通人、科学家和其他熟悉加拿大自然特征的人易于观察、区分和理解的地表特征，可以将加拿大某一区域的自然景观或环境区别于其他地区的景观与环境（Wright and Rollins，2002）。

国家公园系统规划方案的出台，是加拿大政府对公园地域系统的大盘点，它指明了加拿大国家公园在这以后的工作重点，有利于从科学意义上填补国家公园的地域空白，从而真正完善自然地域意义上的国家公园系统。国家公园政策规定，国家的最低目标是要在 39 个自然区域的任何一个区域，建立至少一个具有地域与生态代表性的国家公园（表 6-4）。

表 6-4　加拿大自然区域及国家公园分布

区域（自然大区）	国家公园自然区域（自然小区）	国家公园	成立时间
西部科迪勒拉山脉（Western Cordillera）	1. 太平洋海岸山脉	瓜依哈纳斯国家公园	1988 年
		太平洋沿岸国家公园	1970 年
	2. 乔治亚海峡低地	海湾群岛国家公园	2003 年
	3. 内部干旱高原	—	—
	4. 哥伦比亚山脉	冰川国家公园	1886 年
		雷夫尔斯托克山国家公园	1914 年
	5. 落基山脉	班夫国家公园	1885 年
		幽鹤国家公园	1886 年
		沃特顿湖国家公园	1893 年
		贾斯珀国家公园	1907 年
		库特尼国家公园	1918 年
	6. 北部海岸山脉	克卢恩国家公园	1972 年
	7. 北方内部高原山脉	纳茨伊奇沃国家公园	2012 年
	8. 马更些山脉	纳汉尼国家公园	1976 年
		伊瓦维克国家公园	1984 年
	9. 北部育空地区	温图特国家公园	1995 年
内陆平原（Interior Plains）	10. 麦肯锡三角洲	—	—
	11. 北部北方平原	伍德布法罗国家公园	1922 年
		麋鹿岛国家公园	1913 年
	12. 南部北方平原与高原	艾伯特王子国家公园	1927 年
		赖丁山国家公园	1929 年
	13. 草原草地	草地国家公园	1981 年
	14. 马尼托巴低地	—	—

区域（自然大区）	国家公园自然区域（自然小区）	国家公园	成立时间
加拿大地盾 （Canadian Shield）	15. 苔原丘陵	图克图特诺革特国家公园	1996 年
	16. 中部苔原	乌库什沙里克国家公园	2003 年
	17. 西北部北部高地	—	—
	18. 中央北部高地	帕卡斯夸国家公园	1978 年
	19. 19a. 西部大湖区–圣劳伦斯前寒武纪区域	—	—
	19b. 中部大湖区–圣劳伦斯前寒武纪区域	莫里斯国家公园	1970 年
	19c. 东部大湖区–圣劳伦斯前寒武纪区域	—	—
	20. 劳伦森北部高地	—	—
	21. 东海岸北部地区	米利山国家公园	2015 年
	22. 北方湖高原	—	—
	23. 鲸河	—	—
	24. 北部拉布拉多山脉	托恩盖特山脉国家公园	2005 年
	25. 昂加瓦原苔原高原	—	—
	26. 北部戴维斯地区	奥伊特克国家公园	1993 年
哈德逊湾低地 （Hudson Bay Lowlands）	27. 哈德逊詹姆斯低地	瓦普斯克国家公园	1996 年
	28. 南安普顿平原	—	—
圣劳伦斯低地 （St. Lawrence Lowlands）	29. 29a. 西圣劳伦斯低地	布鲁斯半岛国家公园 乔治亚湾群岛国家公园 皮利角国家公园	1987 年 1929 年 1915 年
	29b. 中圣劳伦斯低地	圣劳伦斯岛国家公园	1904 年
	29c. 东圣劳伦斯低地	明安群岛国家公园	1984 年
阿巴拉契亚地区 （Appalachian Region）	30. 圣母梅岗蒂克山	佛罗伦国家公园	1970 年
		芬迪国家公园	1948 年
	31. 沿海阿卡迪亚高地	布雷顿角高地国家公园	1936 年
	32. 海滨平原	古什格瓦克国家公园	1969 年
		爱德华王子岛国家公园	1937 年
	33. 大西洋海岸高地	克吉姆库吉克国家公园	1968 年
		塞布尔岛国家公园	2011 年
	34. 西部纽芬兰高地	格罗莫讷国家公园	1973 年
	35. 东部纽芬兰大西洋地区	特拉诺瓦国家公园	1957 年
北极低地 （Arctic Lowlands）	36. 西部北极低地	奥拉维克国家公园	1922 年
	37. 东部北极低地	谢米里克国家公园	2001 年
因纽特地区 （Innuitian Region）	38. 西部北极地区	考苏伊图克国家公园	2015 年
	39. 东部北极地区	埃尔斯米尔国家公园	1993 年

（一）建立程序

制定、遴选和成立新的国家公园有一套复杂的工作流程，但政府没有由此规定严格不变的固定模式。加拿大国家公园政策主张，新建任何一座国家公园都要因地制宜地根据当地的具体情况开展工作。综观国家政策和理念操作实践，大致可以将设立国家公园的工作程序归纳为5个步骤：①制定具有加拿大国家意义的自然区域（Natural Areas of Canadian Significance，NACS）；②遴选潜在的国家公园；③评估设立国家公园建设的可行性；④谈判公园协议；⑤通过立法设立新公园。

只有满足两项基本条件的自然区域才有可能被指定为NACS区域，即：①该区域必须展示本自然区域内地质、地貌、植被、野生动物和生态系统的多样性特征；②该区域必须具备健康的生态系统，必须处于自然状态，若生态系统面临压力或已遭到明显改变，该区域必须具备潜在能力恢复其生态系统的自然状态。

（二）选择标准

新建国家公园的第二个步骤是遴选有潜力的国家公园，它取决于12个主要因素：该地区代表本自然区域生态系统多样性的广度；支持本土野生动物活性种群数量的潜力；该地区及其周边地区生态系统完整性较好；显著自然现象的发生频率，以及珍稀、濒危和威胁野生动物及植被状况；重要的文化遗产与景观特征；公众了解、受教育和公众享用的机会；土地与资源利用方式的冲突；对该区域生态系统长期可持续所存在的威胁因素；与该区域内其他政府机构所管理或规划的自然保护区目标之间的互补程度；在邻近地区具有代表性的海洋区域建立国家海洋保护区的潜力；土著民族权利、综合性土地所有权，以及和土著民族之间所签定的协议；建立国家公园的国际标准。

新建国家公园的第三个步骤是评估设立国家公园的可行性。这需要国家公园局同省或地区政府、当地居民和土著民族团体进行广泛磋商。如果存在设立新公园的可能性，必须将公园提议纳入区域土地利用计划、省级保护区战略，以及同土著民族的谈判过程中去。如果不具备成立国家公园的可行性，就要考虑该区域内的其他NACS候选地。

谈判公园协议是新建国家公园的第四个步骤。从20世纪90年代起，西部诸省的土地管辖权下放，土地权属的转让谈判问题便成为新建国家公园的最大障碍。最近30多年来，土著民族作为一股独立的政治力量在很大程度上影响新建国家公园的速度。围绕不列颠哥伦比亚省的太平洋沿岸国家公园保留地展开的谈判工作已经延续30多年，至今仍不能确定。通常情况下，只有联邦政府、省政府和土著民族三方就设置国家公园达成完全一致的协议，才能最终确保国家公园的正式成立。

土地权属问题完成以后，进入新建国家公园的最后一道程序。在这一阶段，要最终确定新成立公园的地理范围、地域单元结构及其边界和面积大小。这些内容通过法律的形式增补到《加拿大国家公园法》之后，就意味着一个新国家公园正式诞生，对那些土著牧民土地权属有争议的地方，先成立"国家公园保留地"。通常情况下，作为一定年限的过渡时期，土著民族或当地居民可以继续从事为维持生存而开展的传统狩猎活动，如诱捕野兽或捕鱼。只有在土地权属得到解决以后，才能最终确定公园的边界。

四、俄罗斯国家公园标准

根据《莫斯科特别自然保护区法》的规定，国家公园是联邦级特别自然保护区，其作为独一无二的自然综合体，具有特殊的自然保护、生态教育和休闲休养价值，具有高度的自然多样性和稀有的、保存度较高的典型自然群体。国家公园区域内有濒临灭绝的动植物，一般面积超过 $500hm^2$，以自然保护、教育和科研以及居民休养为目的的活动允许在国家公园的个别被划分出来的区域进行（高洁煌和蔚东英，2017）。2016 年俄罗斯政府颁布的《建立联邦国家预算机构"基斯洛沃茨克国家公园"》中就明确表示"保护基斯洛沃茨克国家公园内的自然景观、历史人文景观，对公民进行生态教育，为旅游和休闲提供条件，研究并贯彻保护自然的科学方法，进行国家生态监测是联邦国家预算机构的目标"。

根据俄罗斯《联邦特别自然保护区域法》规定，在决定建立特别自然保护区时需要考虑所设立的区域是否具有保护物种多样性的意义，是否具有美学价值和科研价值，是否具有古生物主体等因素。基于此，可以设定为国家公园的区域一般要符合以下条件。

1）自然综合体保存完好（未被开发破坏的自然景观占区域的大部分，具有一处或者多处面积足够大的原始自然景观）。

2）自然景观极具多样性（区域内有明显的因植被类型不同而互相区别的地貌、数量众多的湖泊，滨海地区要有列岛和岛屿，有大川大河）。

3）具有物种多样性（稀有动植物与相应地理景观的典型组合）。

4）具有资源独特性（区域内有稀有濒危动植物，包括录入国际红皮书和俄罗斯联邦红皮书的物种，同时也包括国际公约和协议要保护的物种）。

5）高度适合休养（区域要非常适合各种形式的休养娱乐，包括旅游）。

6）具有极高的美学价值（具有相当数量的独一无二的可视的自然瑰宝，具有风景多样性和审美性极高的独特景观，具有零星分布的人文景观）。

7）具有舒适的气候，没有影响休闲娱乐的极端气候因素。

8）具有历史人文价值（拥有珍贵的人文景观：著名的历史、人文、考古、园林和工程艺术的文物和遗址)。

此外,为了更好地保护国家公园的完整性,防止人为的不良影响,一般会在国家公园相邻的陆地和水体处建立保护带。俄罗斯已经设立的国家公园见表6-5。

表6-5 俄罗斯国家公园基本情况

名称	英文名称	所在地区
阿拉尼亚国家公园	Alaniya National Park	北奥赛梯–阿兰共和国
阿尔哈奈国家公园	Alkhanay National Park	后贝加尔边疆区
阿纽伊河国家公园	Anyuysky National Park	哈巴罗夫斯克边疆区
巴什基尔国家公园	Bashkiriya National Park	巴什科尔托斯坦共和国
白令国家公园	Beringia National Park	楚科奇民族自治区
比金国家公园	Bikin National Park	滨海边疆区
布祖卢克–博尔国家公园	Buzuluksky Bor National Park	萨马拉州、奥伦堡州
楚瓦什瓦尔马涅国家公园	Chavash Varmane National Park	楚瓦什共和国
奇科伊河国家公园	Chikoy National Park	后贝加尔边疆区
卡列瓦拉国家公园	Kalevalsky National Park	卡累利阿共和国
库尔斯沙嘴国家公园	Curonian Spit National Park	加里宁格勒州
克诺泽尔斯国家公园	Kenozersky National Park	阿尔汉格尔斯克州
赫瓦伦斯克国家公园	Khvalynsky National Park	萨拉托夫州
驼鹿岛国家公园	Losiny Ostrov National Park	莫斯科州
马里乔德拉国家公园	Mariy Chodra National Park	马里埃尔共和国
梅什乔拉国家公园	Meshchyora National Park	弗拉基米尔州
梅谢尔斯克国家公园	Meschyorsky National Park	梁赞州
涅奇金诺国家公园	Nechkinsky National Park	乌德穆尔特共和国
卡玛国家公园	Nizhnyaya Kama National Park	鞑靼斯坦共和国
奥涅加滨海区国家公园	Onezhskoye Pomorye National Park	阿尔汉格尔斯克州
奥廖尔林区国家公园	Orlovskoye Polesye National Park	奥廖尔州
帕阿纳雅尔维国家公园	Paanajarvi National Park	卡累利阿共和国
普列谢耶沃湖国家公园	Pleshcheyevo Ozero National Park	雅罗斯拉夫尔州
后贝加尔国家公园	Pribaikalsky National Park	伊尔库茨克州
佩什马松林国家公园	Pripyshminskiye Bory National Park	斯维尔德洛夫斯克州
厄尔布鲁士山国家公园	Prielbrusye National Park	卡巴尔达–巴尔卡尔共和国
俄罗斯北极国家公园	Russian Arctic National Park	阿尔汉格尔斯克州
俄罗斯北方国家公园	Russky Sever National Park	沃洛格达州

续表

名称	英文名称	所在地区
萨马拉河湾国家公园	Samarskaya Luka National Park	萨马拉州
赛柳格姆国家公园	Saylyugemsky National Park	阿尔泰共和国
谢别日国家公园	Sebezhsky National Park	普斯科夫州
尚塔尔群岛国家公园	Shantar Islands National Park	哈巴罗夫斯克边疆区
绍尔国家公园	Shorsky National Park	克麦罗沃州
斯摩棱斯克沿湖国家公园	Smolenskoye Poozerye National Park	斯摩棱斯克州
斯莫尔尼国家公园	Smolny National Park	莫尔多瓦共和国
索契国家公园	Sochi National Park	克拉斯诺达尔边疆区
塔伽纳依国家公园	Taganay National Park	车里雅宾斯克州
塔尔汉库特国家公园	Tarkhankut National Park	克里米亚共和国
通卡国家公园	Tunkinsky National Park	布里亚特共和国
乌德盖斯卡亚传奇国家公园	Udegeyskaya Legenda National Park	滨海边疆区
乌格拉国家公园	Ugra National Park	卡卢加州
瓦尔代国家公园	Valdaysky National Park	诺夫哥罗德州
沃德洛泽国家公园	Vodlozersky National Park	阿尔汉格尔斯克州
尤格德瓦国家公园	Yugyd Va National Park	科米共和国
后贝加尔国家公园	Zabaikalsky National Park	布里亚特共和国
豹地国家公园	Land of the Leopard National Park	滨海边疆区
虎啸国家公园	Zov Tigra National Park	滨海边疆区
祖拉特库尔国家公园	Zyuratkul National Park	车里雅宾斯克州

五、德国国家公园标准

根据德国《联邦自然保护法》，国家公园是一种具有法律约束力的面积相对较大而又具有独特性质的自然保护地。其建设是由各州会同德国联邦环境、自然保护及核安全部和联邦土地规划、建筑及城市建设部共同确定完成的。由于建立国家公园的决定权在州政府，不同州所属国家公园在管理机构规模、管理目标等方面存在差异，但也存在共性，即国家公园的建立限制了自然资源的使用，影响多方利益，建立过程通常都颇费周折，最终建立的国家公园是多方利益得以和谐共存的体现。

德国确定入选国家公园的标准有三条：区域的资源具有特殊性，区域的大部分符合自然保护地的相关规范，区域受人类影响较少。

表 6-6 世界代表性组织或国家的国家公园设立条件

组织或国家	设置条件
IUCN	1. 保护标准：应有保护章程、实际保护措施、落实的人员和资金。公园所在地人口密度低于 50 人/km² 时，每万公顷保护地至少应有 1 名专职管理和监护人员，每 400km² 管理和监护费不低于 50 美元；公园所在地人口密度高于 50 人/km² 时，每 4 000km² 至少应有 1 名专职人员，每 500km² 费用不低于 100 美元 2. 面积标准：不少于 1 000km²，不包括管理用建筑和旅游区；岛屿及特殊生物保护区不受此限 3. 开发标准：一切存在资源开发的地带不予统计，开矿、伐木或其他植被收获、动物捕获、水坝修筑或水利都视为开发活动
美国	1. 具有全国唯一的自然、文化或欣赏价值的资源 　1）杰出的特殊资源类型的著名范例 　2）说明和表达国家遗产的特征方面有突出的价值和质量 　3）能为公众利用、游览、欣赏或科学研究提供更多机会 　4）真实准确地保持了高度完整性，并保持了与此相关的资源特征 2. 具有加入国家公园系统的适宜性：一个区域必须代表一个自然或文化主题，一种娱乐资源类型，而这些在现在的国家公园系统中代表性不足，或没有被其他土地经营实体充分保护起来用于公众娱乐 3. 具有加入国家公园系统的可行性：①区域的自然系统和（或）历史背景必须具有必要的规模和适当的结构（布局），以保证对资源长期有效地保护并符合公众利用的要求；②在财政允许的条件下，必须具备在适当成本水平上维持高效率管理的潜力，包括土地使用权、购买土地费用、交通状况、资源遭受的威胁、成本核算、管理员工数量和开发要求等因素
加拿大	1. 具有重要性的自然区域：野生动物、地质、植被和地形具有区域代表性，人类影响最小，充分考虑野生动物活动的范围 2. 土地权属：国家所有；与当地省政府已达成协议，认为将土地划归到国家公园是适合的 3. 开发状态：是否存在或有潜在的构成对该区域自然环境威胁的因素；该区域的开发利用程度；已有国家公园的地理分布状况等 4. 利用功能：以保护为目的，为公众提供旅游机会
俄罗斯	1. 自然资源：具有特殊生态价值、历史价值和美学价值 2. 土地权属：联邦政府独有财产，公园边界土地如果有其他使用者和所有者，则用联邦预算和其他来源购买这些土地 3. 利用标准：休闲区内开展文娱、体育、旅游活动，设置博物馆和信息中心，不以营利为目的 4. 保护标准：应用科学的方法保护公园的自然状态，保护区禁止任何经济活动和可能破坏自然遗产的植物群和动物群、文化和历史遗址的利用行为
挪威	1. 位于乡村的、未过多受到人类行为破坏的、脆弱的生态环境与珍稀动植物栖息地和保留地 2. 独特的、景色优美的自然区域 3. 面积范围较大 4. 国家拥有土地权
日本	1. 规模面积：超过 20km² 的核心景区 2. 开发状态：核心景区保持着原始景观，具有特殊科学教育娱乐等功能 3. 利用功能：有若干生态系统未因人类开发和占有而发生显著变化，如动植物种类及地质、地形、地貌；具有特殊科学、教育、娱乐等功能
韩国	1. 面积标准：已具国立公园、道立公园和郡立公园三种规模的国家公园，标准各不相同 2. 保护标准：保护国家的自然生态系统和自然风景 3. 开发标准：不允许破坏原有自然环境 4. 利用功能：开展启蒙教育及宣传活动

第三节 中国国家公园设立标准分析

一、国家重要自然保护地设置标准参考

中国国家自然保护地基于不同资源类型的评价标准进行评价，提出评价层和

不同因子。按照自然环境、风景名胜、森林、湿地、地质、矿山和水利等资源类型设置自然保护地，突出资源分类管理，造成了自然生态系统的分割。例如，自然保护区评价指标和地质公园评价指标均设置"可保护属性"评价项目，以"面积适宜性""经济和社会价值""科学价值"为评价因子，但其他标准未设置"可保护属性"，"面积"和"价值"分属"适宜性"和"资源价值"或"生态系统"评价层。风景名胜区、水利风景区、森林公园侧重"景观价值"和"风景资源质量"评价，而自然保护区、湿地公园、地质公园侧重对"自然属性"特征的评价，矿山公园则是资源特征和价值的混合评价。"环境质量"在风景名胜区属于项目评价层，而在森林公园属于综合项目评价层。

指标相似度较高，可分为共性指标和个性指标。共性指标是指针对资源基础进行的评价，如资源典型性、稀有性、生态系统完整程度等。综合上述自然保护地评价标准可以看出，不同标准都体现了资源特征（如自然属性、典型性、美感度）、资源价值（如科学价值、经济和社会价值、游憩价值）、资源保护状态（如生态完整性、原始性）、环境质量（如大气、水质）、规模范围、建设的适宜性和可行性（如利用条件、区位）、管理基础（如机构、人员）、基础设施（如旅游服务设施、宣教设施）等方面。高频次要素包括自然属性、资源质量、环境质量、环保管理、配套设施五个要素。个性指标是针对自然保护地建设目标进行的评价，如机构和人员配置、区位交通、客源市场等。

评价指标体系设置层级不同，多以三级或四级为主。不同部门对于保护地设置的要求不同，即使同一因子，在不同指标体系中的层级设置、赋值和权重分配也不相同。

不同保护地评价指标体系的总分值不同，准入分数线设置与等级级别也不同，造成不同自然保护地在国家代表性上有所差异。

评价方法多样，但多概念化、主观化。不同自然保护地准入条件的评价方法及其表达方式多样，定性描述法、定量评价法、综合评价法都存在。例如，自然保护区、风景名胜区采用定性描述法，湿地公园、矿山公园、水利风景区则采取定量评价法，森林公园只对风景资源等级评定采取定量评价法，其他方面则是定性描述。定性描述法评价多概念化、简要性说明，表述抽象模糊，主观性太强，操作性不够（表6-7）。

二、关于中国国家公园设置标准的讨论

国家公园必须体现国家自然管理战略的目标，其次通过开发利用、生态保育、管理制度等内容，强化其管理模式的功能，并由此设定适合中国国情的国家公园设置标准。中国国家公园承载着自然遗产管理和文化遗产保护的特殊属性。中国

表6-7 评价指标主要因子出现频次归纳汇总

类别	评价层	代表性因子	出处	频次
资源特征	自然属性	完整性（原始性、未开发状态）、脆弱性、多样性、稀有性	自然保护区、风景名胜区、森林公园、湿地公园、水利风景区、地质公园、矿山公园	7
	资源质量	典型性、代表性、吸引度、特殊影响和意义、组合度	自然保护区、森林公园、湿地公园、水利风景区、风景名胜区、矿山公园	6
	市场影响力	知名度、美誉度、市场辐射力	A级旅游区、地质公园、矿山公园	3
	景观价值	生态价值、科研价值、文化历史价值、保健价值、游憩价值、美学价值	自然保护区、湿地公园、风景名胜区、A级旅游区	4
	可保护属性	面积、科学价值、经济和社会价值	自然保护区、地质公园	2
适宜性	规模范围	面积	自然保护区、森林公园、湿地公园、风景名胜区	4
	环境质量	生态完整性、生态环境保护度；水体、水质、污水处理、空气质量、噪声值、地表水质	自然保护区、森林公园、湿地公园、水利风景区、矿山公园、风景名胜区	6
	利用条件	区位、交通、客源市场、区域社会发展潜力、当地社会支持度	水利风景区、地质公园、风景名胜区	3
管理基础	保护管理	机构设置、社区共管、功能分区、保育恢复	自然保护区、湿地公园、水利风景区、矿山公园、风景名胜区	5
	土地权属	边界划定、土地权属	自然保护区、地质公园、矿山公园	3
	景区规划	科学合理、实施情况	水利风景区、矿山公园	2
	管理体系	资源管理、安全管理、卫生管理、服务管理、运营管理	水利风景区、地质公园、风景名胜区	3
	服务设施	食宿接待、旅游购物	自然保护区、水利风景区、风景名胜区	3
	配套设施	交通通信、水电设施、监测设施、管理设施	自然保护区、森林公园、湿地公园、水利风景区、风景名胜区	5

国家公园应是以具有中国区域代表性和典型性、生态系统完整性的高等级遗产地为资源依托，以保护为目的，提供限制性游憩、科研、教育活动等公共服务，由中央政府的专门权威机构实行整体保护、独立管理的特定区域。国家公园是国家文明的标志，代表着国家形象，代表着广大人民福祉的国家福利，体现政府主导的资源管理模式，具有生态安全的战略价值和地位。

如何构建中国国家公园体系一直是学术界讨论的重点问题，且焦点集中于风景名胜区和自然保护区。部分学者认为依据中华人民共和国建设部与国家质量技术监督局联合发布的《风景名胜区规划规范》（GB 50298—1999），中国国家级风景名胜区即等同于国家公园；另有学者根据风景名胜区的概念、旅游资源级别、功能和性质，同样判断风景名胜区最符合国家公园内涵。然而反对的意见认为，风景名胜区是基于自然和人文景观资源划分的保护地，不同于国家公园所保护的完整自然生态系统。另外，风景名胜区强调发挥休憩、娱乐功能，受游客干扰程度较强，而国家公园游憩利用需要控制旅游承载力。因此，无论是国家标准《风景名胜区总体规划标准》（GB/T 50298—2018）还是学者将风景名胜区等同于国家公园的论断都有待商榷。有学者认为自然保护区保护的生态系统和自然资源与国家公园最为吻合，而且自然保护区实验区内允许的科考和旅游等人类活动也完全符合国家公园功能定位。因此，如果从立法上调整自然保护区的功能定位，融入保护与可持续利用的核心思想，一部分符合条件的自然保护区即可进入国家公园体系。

各领域学者针对国家公园进行了卓有成效的研究和探索，研究领域集中在归属分类研究、设立标准研究和探索式评价方面。

（一）国家公园归属分类研究

中国目前还未有法律确定的"国家公园"，在国家公园体制建设未正式纳入中央政府工作重点之前，部分学者认为风景名胜区即等同于国家公园，这很大程度上是由于中华人民共和国国家标准《风景名胜区规划规范》（GB 50298—1999）造成的。根据其定义，国家级风景名胜区相当于"国家公园"。另外一部分学者根据风景名胜区的概念、旅游资源级别（陈苹苹，2004）、功能和性质（谢凝高，1995），同样判断风景名胜区是中国最为符合国家公园的自然保护地类型。风景名胜区与国家公园存在很大区别（唐芳林，2010），在保护对象、管理目标和利用程度等方面存在天壤之别（表6-8），其实质上更接近于 IUCN 中的 V 类自然保护地。不过也有学者仅根据风景名胜区的资源类型特征判断其可以分属于 IUCN 的 II 类、III 类、V 类自然保护地（孟宪民，2007；罗金华，2013）。

表6-8　国家公园和国家级风景名胜区的区别

类型	保护对象	管理目标	利用程度
风景名胜区	基于自然和人文景观资源划分的保护地	游览条件，发挥休憩、娱乐功能	因发展旅游而受游客干扰程度较强
国家公园	完整的自然生态系统	自然生态系统保育和可持续	小幅度游憩利用

截至目前，云南省8家"国家公园"是由云南省政府批准建立的，并非真正意义的"国家公园"。另有黑龙江省汤旺河以及浙江省开化、仙居开展的都是国家公园试点项目。因此，一方面学者基于自然保护地现状来判别贴近国家公园的自然保护地类型，而另一方面，则尝试将自然保护地重新分类来构建国家公园体系。

中国大陆地区风景名胜区是基于自然和人文景观资源划分的自然保护地，虽然对外翻译为"National Park"，但仍不同于国家公园所保护的完整自然生态系统（唐芳林，2010）。风景名胜区强调发挥休憩、娱乐功能，受游客干扰程度较强，而国家公园游憩利用需要控制旅游承载力。由于自然保护区的保护程度高于其他自然保护地，因此对于其他类自然保护地中的人类影响程度是否采取与自然保护区一致的阈值范围还有待于研究分析。而对于自然保护地组合而成的国家公园，则建议按照不同功能片区计算人类影响程度，进而明确国家公园的总体人类影响程度。

中国其他自然保护地不是国际上统一概念的国家公园，存在功能单一、管理权限分散、部分分割管理等问题，人为割裂了自然生态区域的完整性，也出现保护利用矛盾、管理力量薄弱、资源评价标准不统一、保护经费短缺等问题。一方面，自然保护地功能定位非"严格保护"即"资源利用"，保护性利用的可持续理念并未有效体现。例如，自然保护区从立法上明确其功能偏重"保护自然环境与自然资源"而非合理利用自然资源；相比而言，风景名胜区则更多强调旅游利用以满足大众需求，中国的风景名胜区从性质和功能上类似于美国的国家公园（孟宪民，2007）。另外，现有自然保护地类型划分不科学。除自然保护区中包含较为完整的生态系统之外，其他类型自然保护地大都是水利、林业、国土等职能管理部门根据自身的管理要素划分类型，导致人为割裂了生态系统中"水、林、山"等要素和结构的完整性。

云南将国家公园定义为"由政府划定和管理的保护地，以保护具有国家和国际重要意义的自然资源和人文资源及其景观的目的，兼有科研、教育、游憩和社区发展等功能，是实现资源有效保护和合理利用的特定区域。"有学者认为自然保护区保护的生态系统和自然资源与国家公园最为吻合，而且自然保护区实验区内允许的科考和旅游等人类活动也完全符合国家公园功能定位（杨锐，2003；赵金崎等，2020）。因此，如果从立法上调整自然保护区的功能定位，融入保护与可持续利用的核心思想，一部分符合条件的自然保护区即可进入国家公园体系（夏友照等，2011）。

关于自然保护区与国家公园的关系，学者持有各种不同意见。依照《中华人民共和国自然保护区条例》，自然保护区设立的初衷在于对自然生态系统实行严格保护，等同于 IUCN 中的 Ia 类"严格保护区"。反对意见认为，自然保护区在其实验区范围允许一定的人类活动，如科考、旅游，并非是"严格保护区"，其利用干扰程度更接近国家公园类型。然而新的问题在于，中国自然保护区包含的保护对象范围，如自然生态系统、野生动植物物种、自然遗迹等比国家公园宽泛许多。另外国家公园强调的"保护与可持续利用"核心思想在中国自然保护区管理中未有体现。因此，从自然保护区的现状来判断并不完全符合国家公园类型。

还有学者试图运用科学方法参照 IUCN 自然保护地体系将现有自然保护地重新分类。生物多样性、自然及其相关文化资源保护和维持现状分类是应当遵循的主要依据（王智等，2004；闵庆文和马楠，2017）。

（二）国家公园准入标准

关于国家公园的构建标准问题，由于各国国家公园准入标准的侧重点有所不同，国家公园的设置标准在全球各有差异，难以统一借鉴和参照。比较典型的如美国标准包括"国家重要性、适宜性、可行性和不可替代性"（袁朱，2007）；加拿大标准则包括选择"在野生动物、地质、植被和地形方面具有代表性"并且"人类影响程度应该最小"的区域（刘鸿雁，2001）。

中国学者提出以生物多样性、自然及其相关文化资源保护和维持现状作为调整自然保护区进入国家公园体系的依据（王智等，2004）。关于国家公园设置标准研究相对较少。刘亮亮（2010）提出将保护区资源基础、环境状况、保护管理条件和开发利用条件4个方面作为评价依据，并对4个方面的内涵及其因子作了界定和阐述。2009年11月，云南省作为试点省提出国家公园设置的4项地方标准，包括《国家公园基本条件》《国家公园资源调查与评价技术规程》《国家公园总体规划技术规程》《国家公园建设规范》。该4项标准通过技术审查并在云南省实施，界定和规定了国家公园的术语和定义、基本条件、资源调查与评价、总体规划和建设规范等内容。

三、已有国家公园标准评价研究总结

（一）国家公园试点区入选评价

采用层次分析法确定各个层次指标的权重，然后运用模糊数学法对9个国家公园体制试点区进行综合评价（田美玲和方世明，2017），综合得分由高到低依次为青海三江源、黑龙江汤旺河、吉林长白山、湖北神农架、云南普达措、湖南南山、福建武夷山、浙江钱江源和北京八达岭国家公园。具体标准为：①自然生境面积以不小于 $1\,000hm^2$ 为宜；②人类足迹指数：对自然保护区的人类影响程度进行有效度量，根据国际野生生物保护学会发布的数据集（SEDAC，2017），人类足迹指数主要涉及人口压力、人类土地利用与基础设施、人类进入性3个方面，根据指标的可获取性原则，本研究选取人口密度、建筑面积、土地利用覆盖面积、内部公路（海岸线）、过境铁路及航线数量作为衡量标准；③国家公园应具备科学功能、教育功能和游憩功能。

综上所述，完全符合中国国家公园准入标准的试点区只有青海三江源国家公园、吉林长白山国家公园和湖北神农架国家公园共3个，占总数的33%；黑龙江汤旺河国家公园虽然综合排名第2，但是资源级别不符合要求；云南普达措国家公园、湖南南山国家公园、福建武夷山国家公园、浙江钱江源国家公园和北京八达岭国家公园则是人类足迹指数未达标（表6-9）。

表 6-9　中国国家公园体制试点区各项指标得分及综合评价排名

指标	三江源	汤旺河	长白山	神农架	普达措	南山	武夷山	钱江源	八达岭
面积	43.45	15.2	13.47	8.26	9.27	4.37	3.99	1.78	0.21
资源级别	11.63	9.3	11.63	11.63	10.47	11.63	11.63	10.47	11.63
人类足迹指数	−3.06	−6.12	−4.42	−7.14	−17.69	−9.52	−18.03	−16.67	−17.35
功能全面性	14.12	18.05	15.78	13.63	12.01	8.98	9.47	5.18	2.79
科学功能	1.69	2.95	1.69	6.75	1.44	1.69	3.8	1.94	2.87
教育功能	0.95	1.2	1.37	2.56	0.84	1.06	1.76	1.31	2.55
游憩功能	33.57	42.13	37.42	25.63	28.53	20.28	18.72	10.04	1.73
综合评价	38.46	15.84	14.34	9.55	9.28	5.42	4.62	2.07	0.42

（二）海洋国家公园选划方法

1. 海洋国家公园选划步骤

夏涛等（2017）建立了海洋国家公园建设优先区的研究，认为应通过以下步骤进行。

第一步，从全国海域分析全国海洋生态优先区、已建海洋保护区、各沿海省市划定的《海洋生态红线》，进行叠加分析。

第二步，在此基础上，邀请 20 多位生态保护专家，进行三轮分析讨论，逐步形成共识，筛选确定海洋国家公园建设的优先海域，共 24 个。

第三步，按照建议的海洋国家公园选划指标和打分标准，10 多位海洋生态保护专家对 24 个优先海域进行独立打分，汇总统计。为减少专家打分异常的影响，每个指标都去掉一个最高分和一个最低分，再计算平均分，最终按总分排序。

2. 海洋国家公园选划指标和打分标准

该指标体系共分为三级（表 6-10）。第一层级指标是国家代表性，包括三个二级指标：生物群落典型性；物种多样性，包括动植物物种数、珍稀濒危生物种类数；景观独特性，包括地质景观、海水景观、生物景观（海鸟、哺乳动物、滩涂海草、红树林、珊瑚礁）。第二层级指标是生态系统的原真性和完整性。原真性评价指标包括：自然岸线保有率或岛屿自然生境面积比例，海水水质，外来入侵种。完整性评价指标包括是否覆盖重点保护生物的产卵场、越冬场、索饵场等重要生境。第三层级是生态区位重要性、历史文化价值。生态区位重要性指拟选划区域是否处于河口过渡区、冷水团、上升流、热带海洋和亚热带海洋、不同水团交汇区。历史文化价值指是否分布有非物质文化遗产、海草屋、石头屋、传统渔猎方式、传统食物制作、庙宇或祭祀习俗、渔歌、渔号等。

表 6-10　海洋国家公园评价选划打分标准

层级	指标	总分	要素	分数
第一层级	国家代表性	35	生物群落典型性；物种多样性：动植物物种数、珍稀濒危生物种类数；景观独特性：地质景观、海水景观、生物景观（海鸟、哺乳动物、滩涂海草、红树林、珊瑚礁）	30
			三者兼顾，并在国内外具有重要影响或特殊意义	6
第二层级	生态系统原真性	15	自然岸线保有率或岛屿自然生境面积比例；海水水质、外来入侵种	15
	生态系统完整性	15	是否覆盖重点保护生物的产卵场、越冬场、索饵场等重要生境	15
第三层级	生态区位重要性	9	是否处于河口过渡区、冷水团、上升流、热带海洋和亚热带海洋、不同水团交汇区	9
	历史文化价值	8	是否分布有非物质文化遗产、海草屋、石头屋、传统渔猎方式、传统食物制作、庙宇或祭祀习俗、渔歌、渔号等	8

四、国家公园分等定级研究总结

国家公园分等规范还未形成较为成熟的研究成果。保护类区域主要有自然保护区、国家公园、历史文化遗迹等形式，由于各国的保护区建设水平和管理体制不同，自然保护的分类体系有所差别。区域管理政策较为完善的国家将国家公园作为国家主体功能区之一，制定相应的区域政策和分类政策。例如，世界自然保护联盟（IUCN）根据管理目标的不同（表 6-11），将自然保护地划分为 6 种类型，分别是：Ia 严格的自然保护地，Ib 荒野保护地；II 国家公园；III 自然历史遗迹或地貌；IV 栖息地/物种管理区；V 陆地/海洋景观保护区；VI 自然资源可持续利用保护地。美国国家公园系统庞大，可归纳为三大类：第一类以保护自然环境和生态系统为主，包括国家公园、国家禁猎区以及部分国家纪念保护区；第二类以生态旅游资源为保护对象，是开展户外游憩的主要场所，包括国家游憩区、国家海滨和国家湖滨等；第三类为文化历史遗址保护区，包括国家历史公园、国家军事公园和国家战场遗址等（袁朱，2007）。美国的自然保护地体系在联邦层面主要由

表 6-11　IUCN 自然保护地管理目标一览表（Davey，2005）

主要管理目标	Ia	Ib	II	III	IV	V	VI
科学研究	1	3	2	2	2	2	3
荒野地保护	2	1	2	3	3	—	2
保存物种和遗产多样性	1	2	1	1	1	2	1
维持环境服务	2	1	1	—	1	2	1
保护特殊自然和文化特征	—	—	2	1	3	1	3
旅游和娱乐	—	2	1	1	3	1	3
教育	—	—	2	2	2	2	3
持续利用自然生态系统内的资源	—	3	3	—	2	2	1
维持文化和传统特性	—	—	—	—	—	1	2

注：1 为主要管理目标；2 为次要管理目标；3 为可能使用的管理目标；—为不适用的管理目标。

国家公园系统、国家森林系统、国家海洋与大气系统、国家景观保护系统、国家鱼类与野生动物保护系统五大类系统构成，而国家公园系统又有 20 个类型、391 个单位，我们通常所说的国家公园只有 58 个，是国家公园系统中保护措施最为严格的（束晨阳，2016）。

分等定级是国家公园分层管理的依据。国外多以资源代表性和所处地域关系为依据设立国家级或地方级国家公园。各国国家公园的管理大致可分为中央或联邦政府集权、地方自治和综合管理三种模式（卢琦等，1995），各国土地权属特性决定了采取何种管理模式。美国、芬兰、挪威等国家因中央或联邦政府拥有直接管理的土地，对国家公园实行中央或联邦政府垂直管理模式；德国、澳大利亚、英国等联邦制国家采取地方政府自治管理模式；加拿大、日本等国家中央和地方政府都有直接管理的土地但相对分散，因而按权属的不同采取综合管理模式。

管理手段是协调自然保护与利用矛盾的路径。不同国家社会文化背景不同，采取的管理手段、机制和模式也明显不同。澳大利亚公园局专司相关管理和协调业务，各州（领地）政府均设有主管部门，主管部门统一行使自然保护地管理职能，不同政府部门之间机构重叠和职能交叉较少，具有管理层级少、透明高效和地方政府难以进行不适当干预等特点（温战强等，2008）。德国、瑞士采取地方自治型管理，自然保护主要是地区和州政府的职责。法国、挪威、英国、加拿大、日本则采取中央集权和地方自治相结合的综合管理模式，注重发挥中央政府、地方政府、科学家、当地群众的积极性，共同参与管理。例如，法国建立地方自然公园，地方政府与中央政府相结合，地方政府将遗产完整保护纳入地方发展计划，在其契约制定过程中具有一半的决定权及完全推翻合同的权利。在挪威，环境部负责国家自然保护战略策略，下设"自然管理理事会"负责中央一级的自然保护和管理，而地方级环境保护由郡行政管理办公室负责（张晓，2001）。

第四节　中国国家公园建设潜在区域遴选

一、国家公园建设背景

2013 年，《中共中央关于全面深化改革若干重大问题的决定》明确提出，加快生态文明制度建设，严格按照主体功能区定位推动国土空间的开发保护，建立国家公园体制。从发展的视角来看，国家公园体制的建立既是建设"美丽中国"的切实路径，又是满足人民群众日益增长的精神文化需求的重要载体（苏杨和王蕾，2015），对于切实保护好国家自然和人文遗产资源、推动国土空间的高效合理利用具有重要意义。

随着中国经济社会的快速发展，自然和文化遗产保护与利用的矛盾日益凸显。

自然保护地改革中面临着起步阶段国家公园建设的对象就存在着多重归属、部门交叉管理等体制障碍，资源管理战略错位和管理政策不到位，表现为让脆弱的、不可逆的遗产资源担当起经济增长的重任，忽视了遗产资源不是一般意义上的公共资源，忽视了它们具有全国或世界唯一性、不能重现性、不能再造性的特征（张晓，2001）。而且社区居民众多、土地权属复杂等特征也极为明显，与此同时，景点门票上涨过快，黄金周期间景区拥挤、接待不足、环境污染等，决定了中国国家公园体制建设将具有自身方案。建立国家公园体制将有效缓解这些问题，其不仅是促进消费、拉动内需的必要举措，更是提高民生质量、增进百姓福祉的战略举措。

中国建立国家公园体制的核心是整合和优化中国的自然保护地管理体制，探索中国自然文化资源保护管理新模式，解决深层次矛盾和问题，推动建立严格的生态保护监管制度和国土空间开发保护制度（束晨阳，2016）。相对于国外，中国的国家公园起步较晚，从地方和部委倡导，到中共中央决议，再到国家组织试点，也仅仅用了 10 年左右的时间。国家公园体制建设是新时期中国兼顾保护和发展的新型自然保护地模式，在生态文明和国土生态安全建设中具有重要地位，在实现"美丽中国"发展战略、满足人民群众日益增长的精神文化需求、切实保护好国家自然和人文遗产资源中将发挥重要作用。

二、国家公园建设实践

中国大力推进生态文明建设，积极推动国家公园体制建设工作，党的十八届三中全会通过的《中共中央关于全面深化改革若干重大问题的决定》在"加快生态文明体制建设方面进行重大体制改革"中明确提出要"建立国家公园体制"。十八届五中全会提出了"创新、协调、绿色、开放、共享"的五大发展理念，是中国国家公园建设的指导思想。生态文明体制改革的全面推行是一个渐进的过程，国家公园在环境价值、迫切性、改革难度等方面都比较适合作为先行先试区域（苏杨和郭婷，2017）。国家公园管理体制的建立既是对中国既有自然保护地体制的提升和突破，也是推进中国自然保护地事业与国际接轨的重要战略举措。

2017 年中共中央办公厅、国务院办公厅发布了《国家公园体制建设总体方案》，明确提出建立"以国家公园为主体的自然保护地体系"，2019 年又发布了《建设以国家公园为主体的自然保护地体系指导意见》，旨在通过国家公园管理体制建设，率先落实生态文明发展战略，提升国家品牌形象，协调理念以利于平衡自然资源保护与利用，以及人类与自然环境之间的关系。长期以来，中国自然保护地管理隶属于不同部门，"山水林田湖草"自然生态资源破碎化管理问题突出，造成无序开发和保护缺位等问题。国家公园体制建设将重构中国自然保护地体系，保证国家中长期生态安全和人民游憩福利，重构自然生态资源的管理格局。通过国家公园体制建设健全自然资源资产产权制度，建立归属清晰、权责明确、监管有效的自然资源资产产权制度；解决土地等自然资源权属问题，确保具有国土安全价值的"山水林田湖草"由中央统一、有序管理，统筹国家公园范围内原有自然保护地的各项规划，实现以统一的规划标准推进国土生态空间安全和统一保护。

表 6-12　全国各地国家公园前期建设的主要事件

年份	地区	事件
1996 年	云南林业部门	缓和生态保护与经济发展矛盾，完善自然保护地体系，开始探讨建设国家公园
2006 年	云南省	依托碧塔海省级自然保护区建立国家公园，2007 年正式挂牌成立香格里拉普达措国家公园
2008 年 7 月	国家林业局	批准云南省为国家公园建设试点省
2008 年 10 月	环保部和旅游局	批准黑龙江伊春市汤旺河地区为国家公园试点地区
2014 年	环保部等	陆续批准成立多个国家公园建设试点
2015 年	13 部委	明确云南、北京、青海、四川、甘肃、陕西、湖南、湖北、福建、浙江、吉林、黑龙江 12 个省（直辖市）9 个体制试点
2017 年 7 月	中央深改组	通过祁连山国家公园体制试点方案

中国范围内，云南省最早开始探索国家公园建设试点，现已有国家林业局批准建立的迪庆普达措、梅里雪山、丽江老君山、西双版纳热带雨林、普洱太阳河、保山高黎贡山、临沧南滚河、红河大围山 8 处国家公园试点。2008 年由环境保护部和国家旅游局联合批准的汤旺河国家公园是由单一的国家森林公园转型而来的，在探索自然保护地整合与理顺管理体制方面的典型性并不突出。2015 年以来，中国建立了包括吉林、黑龙江、浙江、福建、湖北、湖南、云南、青海、甘肃、海南在内的多个国家公园体制试点省（表 6-13）。这些国家公园体制试点基本依托临近自然保护地建设国家公园试点，目标在于探索自然保护地交叉重叠、多头管理的碎片化问题，并形成统一、规范、高效的管理体制和资金保障机制，厘清自然资源资产产权归属。

表 6-13　中国 10 个国家公园体制试点区基本情况

名称	涉及省份	面积/km²	范围界定	建设目标
普达措国家公园	云南	602.1	国家重要湿地碧塔海自然保护区和"三江并流"世界自然遗产哈巴片区的属都湖景区	保护生态资源、湖泊湿地、森林草甸、河谷溪流等原始生态环境保护区
三江源国家公园	青海	12.31 万	可可西里国家级自然保护区，三江源国家级自然保护区的扎陵湖-鄂陵湖、星星海、索加-曲麻河、果宗木查和昂赛保护分区	青藏高原生态保护修复示范区、三江源人与自然和谐共生的先行区、青藏高原大自然保护展示和生态文化传承区

续表

名称	涉及省份	面积/km²	范围界定	建设目标
大熊猫国家公园	四川、甘肃、陕西	2.7 万	邛崃山系、岷山山系等大熊猫栖息地范围内的自然保护区	实现隔离种群基因交流,并为大熊猫及其他动物通行提供方便
东北虎豹国家公园	吉林、黑龙江	1.46 万	吉林、黑龙江 2 个省交界的老爷岭南部区域,东起吉林省珲春市林业局青龙台林场,西至吉林省汪清县林业局南沟林场,南自吉林省珲春市林业局敬信林场,北到黑龙江省宁安市东京城林业局奋斗林场	按照与东北虎豹种群发展需求相适应的原则,有效保护和恢复东北虎豹野生种群
神农架国家公园	湖北	1 170	神农架自然保护区、神农架世界地质公园	"地球之肺"的亚热带森林生态系统和泥炭藓湿地生态系统,世界生物活化石聚集地和古老、珍稀、特有物种避难所
钱江源国家公园	浙江	252	古田山国家级自然保护区、钱江源国家级森林公园、钱江源省级风景名胜区和连接自然保护地之间的生态区域	保护中亚热带低海拔常绿阔叶林生态系统
南山国家公园	湖南	635.94	南山国家级风景名胜区、金童山国家级自然保护区、两江峡谷国家森林公园、白云湖国家湿地公园	提升城市生态功能,保护生物多样性
武夷山国家公园	福建	982.59	武夷山国家级自然保护区、武夷山国家级风景名胜区、九曲溪上游保护地带	中亚热带原生性森林生态系统保护区、珍稀特有野生动物基因库
祁连山国家公园	青海、甘肃	5 万	盐池湾国家级自然保护区、祁连山国家级自然保护区及周边自然保护区	重要的生态功能区、西北地区重要生态安全屏障和水源涵养地
海南热带雨林国家公园	海南	4 400	吊罗山国家森林公园、尖峰岭国家级自然保护区、黎母山省级自然保护区	热带雨林和季风常绿阔叶林、海南特有的热带生物多样性

三、国家公园功能定位

国家公园是保护自然资源、提供自然游憩和环境教育的重要管理模式,不同于严格的自然保护区,也不同于自然景观保护区,这两者是分别为了保护自然生态系统和景观遗产资源而设立的。国家公园则强调小规模利用实现大面积自然生态保护,同时培养国民的国家意识。总体来看,保护、科研、教育和游憩是国家公园的四大基本功能。

1)通过严格保护大面积具有高保护价值的自然和原真性较强的陆地和海洋区域,从而维持大尺度的生态过程以及相关的物种和生态系统特征。

2)在严格保护核心区和科学管理利用的前提下,有限制地开展科学研究、环境教育和休闲游憩活动,从而使当代人和子孙后代获得自然的启迪、休闲和精神享受的机会。

3)通过国家公园的生态产品建设,提高区域资产增值路径,为区域发展提供新的经济增长模式。

4)优化完善中国自然保护地体系,明确划定生态红线、保障国家生态安全,为实现可持续发展提供支撑。

中国建立国家公园体制的核心是整合和优化自然保护地管理体制，探索中国自然文化资源保护管理新模式，解决深层次矛盾和问题，推动建立严格的生态保护监管制度和国土空间开发保护制度。强调国家公园建设要满足国土生态安全屏障建设、兼顾"山水林田湖草"生态系统修复以及生态文明体制改革的多重需求。

四、国家公园遴选原则

统筹考虑保护与利用，对相关自然保护地进行功能重组，合理确定国家公园的范围。按照自然生态系统整体性、系统性及其内在规律，对国家公园实行整体保护、系统修复、综合治理。综合世界经验和中国国情，遴选国家公园时应遵循系统性、资源代表性、可操作性原则。

1）系统性原则。遵照国际上国家公园设置的主旨和目标，提取反映自然生态区域及其隐含生态要素和结构特征的系统、完整的评价因子，转变为单类型评价指标。

2）资源代表性原则。自然生态系统是国家公园建立的基础，自然生态资源、生物多样性、景观代表性是重要指示性指标，能够充分体现拟选区域的典型性和代表性。

3）可操作性原则。转变现有国家公园设置标准的概念化、模糊不清的问题，建立可度量的遴选指标体系，使遴选标准准确有效、指标量化科学。

五、国家公园遴选关键指标

国家公园是自然保护地的重要类型之一，是国家生态安全格局的主要组成部分，国家公园体制建设将是进一步优化中国自然保护体系和推进生态文明建设的重要举措，由于在中国属于新领域，需要结合中国国情加强研究。构建中国国家公园体系的总体思路是参照 IUCN 自然保护地体系建立方法，根据自然保护地主要管理目标进行分类。选择主要因素在于：①生态系统的完整性；②自然资源是否代表国家水平或具有景观独特性；③该保护单位在维护自然野生种群数量方面所具有的潜力；④自然资源用于公众教育与欣赏的可能性；⑤保护单位在用地与资源等方面受人为因素影响的程度（杨锐，2001，2003；王智等，2011）。

国家公园是代表国家、统领不同类型自然生态资源的综合性管理实体。主要目标是保护自然生态系统，并为人类提供游憩、环境教育及社会经济发展的需求。国家公园遴选和准入标准的设定主要围绕自然资源、物种、景观三个维度进行，并从三个层面展开，首要考虑的是自然生态系统的国家代表性和重要性，以此为基础从而确保评价区域具有国家意义和价值；其次是考虑自然生态系统的完整性、珍稀物种及其栖息地分布、特殊自然景观和人文遗产分布的情况，以此来界定国家公园建设的潜在区域；最后是根据土地所有权、区位交通条件、财政资金能力等实际情况来确定近远期的国家公园建设范围。

国家公园建设范围的面积规模与能否确保完整性、栖息地和特殊景观有关，自然生态系统演化需要保持的面积有所差异，相应的国家公园具体面积大小也有所差异。其他国家国家公园选择主要是在比较国家公园资源价值、适宜性和可行性基础上进行的定性分析，基本上都是以定性描述为准，自然资源特征和对国家公园内涵理解上的差异，尚无统一、严格的遴选和准入标准，大都在 IUCN 提倡的原则性框架下根据国情进行延伸，设置的参考指标多为宏观、原则性的条件，自然生态系统的国家代表性和重要性、自然人文景观的特殊价值等是基本原则条件，关于面积、地理区位、游憩使用价值等指标的界定较少提及（表 6-14）。具体确定范围边界时再由国家主管部门根据区域特征进行部门评估。

表 6-14　IUCN 和典型国家的国家公园选择的考虑因素比较

类别	组织/国家	设立思想和宗旨	主要考虑指标
基本原则标准	IUCN	国家意义的公众自然遗产公园，为人类福祉与享受而划定，面积足以维持特定自然生态系统	面积（不小于 1 000hm²）、自然生态系统、地形地貌、景观、原始性
地域广阔型标准	美国	保护并防止破坏自然文化遗产，保持自然状态，人民福祉与享受	自然生态系统国家重要性、适宜性、面积规模和不可替代性
	加拿大	典型自然景观区域为主体，人民世代获得享受、接受教育、进行娱乐欣赏的地方	野生动物、地质地貌和植被方面的国家代表性、人类影响最小、珍稀动植物种群、文化遗产与景观、教育与游憩利用机会
	俄罗斯	特殊生态、历史和美学价值的自然资源，开展自然保护、限制性科研教育和旅游活动的区域	自然生态多样性和稀有性、资源独特性、规模面积、典型代表景观、历史人文价值
地域限制型标准	日本	全国范围内规模最大并且自然风光秀丽、生态系统完整、有命名价值的国家风景及著名的生态系统	面积超过 20km²；保持原始景观，具有特殊科学教育娱乐等功能；未因人类开发占用发生显著变化；动植物种类及地质、地貌代表区域
	韩国	代表韩国自然生态界或自然及文化景观的地域，扩大国民的利用率	面积标准：已具国立公园、道立公园和郡立公园三种规模
	德国	荒野保护、保护珍稀动植物、维护自然种群	特殊自然特征、面积充分且未破碎化、生物群落环境和共生环境、自然景观、科学教育价值
本土特征保护型标准	挪威	面积不大、未过多受到人类破坏的乡村区域	位于乡村的、未过多受到人类行为破坏的、脆弱的生态环境与珍稀动植物栖息地和保留地；独特的、景色优美的自然区域；面积范围较大；国家拥有土地权
	英国	满足人们对风景游憩的需求	资源本底条件，包括优美的自然风景和深厚的历史文化积淀
	新西兰	保护自然景观、生物多样性、文化遗产与游憩利用	自然生态系统独特性、国家代表性、景观价值、科学教育价值

六、基于自然生态地域功能分区的遴选方法

(一)主要思路与技术路线

目前,世界各国尚无严格统一的国家公园遴选和准入标准,大都是在 IUCN 的原则性框架下对国家公园进行设定。IUCN 于 1994 年在总结美国、加拿大、新西兰等国实践的基础上提出了国家公园设立的三个标准(表 6-14),鼓励其他各国根据各自国情,设立与之相适应的国家公园选择标准。不少国家沿袭 IUCN 关于国家公园本质和内涵基础设立遴选标准,也有一些国家,如非洲国家、日本、韩国及东南亚各国受国土面积、自然生态服务侧重点等因素影响,国家公园建设则主要根据自身在野生动物保护、公众游憩导向下进行标准设置。这些国家或组织设立国家公园的参考指标多为自然生态资源、自然景观、文化遗产等方面的原则性条件。

自然生态系统(包括自然资源、生态环境、珍稀物种群落、自然景观、人文遗产等要素)是国家公园承载价值所在(Young,1993)。国家公园设置的主要目标是保护自然生态系统的完整性和原真性,并在这些前提下提供公众游憩和环境教育服务(陈耀华等,2014)。国外国家公园选择标准主要是在比较国家公园资源价值、适宜性和可行性基础上进行的定性分析,国内学者对于国家公园潜在区域选择标准研究主要采用特定空间单元的评价思路,以陆地或海洋自然保护地为空间单元,选择自然生态资源、生物多样性及文化遗产资源保护和利用为参考指标,建立包含国家代表性、生态系统完整性和原真性、历史文化价值、可达性等指标的综合评价体系,采用包括专家打分法、模糊评价法的测算模型,对现有自然保护地进行得分排序,以此确定建设名单(王梦君等,2014;王智等,2004;周睿等,2016)。这种思路整体上沿袭了国际标准规范和参考因素,但由于是以单体自然保护地为空间单元评价,无法识别优先区的潜在范围,在后续指导国家公园潜在区域划定、整合不同类别自然保护地时会出现建设范围难以界定的问题。因此,打破以现有自然保护地为评价单元,构建以全局区域为评价对象进行潜在区域识别的科学评价方法,是解决未来国家公园建设区域问题的关键。

(二)评价单元层次

识别国家公园潜在区域的标准"面"必须是在不同类型自然区内开展,并将"自然小区"作为"国家公园"选择和评价的标尺(Thede et al.,2014)。例如,加拿大国家公园遴选时,将国土空间划分为 3 种地形、8 个自然大区和 39 个自然小区,形成遴选标准的空间体系(Primack,2014)。本研究评价采用"全局评价、分区对比"的方式进行。

在构建陆地型国家公园遴选标准体系时,评价采用"全局评价、分区对比"

的方式进行。中国地域广阔，自然生态系统类型多样，涉及山地、湖泊、草原、湿地等多种类型。不同自然生态系统类型的功能服务维度不适宜进行跨类别比较，比较适合的方式是进行同类别自然生态系统的比较。要确定自然生态系统类型的比较框架，全国统筹，在生态区域层面进行同类型对比分析。参考郑度（2008）的生态地理地域区划方案，综合考虑生态系统类型和地域分异规律，较好地反映全国不同生态系统类型和特点，与不同区域内国家公园选择的原则相一致。因此，本研究选择郑度等的中国生态地理区域方案作为生态单元的初始框架，后续将全国整体自然生态区域的评价结果匹配到区划方案的三级自然区中（图6-2），进行同种生态系统类型的比较，确定潜在区域。

在开展海洋型国家公园建设潜在区域遴选时，主要参考《全国海洋功能区划（2011—2020年）》中关于海洋生态区域的划分方法，排除农渔业区、港口航运区、工业与城镇用海区、旅游休闲娱乐区、特殊利用区5种类型，从剩下的海洋保护区这一类型中进行筛选。中国的海洋保护区主要分布在鸭绿江口、辽东半岛西部、双台子河口、渤海湾、黄河口、山东半岛东部、苏北、长江口、杭州湾、舟山群岛、浙闽沿海、珠江口、雷州半岛、北部湾、海南岛周边等邻近海域。这类区域的主要功能是严格限制影响干扰保护对象的用海活动，维持、恢复和改善海洋生态环境和生物多样性，保护海洋自然生态景观。从全国海洋功能区划方案中可知，中国海域划分为渤海、黄海、东海、南海四大海域，28个二级分区。从中分析主要功能为海洋保护、保护对象明确的区域或对象，见表6-15。

（三）评价要素选择

2017年9月，《建立国家公园体制总体方案》指出，中国国家公园建设需考虑"保护自然生态系统的原真性、完整性""坚持国家代表性""开展自然环境教育""提供游憩机会"。综合来看，在考虑某一区域是否适合建立国家公园时，从生态系统完整性、生态系统重要性、原真性、生物多样性、利用机会等方面进行考虑，选择因素包括自然生态系统、生物多样性、原真性、自然景观、文化遗产。具体内涵和指向性指标说明如下。

1）自然生态系统。国家公园建设的主要目标之一即是保护具有国家代表性和重要性的自然生态区域，选择的区域范围要足够大、囊括整个生态系统要素，又要具有全国意义的自然、文化或欣赏价值的资源，故选择自然生态系统完整性和重要性两个指标。

2）生物多样性。在考虑自然生态系统完整性和重要性的基础上，需要考虑系统内部生物多样性的丰富性和独特性方面，以此反映构成和维持生态结构和生态过程健康演化的能力，以及揭示是否存在某种独特生物资源保护的价值。选择受威胁生物和中国物种红色名录中的珍稀物种分布进行分析。

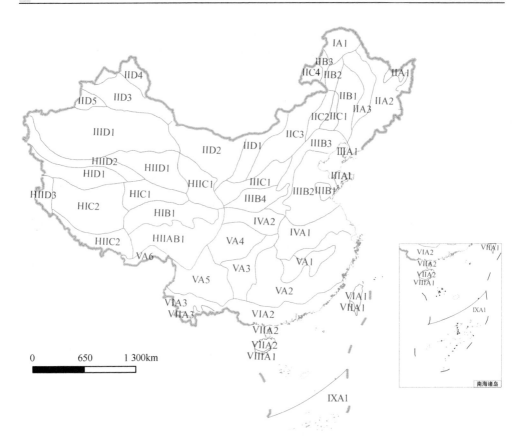

图 6-2　中国生态地理区域系统自然区划分情况

IA1. 大兴安岭北段山地落叶针叶林区；IIA1. 三江平原湿地区；IIA2. 小兴安岭长白山地针叶林区；IIA3. 松辽平原东部山前台地针阔叶混交林区；IIB1. 松辽平原中部森林草原区；IIB2. 大兴安岭中段山地草原森林区；IIB3. 大兴安岭北段西侧森林草原区；IIC1. 西辽河平原草原区；IIC2. 大兴安岭南段草原区；IIC3. 内蒙古东部草原区；IIC4. 呼伦贝尔平原草原区；　IID1. 鄂尔多斯及内蒙古高原西部荒漠草原区；IID2. 阿拉善与河西走廊荒漠区；IID3. 准噶尔盆地荒漠区；IID4. 阿尔泰山地草原、针叶林区；IID5. 天山山地荒漠、草原、针叶林区；IIIA1. 辽东胶东低山丘陵落叶阔叶林、人工植被区；IIIB1. 鲁中低山丘陵落叶阔叶林、人工植被区；IIIB2. 华北平原人工植被区；IIIB3. 华北山地落叶阔叶林区；IIIB4. 汾渭盆地落叶阔叶林、人工植被区；IIIC1. 黄土高原中北部草原区；IIID1. 塔里木盆地荒漠区；IVA1. 长江中下游平原与大别山地常绿阔叶混交林、人工植被区；IVA2. 秦巴山地常绿落叶阔叶林混交林区；VA1. 江南丘陵盆地常绿阔叶林、人工植被区；VA2. 浙闽与南岭山地常绿阔叶林区；VA3. 湘黔高原山地常绿阔叶林区；VA4. 四川盆地常绿阔叶林、人工植被区；VA5. 云南高原常绿阔叶林、松林区；VA6. 东喜马拉雅南翼山地季雨林、常绿阔叶林区；VIA1. 台湾中北部山地平原常绿阔叶林、人工植被区；VIA2. 闽粤桂低山平原常绿阔叶林、人工植被区；VIA3. 滇中南亚高山谷地常绿阔叶林、松林区；VIIA1. 台湾南部山地平原季雨林、雨林区；VIIA2. 琼雷山地丘陵半常绿季雨林区；VIIA3. 西双版纳山地季雨林、雨林区；VIIIA1. 琼南与东、中、西沙诸岛季雨林、雨林区；IXA1. 南沙群岛区；HIB1. 果洛那曲高原山地高寒灌丛草甸区；HIC1. 青南高原宽谷高寒草甸草原区；HIC2. 羌塘高原湖盆高寒草原区；HID1. 昆仑高山高原高寒荒漠区；HIIAB1. 川西藏东高山深谷针叶林区；HIIC1. 祁连青东高山盆地针叶林、草原区；HIIC2. 藏南高山谷地灌丛草原区；HIID1. 柴达木盆地荒漠区；HIID2. 昆仑北翼山地荒漠区；HIID3. 阿里山地荒漠区

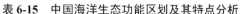

表6-15 中国海洋生态功能区划及其特点分析

海域	二级海洋分区	范围	主要功能定位	保护对象
渤海	1. 辽东半岛西部海域	大连老铁山角至营口大清河毗邻海域	渔业、港口航运、工业与城镇用海、旅游休闲娱乐	斑海豹等海洋保护区
	2. 辽河三角洲海域	营口大清河至锦州小凌河口毗邻海域	海洋保护、矿产与能源开发、渔业	滩涂湿地自然生态系统
	3. 辽西冀东海域	锦州小凌河口至唐山滦河口毗邻海域	旅游休闲娱乐、海洋保护、工业与城镇用海	六股河、滦河等河口海域和典型砂质海岸
	4. 渤海湾海域	唐山滦河口至冀鲁海域分界毗邻海域	港口航运、工业与城镇用海、矿产与能源开发	天津古海岸湿地、大港滨海湿地、汉沽滨海湿地及浅海生态系统、黄骅古贝壳堤、唐山乐亭石臼坨诸岛等海洋保护区
	5. 黄河口与山东半岛西北部海域	冀鲁海域分界至蓬莱角毗邻海域	海洋保护、农渔业、旅游休闲娱乐、工业与城镇用海	典型地质遗迹以及重要水产种质资源,维护生物多样性
	6. 渤海中部海域	渤海中部	矿产与能源开发、渔业、港口航运	—
黄海	7. 辽东半岛东部海域	丹东鸭绿江口至大连老铁山角毗邻海域	渔业、旅游休闲娱乐、港口航运、工业与城镇用海和海洋保护	鸭绿江口与大洋河口滨海湿地生态系统、长山群岛海岛生态系统
	8. 山东半岛东北部海域	蓬莱角至威海成山头毗邻区域	渔业、港口航运、旅游休闲娱乐、海洋保护	崆峒列岛、长岛、依岛、成山头、牟平砂质海岸、刘公岛等海洋生态系统
	9. 山东半岛南部海域	威海成山头至苏鲁海域分界毗邻海域	海洋保护、旅游休闲娱乐、港口航运、工业与城镇用海	胶州湾、千里岩岛等海洋生物自然保护区
	10. 江苏沿海海域	连云港、盐城、南通三市毗邻海域	海洋保护、港口航运、工业与城镇用海、农渔业、矿产与能源开发	海州湾生态系统、盐城丹顶鹤、大丰麋鹿、蛎岈山牡蛎礁、吕泗渔场水产种质资源等保护区
	11. 黄海陆架海域	长山群岛以南、山东半岛和苏北海域外侧的陆架平原	海洋矿产与能源利用、海洋生态保护	重要水产种质资源产卵场、索饵场、越冬场和洄游通道的保护
东海	12. 长江三角洲及舟山群岛海域	长江口、杭州湾和舟山群岛毗邻海域	港口航运、渔业、海洋保护和旅游休闲娱乐	崇明东滩鸟类、九段沙湿地、长江口(北支)湿地、长江口中华鲟、杭州湾金山三岛、五峙山、韭山列岛、东海带鱼水产资源等保护区
	13. 浙中南海域	台州、温州毗邻海域	渔业、港口航运、工业与城镇用海	南麂列岛、渔山列岛、洞头列岛等的保护区建设
	14. 闽东海域	闽浙交界至福州黄岐半岛毗邻海域	海洋保护、工业与城镇用海和渔业	晴川湾、福宁湾、三沙湾等海域红树林生态系统和海洋珍稀水生生物
	15. 闽中海域	福州黄岐半岛至湄洲湾南岸毗邻海域	工业与城镇用海、渔业和海洋保护	平潭中国鲎和山洲岛厚壳贻贝繁育区生态系统
	16. 闽南海域	湄洲湾南岸至闽粤海域分界的毗邻海域	港口航运、旅游休闲娱乐、渔业、工业与城镇用海	漳江口红树林、东山珊瑚礁等重要海洋生态系统

海域	二级海洋分区	范围	主要功能定位	保护对象
东海	17. 东海陆架海域	上海、浙江、福建以东专属经济区和大陆架海域	海洋矿产与能源利用、海洋渔业资源利用区域	—
	18. 台湾海峡海域	—	—	—
南海	19. 粤东海域	汕头、潮州、揭阳、汕尾等市毗邻海域	海洋保护、渔业、工业、城镇用海、港口航运	大埔湾、南澎列岛和勒门列岛及周边海域中华白海豚和西施舌种质资源及海洋生态系统
	20. 珠江三角洲海域	广州、深圳、珠海、惠州、东莞、中山、江门毗邻海域	港口航运、工业与城镇用海、海洋保护、渔业和旅游休闲娱乐	大亚湾至大鹏湾红树林、珊瑚礁及海龟生物资源，狮子洋至伶仃洋中华白海豚、黄唇鱼和红树林等生物资源
	21. 粤西海域	阳江、茂名、湛江毗邻海域	海洋保护、渔业、港口航运	海陵岛、南鹏列岛海草床等海洋生态系统
	22. 桂东海域	桂粤交界至大风江毗邻海域以及涠洲岛–斜阳岛周边海域	港口航运、旅游休闲娱乐、海洋保护和渔业	涠洲岛–斜阳岛海域重点保护珊瑚礁生态系统
	23. 桂西海域	大风江至中越边界毗邻海域	海洋保护、渔业、工业及城镇用海	大风江红树林生态系统
	24. 海南岛东北部海域	海口、临高、澄迈、文昌、琼海和万宁毗邻海域	港口航运、旅游休闲娱乐、渔业	东寨港红树林生态系统、清澜港红树林和大洲岛生态系统保护
	25. 海南岛西南部海域	陵水、三亚、乐东、东方、昌江、儋州毗邻海域	旅游休闲娱乐、渔业、海洋保护、矿产与能源开发	三亚红树林、珊瑚礁、海草床等海洋生态系统
	26. 南海北部海域	广东、广西、海南毗邻海域以南，至北纬18°附近的海域	矿产与能源开发、渔业、海洋保护	—
	27. 南海中部海域	—	渔业、海洋保护、矿产与能源开发	西沙群岛珊瑚礁海洋生态系统
	28. 南海南部海域	—	渔业、海洋保护	珊瑚礁海洋生态系统

注："—"表示无此项。

3）原真性。国家公园区域需要保存原生态的自然区域，要求选择区域未经受明显的人为干扰。本研究选择人类活动足迹进行表征。

4）自然景观。自然景观既是自然生态系统服务功能的外在综合表现，也是能够向外界展示国家、区域形象的自然实体，也是开展公众游憩和环境教育的基础要素。鉴于国家公园在自然景观方面的高度要求，本研究选择世界自然遗产、世界地质公园、中国地质公园和5A/4A级景区作为指标因子来予以表征。

5）文化遗产。是在当地自然生态系统长期演化过程中形成的地域文化符号，反映区域人地关系的历史关联、耦合特征，也是开展公众游憩、环境教育活动的重要要素。本研究选择世界文化遗产和世界自然文化双遗产作为评价指标因子进行表征。

6）海洋区域进行遴选时，除了上述指标外，还需考虑海洋生态优先区、海洋生态保护红线的关系，以及海洋区域在海面上是否有可供未来承载旅游活动的岛屿支点。

国家公园区域选择包含了潜在区域和可建区域两个层次，需要区分对待。在国家公园区域选择时，第一层面是考察生态系统单元本体价值能否达到国家公园对于高价值生态区域选择的标准，在满足第一层面的标准后，需要在生物多样性、自然景观、原真性等具体方面进行比较。满足以上两个层面分析后，再从自然生态区域价值方面确认某一区域是否达到国家公园建设的要求。而在是否能够建成国家公园方面，还需要考虑第三个层面的问题，即建设成本、管理维护能力、建设基础、空间可达性等方面的因素。第三个层面的因素评价是在满足前两个层面的基础上，对于建设可行性方面的考虑，如美国对于一个准备进入美国国家公园系统的新区域判定是基于国家重要性、适宜性、可行性和不可替代性 4 个入选标准的逐次选择（李如生和厉色，2003；杨锐，2004）。当前多数研究在考虑区域遴选时，常常将上述三个层面的因素进行整体评价，造成了国家公园潜在区域和国家公园可行性建设区域的混淆。鉴于这方面的区别，本研究所指的"国家公园潜在区域"仅是对自然生态区域自身潜力的评价，即包括上述第一、第二两个层面，暂不考虑可行性层面的因素。

（四）方法设计

建立符合多目标管理导向的国家公园潜在区域识别方法是实现确定国家公园建设区域的关键。本研究采用的技术路线见图6-3，从中可知，模型构建目标是评价不同生态地理区域中符合国家公园价值取向的潜在区域，并根据高低值进行优先序列确定。根据上一部分讨论的决定因素，本研究将潜在区域识别划分为生态系统完整性、生态系统重要性、原真性、生物多样性、自然景观价值、文化遗产价值共 6 个评价层（表6-16），其中，生态系统完整性和重要性决定了某一区域是否具备建设国家公园的基本条件，在完整性和重要性兼备的前提下，进行原真性评价，确定原真性状态。另外，进行生物多样性和自然景观价值评价，识别在景观和关键物种层面的国家代表性。然后，在进行自然景观价值和文化遗产价值评价来识别是否存在环境教育和游憩服务功能，最后将整体评价结果投射到不同的生态地理区域，将上述所有评价层的得分值进行综合和分级可视化，判断可能存在的国家公园潜在区域。

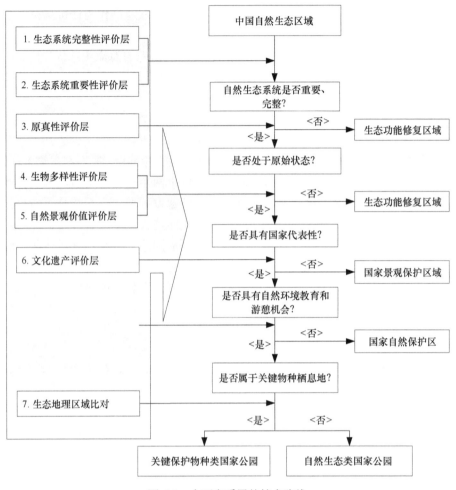

图 6-3 本研究采用的技术路线

表 6-16 中国国家公园潜在区域识别指标体系

序号	指标项	作用	指标因子
1	生态系统完整性指数（EI）	评价一个自然区域的生态系统完整程度	景观结构、景观系统稳定性、植被生物量
2	生态系统重要性指数（EII）	评价一个自然区域对于区域生态安全的重要程度	水源涵养重要性、水土保持重要性和防风固沙重要性、生物多样性保护重要性、特殊生态系统重要性
3	原真性指数（PI）	评价一个自然区域的原生环境保持情况	人口压力、人类土地利用、基础设施、人类进入性
4	自然景观价值指数（NLVI）	识别具有国家代表性的自然景观区域	世界自然遗产、世界地质公园、中国地质公园、5A/4A 级风景名胜区

续表

序号	指标项	作用	指标因子
5	生物多样性指数（BI）	识别具有国家代表性的特有物种生存区域	受威胁生物、中国生物多样性红色名录
6	文化遗产价值指数（CHVI）	评估是否拥有国家代表性的文化遗产，以及开展科学教育的条件	世界文化遗产、世界自然文化双遗产

　　为了便于统计，本研究定义国家公园潜在区域指数（national park potential regional index，NPPRI）作为下文评价指标，计算公式为：

$$\text{NPPRI}_i = \alpha_1\text{EI}_i + \alpha_2\text{EII}_i + \alpha_3\text{PI}_i + \alpha_4\text{NLVI}_i + \alpha_5\text{BI}_i + \alpha_6\text{CHVI}_i \quad (6\text{-}1)$$

　　式（6-1）中涉及的 6 个指标评价层的计算方法和数据来源如下。

　　生态系统完整性指数（ecosystem integrity index，EI）：指支持和维持平衡的、完整的、适应的生物群落，与一个区域的自然生境相比，具有的物种结构、多样性和功能组织能力（Angermeier and Karr，1994）。根据相关研究成果，采用景观生态学的研究视角，从结构和稳定性两个方面构建生态系统完整性指数评价方法，采用如下公式（李鑫和田卫，2012）：

$$\text{EI}_i = \beta_1\text{LS}_i + \beta_2\text{LSS}_i + \beta_3\text{VB}_i \quad (6\text{-}2)$$

式中，LS 为景观结构（landscape structure）；LSS 为景观系统稳定性（landscape system stability）；VB 为植被生物量（vegetation biomass）。计算公式分别为：

$$\text{LS} = 0.5 \times [0.5 \times (R_d + R_f) + L_p] \times 100\% \quad (6\text{-}3)$$

$$\text{LSS} = \sum_{k=1}^{n} P_k \ln P_k \quad (6\text{-}4)$$

式中，R_d 为景观斑块密度；R_f 为斑块出现频率；L_p 为斑块景观比例；P_k 为景观类型 k 出现的频率；n 为景观类型总数。EI 值越大，表明生态系统完整性越高。其中，斑块类型依据土地利用类型划分，对各种土地利用景观类型进行计算，如某一斑块的集中优势度显著大于其他斑块，可判定此斑块为该生态系统的基质，能够反映整体生态系统的完整程度。

　　生态重要性指数（ecosystem importance index，EII）：不同区域、不同类型自然生态系统的生态重要性趋向不同，包括水源涵养重要性、水土保持重要性、防风固沙重要性、生物多样性保护重要性、特殊生态系统重要性。本研究分析时按照重要性类型不同，将五种类型的重要性分别划分为不同级别，然后赋值到所在的栅格单元。

　　原真性指数（primeval index，PI）：指未经人为干预活动的原生状态，人类足迹指数可以较好地反映自然生态区域的人类影响程度。本研究使用的人类足迹指数包括人口压力、人类土地利用、基础设施、人类进入性等指标，以 100hm² 空间分辨率的陆地格网经过缓冲、插值和建模构建而成的栅格数据，能够有效测度人类活动在每一个生物群落中的相对影响程度（SEDAC，2017）。人类足迹指数的得分区间为[0，100]，值越小，表明自然生态越接近最自然的原始状态，原真性程度越高（蔡秋阳和高翅，2015）。

生物多样性指数（biodiversity index，BI）：主要考虑中国代表性生物物种的分布情况，选择受威胁生物和中国物种红色名录物种，然后按照密集程度进行核密度分析，确定高低值分布情况。

自然景观价值指数（natural landscape value index，NLVI）：是表征国家公园综合价值的重要内容，指具有国家或区域代表性的自然景观。中国风景名胜区是自然、人文景观比较集中的地域，以此为基础，以风景名胜区中入选世界自然遗产、世界地质公园、中国地质公园和5A/4A旅游景区作为衡量标准（以高级别为准），将所有风景名胜区分为四个层次，分别赋分5分，4分，3分，2分，然后进行空间密度分析，确定区域自然景观价值的高低值分布情况。

文化遗产价值指数（cultural heritage value index，CHVI）：表征自然生态系统衍生的文化遗产价值。本研究采用入选世界自然文化遗产地或世界自然文化双遗产作为评价标准，分别赋分10分、5分，然后进行空间密度分析，确定文化遗产价值的高低值分布情况。

海洋区域国家公园遴选方法，由于数据指标方面与陆地型区域的不同，所以以《全国海洋功能区划（2011—2021年）》为框架，首先选择主要的海洋保护性区域，以表6-17为基础，结合专家讨论确定预备名单，然后邀请海洋生态保护领域的专家根据确定的指标体系，对预备名单进行再次打分，来确定海洋型国家公园的潜在区域。确定的海洋型国家公园的备选名单见表6-17，共19个备选区域。

表6-17 海洋国家公园备选区域名单

序号	海域	对象名单	序号	海域	对象名单
1	渤海	辽东湾	11	东海	福瑶列岛
2	渤海	黄河口	12	南海	南澎列岛
3	渤海	长山群岛	13	南海	珠江口万山群岛
4	渤海	成山头	14	南海	涠洲岛
5	黄海	崆峒列岛	15	南海	茅尾海
6	黄海	海州湾	16	南海	东寨港、七洲列岛
7	黄海	崇明东滩—九段沙	17	南海	棋子湾
8	东海	南麂列岛	18	南海	西沙群岛
9	东海	嵊泗列岛	19	南海	南沙群岛
10	东海	东极岛			

所采用的数据来源包括，生态系统完整性评价所用的 2015 年土地利用数据来源于中国科学院资源环境数据中心；生态重要性评价数据来源于中国生态系统评估与生态安全数据库，包括水源涵养重要性、水土保持重要性、防风固沙重要性、生物多样性保护重要性、特殊生态系统重要性评价结果。人类足迹指数数据集来源于国际野生生物保护学会公开发布的原真性评价数据库，世界自然遗产、世界地质公园、中国地质公园和 5A/4A 级风景名胜区等数据来源于官方发布的名单；受威胁生物和中国物种红色名录来自于中国动物主题数据库和中国植物物种信息数据库。

（五）分析结果

1. 陆地型国家公园遴选

根据上述建立的六个指标的评价方法进行单因素指标层评价，然后通过单因素指标的空间叠加得到陆地型国家公园潜在区域综合指数，先后进行单因素指标层和综合指数评价结果的分析。

（1）单因素指标层总体特征

根据上文构建的模型方法分别对六个单指标层进行评价和分析，可以得到以下结论。

生态系统完整性区域分布特征。从图 6-4（a）中可以看出，中国生态系统完整性的高值区域明显聚集在几个大型的自然地理空间单元，主要为山地森林、湖泊、草原等重点生态区域，包括 IIA2、IIB2、IID5、IVA2、VA1、VA2、VA5、VA6、VIA3、VIIA3、HIC1、HIIAB1、HIIC2、HIIID3 等生态地理区域。这些区域由于自然要素的趋同性、均一性，景观类型单一，使得在区域气候、植被带谱和类型、动植物分布等方面能够形成相对完整的均质化自然生态区域。生态系统完整性较高的区域集聚在东北山地地区、江南丘陵地区、云贵高原地区以及青藏高原地区，典型的自然地理单元包括小兴安岭、呼伦贝尔草原、长白山区、秦岭、云岭、太行山、太湖、青海湖等地，表明这些地区的生态系统完整性较好，草地、林地、园地等生态植被覆盖率较高。长三角、珠三角、京津冀、长株潭等一些大型的城市化地区的生态破碎化程度较高，城乡建设用地、交通水利用地等开发程度较高。

生态重要性区域分布特征。按照水源涵养、水土保持、防风固沙和生物多样性维护四种类型进行分析，从图 6-4（b）中可知，中国生态重要性区域总面积达 386 万 km^2，占陆地国土面积的 40.2%。其中，水源涵养型重要生态区域包括大兴安岭森林山地、长白山森林山地、阿尔泰山森林山地、三江源草原草甸湿地、若尔盖草原湿地等 8 个地区，约占全部生态重要性区域的 26%，主要分布在 IIB2、IIC4、IID3、HIID1、HIC1、HIB1 等生态地理区域；水土保持型区域包括黄土高

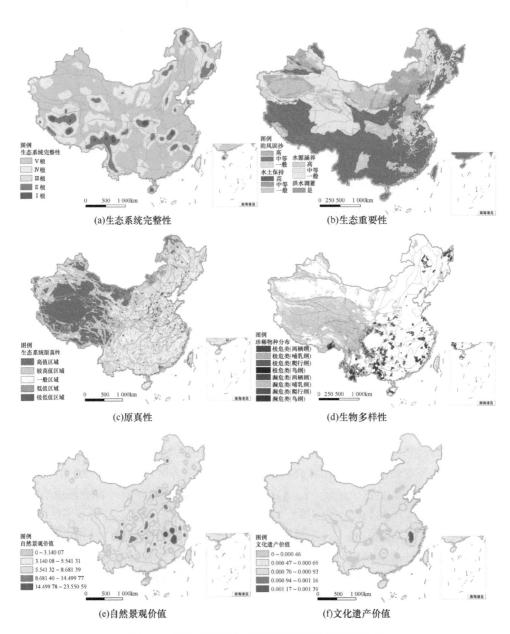

图 6-4　国家公园潜在区域识别单指标层评价结果

原丘陵沟壑地区、大别山山地、桂黔滇喀斯特地区、三峡库区 4 个地区，约占 6.5%，主要分布在 VA3、IVA2、IVA1 等生态地理区域；防风固沙型区域包括塔里木河、阿尔金草原、呼伦贝尔草原草甸、科尔沁草原、浑善达克沙地、阴山北麓草原 6

个地区，约占 21%，主要分布在 IIID1、IID1、IID2 等生态地理区域；生物多样性维护型区域包括川滇森林山地、秦巴山地、藏东南高原边缘森林、藏西北羌塘高原荒漠、三江平原湿地、武陵山地、海南岛中部山区热带雨林 7 个地区，约占 23%，主要分布的生态地理区域包括 VA5、VIIA3、VA4。

原真性分布特征。使用 ArcGIS 软件对人类足迹指数进行空间可视化并进行高低赋值得到图 6-4（c），0 表示人类足迹指数最小，原真性最强。从中可知，原真性与人口密度、经济活动强度密切相关。从东中西三大地带上讲，东中部特别是沿海地区、平原地区和城镇化地区的原真性较低，一方面是由于这些地区缺少大尺度的自然生态类型区域，加之改革开放以来快速城市化带来的人口集聚和生态资源的经济化利用及旅游化开发，使自然生态系统的原真性受到较大影响。西部地区人口稀少，经济活动强度较低，长期以来建设了大量的自然保护地，加上保护资源环境的生态安全屏障的功能定位，生态监管力度较大，限制了大幅度林业和旅游业开发建设，原真性相对较高。尤其是在青藏高原地区的人口密度和经济活动都较小，原真性保持得较为完好。从中国生态地理区域上来看，与国际上国家公园对人类影响程度平均值（18.399）（何小芊和刘策，2019）相比，高于该值的生态地理区域包括 IA1、IIC4、IID2、IID3、IID4、IIID1、HIB1、HIID1、HIID3、HID1、HIC1、HIC2、HIIA/B1、HIIC2、VA1、VA2、VIIA2、VA6 等。

生物多样性相关的珍稀物种总体特征。中国重要珍稀濒危物种与类群主要包括大熊猫、朱鹮、虎、金丝猴、藏羚、扬子鳄、亚洲象、长臂猿、麝、普氏原羚，以及野生鹿类和鹤类，它们主要分布在横断山区、秦岭山地和西双版纳地区，物种多样性高；兰科植物、苏铁等珍稀植物分布零星状、数量少。这主要是由于横断山脉地形复杂，不容易受到人类干扰；西双版纳发育了季节性雨林和山地常绿阔叶林，为树栖类物种提供了栖息地。秦岭山地在动植物区系上具有明显的过渡性，是兰科植物、大熊猫、金丝猴和朱鹮的主要分布区。

自然景观价值和文化遗产价值。自然景观和文化遗产具有伴生性，这里同时对两个指标进行分析。根据上文定义对自然景观与文化遗产价值进行赋分并使用 ArcGIS 核密度方法进行分析和可视化，可以得到图 6-4（e）和（f），从中可知，自然景观与文化遗产价值高值分布区具有区域集中倾向，主要在长江中下游一线、黑河—腾冲一线两个自然地带分布，主要原因是长江中下游地区属于山地丘陵区域，山地、湖泊、河流、峡谷、森林等地形地貌类型多样，气候舒适，可建设用地较好，能够开展对自然景观的利用，并且历史上长江中下游地区是人口集中地区，长期以来形成了利用自然资源的传统。黑河—腾冲一线是中西部的自然分割线，典型地貌突出、类型多样，历史上形成了丰富的自然景观和文化遗产。自然景观和文化遗产价值较高的连片区域集中在江南丘陵山地、浙闽与南岭山地、贵州高原与四川盆地交界处、四川盆地与川西藏东高山深谷交界处，以及汉中盆地和华北山地丘陵的东侧,其他在鲁中山地、大兴安岭南部、准噶尔盆地等地有点状分布区域,这些区域是未来国家公园游憩利用发展的重要区域,因为随着海拔增加,地形条件、植被条件和人体舒适性受到较大影响,中低纬度的山地丘陵地区游憩机会相对较大。其他西部地区也有较高价值的自然景观,主要包括云贵高原、小兴安岭—长白山地、大兴安岭—太行山地—秦巴山地—阿尼玛卿山一线、巴颜喀拉山—岷山—武当山—大巴山一线,以及海南岛山地、阿尔泰山地、天山山地等区域,涉及的生态自然区包括 IIA2、IIA3、IIC2、IIB3、IIIB4、VA1、VA2、HIB1、IVA2 等。游憩机会较小的区域包括华北平原、柴达木盆地、准噶尔盆地、昆仑北翼山地、羌塘高原湖盆等地,受限原因主要是山地植被条件单调、生态敏感性较强或气候舒适性较差。

基于上述分析可知,生态系统完整性、生态重要性、生物多样性、原真性的高值集聚区域具有趋同性,生态系统完整性较好的区域,往往承担着重要的生态功能,生物多样性也较高,原真性保存得较好。自然景观和文化遗产价值较高的区域多分布在长江中下游地区和黑河—腾冲一线,这些地区拥有中国代表性的景观,在世界上知名度较高。

(2)陆地型国家公园潜在区域分析

根据上述六个指标层的评价结果,进行网格化处理,采用 ArcGIS 软件将各个指标层进行空间叠加汇总,得到最终的综合评价图层,采用自然断点法将其划分为高值区和低值区两种类型区域,可以得到中国国家公园建设的潜在区域分布情况(图6-5)。

根据上述评价结果的空间叠加处理,可知中国国家公园建设潜在区域的评价结果呈现三个比较明显的特征。第一,三大阶梯与自然地理区域的叠加分布特征明显,国家公园潜在区域综合评价指数得分高值区域主要集中在大型自然地理实体范围内,这与自然生态系统完整性、生态重要性密切相关,东部地区主要集中在江南丘陵、南岭等南部地区,中部地区集中在太行山—秦岭—横断山脉一线,西部地区分布较多且集中程度较高,连片分布的区域包括东北地区的长白山地区、大小兴安岭地区、蒙北草原地区、南疆荒漠地区、藏西北高原草原以及横断山脉地区,其他的江南丘陵、云贵高原等地的分布呈小面积、散布式分布状态。第二,东西部潜在得分较高区域的面积差异较大,西部地区的空间连续性较强,中东部地区主要集中在自然地理单元及其周边,生态破碎化程度较大、空间连续性较弱。例如,在西部地区,面积较大的羌塘区域、三江源区域达到了数万乃至数十万平方千米,而在东部的浙皖地区,识别出的黄山、巢湖、千岛湖等区域的面积只有几百、上千平方千米;这就使得东西部的国家公园面积、规模差异明显。第三,潜在区域的跨界性较为明显。因为国家公园的本质特征是自然和人文保护与利用价值较高的生态区,所以分布的区域多是基于大型、特大型的自然地理单

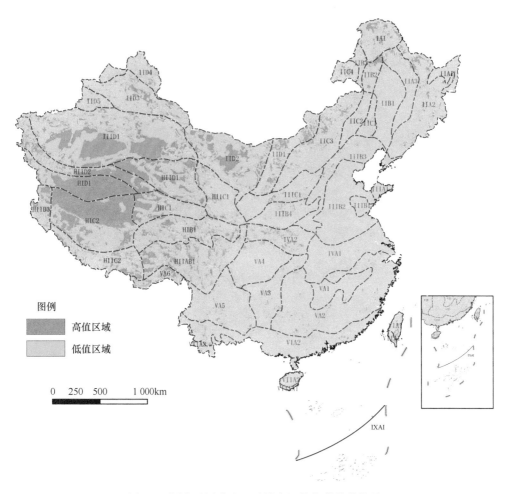

图 6-5　国家公园潜在区域综合评价指数总体结果

元，而在中国这些地理单元通常跨行政区域，因此形成了比较明显的跨区域
特征。

（3）陆地型国家公园遴选结果

根据上述总体评价结果，以生态功能区域、省级行政区分布两个维度分别选
择 1～2 个国家公园为提取前提，为了保证潜在区域面积适中，尽可能保证建设区
域覆盖完整性，也不会过大，经过多次试验，选择提取各个生态地理区域内高值
分布密集程度大于 40%、排序靠前的自然生态区域，可以遴选出中国未来可能进
行国家公园建设的潜在区域范围。这些区域总共包括 48 个潜在区域，分布较多的
包括东北地区、华南地区、西南地区、西北地区，其中西南和西北地区的潜在区
域面积都比较大（图 6-6）。将这些遴选出的潜在区域分别放置于省份和生态区构

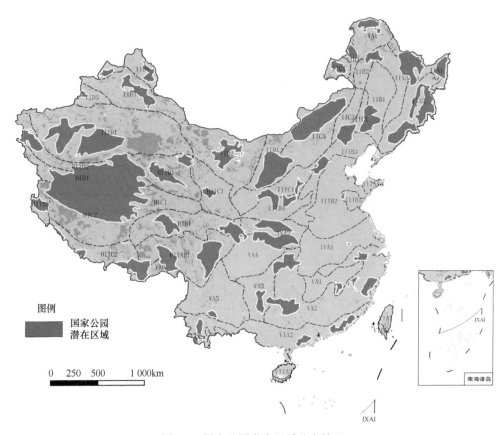

图 6-6 国家公园潜在区域分布情况

成的两维空间坐标系统，可以得到对应关系，依次可以判断未来国家公园建设的优先顺序。分省来看，北京、天津、河北、山东、河南等华北平原地区的省份分布较少，零星分布的国家公园潜在区域面积也较小；安徽、浙江、福建、广东、广西、海南等江南丘陵地区省份的潜在区域面积和数量大于华北平原地区；其他地区的国家公园潜在区域面积和数量较大。从生态系统类型来看，中东部地区以丘陵山地生态系统为主，可以建设的国家公园包括泰山国家公园、黄山国家公园、武夷山国家公园、阳朔漓江国家公园等；东北地区以森林和草原生态系统为主，可以建设的国家公园包括额尔古纳国家公园、乌苏里江国家公园、科尔沁草原国家公园、呼伦贝尔草原国家公园等；西南地区以高山和湖泊生态系统为主，可以建设的国家公园包括梅里雪山国家公园、三江源国家公园、色林错国家公园、珠峰国家公园、札达普兰国家公园等；西北以荒漠和高山湖泊生态系统为主，可以建设的国家公园包括乌兰布和沙漠国家公园、罗布泊国家公园、喀纳斯湖国家公园、赛里木湖国家公园。

2. 海洋型国家公园遴选

以上文中的海洋国家公园备选地为基础,采用专家咨询打分法确定潜在区域。主要参考指标包括海洋生态系统的国家代表性、原真性、完整性、区位重要性、文化遗产特征、海上承载空间等,确定了 7 个海洋型国家公园,其中渤海海域 1 个、黄海海域 1 个、东海海域 2 个、南海海域 3 个,从北向南依次是长山群岛国家公园、成山头国家公园、崇明东滩–九段沙国家公园、南麂列岛国家公园、南澎列岛国家公园、西沙群岛国家公园、南沙群岛国家公园。

3. 国家公园建设潜在区域名单

根据上述对于陆地和海洋两种区域的分析,共计可以得到 55 个国家公园建设的潜在区域,其中陆地型国家公园 48 个,海洋型国家公园 7 个(表 6-18)。

表 6-18 中国国家公园遴选预备名单与保护对象

陆地生态地理区域或海洋生态保护区			国家公园	保护对象
温度带	干湿地区	自然区		
I 寒温带	A 湿润地区	IA1 大兴安岭北段山地落叶针叶林区	1. 额尔古纳国家公园	草原、草甸湿地生态系统、丹顶鹤等珍稀鸟类栖息地
II 中温带	A 湿润地区	IIA1 三江平原湿地区	2. 乌苏里江国家公园	草甸沼泽生态系统、珍稀野生鸟类和鱼类
		IIA2 小兴安岭长白山地针叶林区	3. 东北虎豹国家公园	保护和恢复东北虎豹野生种群
		IIA3 松辽平原东部山前台地针阔叶混交林区	4. 五大连池国家公园	火山遗迹地质地貌景观
II 中温带	B 半湿润地区	IIB1 松辽平原中部森林草原区	5. 科尔沁草原国家公园	草原湿地生态系统、民族文化景观
		IIB2 大兴安岭中段山地草原森林区	6. 兴安国家公园	红松为主的针阔叶混交林及其珍稀野生动植物
		IIB3 大兴安岭北段西侧森林草原区	7. 阿尔山国家公园	森林生态系统、火山熔岩地质遗迹
	C 半干旱地区	IIC3 内蒙古东部草原区	8. 锡林郭勒草原国家公园	温带草甸草原、典型草原、沙地疏林草原和河谷湿地生态系统
		IIC4 呼伦贝尔平原草原区	9. 呼伦贝尔草原国家公园	温带草原草甸、湿地生态系统
	D 干旱地区	IID1 鄂尔多斯及内蒙古高原西部荒漠草原区	10. 贺兰山国家公园	森林、灌丛及草原生态系统、文化遗迹
		IID2 阿拉善与河西走廊荒漠区	11. 乌兰布和沙漠国家公园	沙漠生态系统及沙生野生植物
		IID3 准噶尔盆地荒漠区	12. 天山天池国家公园	高山湖泊生态系统、珍稀动物栖息地
		IID4 阿尔泰山地草原、针叶林区	13. 喀纳斯湖国家公园	针阔叶混交林生态系统、湖泊冰川自然景观

陆地生态地理区域或海洋生态保护区			国家公园	保护对象
温度带	干湿地区	自然区		
II 中温带	D 干旱地区	IID5 天山山地荒漠、草原、针叶林区	14. 赛里木湖国家公园	高山湖泊生态系统、珍稀鸟类栖息地
	B 半湿润地区	IIIB1 鲁中低山丘陵落叶阔叶林、人工植被区	15. 泰山国家公园	暖温带森林生态系统、珍稀野生动植物
		IIIB2 华北平原人工植被区	16. 长城国家公园	保护长城人文资源
		IIIB3 华北山地落叶阔叶林区	17. 恒山国家公园	暖温带落叶林、珍稀动植物生境
			18. 华山国家公园	森林生态系统、宗教文化景观
		IIIB4 汾渭盆地落叶阔叶林、人工植被区	19. 黄河壶口瀑布国家公园	自然地质遗迹、峡谷瀑布景观
	C 半干旱地区	IIIC1 黄土高原中北部草原区	20. 五台山国家公园	高山草地草甸生态系统、宗教文化景观
	D 干旱地区	IIID1 塔里木盆地荒漠区	21. 罗布泊国家公园	沙漠生态系统、野骆驼及其生境、古文明遗迹
IV 北亚热带	A 湿润地区	IV1 长江中下游平原与大别山地常绿阔叶混交林、人工植被区	22. 大别山国家公园	森林生态系统、珍稀濒危野生动植物及其栖息地
		IVA2 秦巴山地常绿落叶阔叶林混交林区	23. 神农架国家公园	森林湿地生态系统、珍稀动植物
			24. 太白山国家公园	暖温带山地森林生态系统、珍稀野生动植物、自然历史遗迹
			25. 大熊猫国家公园	大熊猫及其栖息地
V 中亚热带	A 湿润地区	VA1 江南丘陵盆地常绿阔叶林、人工植被区	26. 钱江源国家公园	森林湿地、珍稀濒危物种
		VA2 浙闽与南岭山地常绿阔叶林区	27. 庐山国家公园	森林生态景观、野生动植物、自然历史遗迹和文化遗产
			28. 南山国家公园	生物物种遗传基因资源
			29. 武夷山国家公园	原生性森林生态系统、珍稀特有野生动物
			30. 黄山国家公园	地质遗迹和地质景观资源、珍稀动植物资源、人文景观资源
			31. 阳朔漓江国家公园	河流生态系统、岩溶山水游览自然景观
		VA3 湘黔高原山地常绿阔叶林区	32. 荔波樟江国家公园	喀斯特森林生态系统、红色文化遗址
		VA4 四川盆地常绿阔叶林、人工植被区	33. 米仓山国家公园	亚热带与温带交汇地带的森林生态系统、珍稀动植物、宗教文化景观
		VA5 云南高原常绿阔叶林、松林区	34. 三江并流普达措国家公园	湖泊湿地、森林草甸、河谷溪流、珍稀动植物
			35. 腾冲火山国家公园	火山群地质景观

续表

陆地生态地理区域或海洋生态保护区			国家公园	保护对象
温度带	干湿地区	自然区		
V 中亚热带	A 湿润地区	VA6 东喜马拉雅南翼山地季雨林、常绿阔叶林区	36. 雅鲁藏布大峡谷国家公园	湿润山地森林生态系统、珍稀野生动植物、大峡谷遗迹
			37. 梅里雪山国家公园	海洋性现代冰川生态系统、珍稀野生动植物、文化生态景观
		VIA2 粤闽桂低山平原常绿阔叶林、人工植被区	38. 丹霞山国家公园	丹霞地层、丹霞地貌、黄腹角雉和白颈长尾雉等珍稀动植物资源
			39. 漳江口红树林国家公园	红树林湿地生态系统、濒危植物物种和东南沿海优质、水产种质资源
			40. 五老山国家公园	森林生态、珍稀野生动植物
		VIIA2 琼雷山地丘陵半常绿季雨林区	41. 五指山国家公园	热带雨林、珍稀野生动植物
		VIIA3 西双版纳山地季雨林、雨林区	42. 西双版纳国家公园	热带、亚热带雨林,珍稀野生植物物种
HI 高原亚热带	B 半湿润地区	HIB1 果洛那区高原山地高寒灌丛草甸区	43. 三江源国家公园	高山草原草甸湿地、生物多样性保护
	C 半干旱地区	HIC2 羌塘高原湖盆高寒草原区	44. 色林错国家公园	高原高寒冰川、湖泊、荒漠、黑颈鹤、藏羚羊等珍稀野生动物
	AB 湿润半湿润地区	HIIAB1 川西藏东高山深谷针叶林区	45. 九寨沟-黄龙国家公园	森林生态、地质遗迹和珍稀动植物
HII 高原温带	C 半干旱地区	HIIC1 祁连青东高山盆地针叶林、草原区	46. 祁连山国家公园	生物多样性、珍稀野生动植物
		HIIC2 藏南高山谷地灌丛草原区	47. 珠峰国家公园	森林、湿地、极高山生态系统,雪豹等珍稀濒危物种及其栖息地等
		HIID3 阿里山地荒漠区	48. 扎达土林普兰国家公园	土林地貌与人文遗迹
渤海	辽东半岛东部海域		49. 长山群岛国家公园	暖温带海岛生态系统、鸟类和海豹栖息地
黄海	山东半岛南部海域		50. 成山头国家公园	潟湖海洋生态系统
东海	长江三角洲及舟山群岛海域		51. 崇明东滩-九段沙国家公园	滨海湿地生态系统
	浙中南海域		52. 南麂列岛国家公园	贝藻类海洋生态系统
南海	粤东海域		53. 南澎列岛国家公园	中华白海豚及红珊瑚海洋生态系统
	南海中部海域		54. 西沙群岛国家公园	珊瑚礁海洋生态系统
	南海南部海域		55. 南沙群岛国家公园	珊瑚礁海洋生态系统

第七章　中国国家级自然保护区布局优化研究

自然保护区保护具有代表性的自然生态系统、珍稀濒危野生动植物的天然集中分布区、有特殊意义的自然遗迹等保护对象所在的陆地、陆地水体或者海域，是依法划出一定面积予以特殊保护和管理的区域。根据 IUCN 自然保护地分类标准，中国自然保护区属第 I 类自然保护区，即严格意义的自然保护区（Borrini *et al.*，2017）。随着全球生物多样性保护运动的兴起以及生态保护意识的提高，自然保护区建设模式在全世界范围内得到普遍认可，并已经成为一个国家文明和进步的标志（蒋明康等，2006；徐基良，2006）。

中国自然生态系统多样、生物多样性丰富，建立自然保护区是生态保护的最重要的方式之一。自然保护区已成为中国主体功能区划中的一类特殊地域空间，在保护野生动植物资源、维护国土生态安全格局中发挥着关键作用。中华人民共和国成立以来，中国自然保护区经历了从无到有、从小范围到大面积、从单一类型到多种类型的巨大变化，初步形成了布局基本合理、类型较为齐全的自然保护区体系。由于长期以来存在的顶层设计不完善，空间布局不合理，目前自然保护区存在地区分布严重不均、省区之间的数量和面积差距巨大、自然保护空缺区域仍然存在、交叉重叠与多头管理等问题，与新时代发展要求不相适应。中国自然保护区的数量规模已经较大，研究重点应该转向全国层面的合理布局上，基于自然保护区的分布特征分析，提出优化自然保护区网络布局的策略，为制定自然保护区发展相关政策提供参考。

第一节　自然保护区发展阶段分析

中国自然保护区发展共经历了以下主要阶段。

一、缓慢起步期（1956～1989 年）

自然保护区是在森林大规模采伐、自然资源严重破坏、大量猎捕野生动物资源的大背景下起步的。1956 年，秉志等科学家在第一届全国人民代表大会第三次会议上提出建立自然保护区的建议，提出"请政府在全国各省（区、市）划定天然林禁伐区"。同年 10 月，林业部制定了《天然森林禁伐区（自然保护区）划定草案》，明确指出："有必要根据森林、草原分布的地带性，在各地天然林和草原内划定禁伐区（自然保护区），以保存各地带自然动植物的原生状态"，并明确了自然保护区的划定对象、办法和重点地区，同时批建了第一个自然保护区——广东鼎湖山自然保护区，标志着中国自然保护区事业的启幕。此后，国务院颁布的《关于积极保护和合理利用野生动物资源的指示》《森林保护条例》《水产资源保护条例》等都对建立自然保护区提出了要求。1966 年后，受"文化大革命"影响，自然保护区事业遭受重大破坏，一些自然保护区丧失保护价值。1972 年中国政府参加联合国人类环境大会后，生态环境保护得到重视，特别是国家相继颁布了《中华人民共和国森林法》《中华人民共和国环境保护法》《中华人民共和国野生动物保护法》等 10 余项法规，发布了《中国珍稀濒危保护植物名录（第一册）》《国家重点保护野生动物名录》，颁发了《严格保护珍贵稀有野生动物的通令》等文件；先后加入了《保护世界文化和自然遗产国际公约》等生态保护国际公约，与日本和澳大利亚等国家签定了鸟类等野生动物保护协议；各有关部门大力推进自然保护区建设，相继建立了管理机构，自然保护区事业逐渐进入与国际接轨的新阶段，形成了以林业部门为主体，地质（国土）、水产（农业）、环保（建设）、科学院等部门配合的格局。截至 1989 年底，建立各级各类自然保护区 573 个，面积 2 706.30 万 hm²。

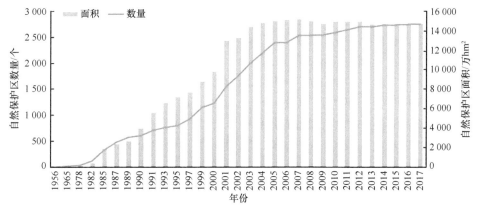

图 7-1　中国自然保护区发展情况（1956～2017 年）

二、快速发展期（1990～2008 年）

快速发展期是自然保护区发展的关键时期。此时，中国法律法规逐步健全，1994 年，国务院颁发了《中华人民共和国自然保护区条例》，首次对自然保护区建设管理做出了法律规定，推动中国自然保护区事业进入有法可依、有章可循的新阶段。同时，多次参加国际生态组织召开的国际会议，加入了《人与生物圈保护区网》《生物多样性公约》《关于特别是作为水禽栖息地的国际重要湿地公约》

"东亚—澳大利亚涉禽迁徙网络""东北亚鹤类保护网络",与世界自然基金会（WWF）、全球环境基金（GEF）合作开展了自然保护区保护与管理项目。发布了《自然保护区工程项目建设标准（试行）》《自然保护区工程设计规范》等标准和规范，多次印发加强自然保护区管理工作、湿地保护管理等通知，发布实施了《全国生态环境保护纲要》《全国湿地保护工程实施规划》《全国生物物种资源保护与利用规划纲要》《关于开展生态补偿试点工作的指导意见》《全国生态功能区划》等多项生态保护规划、区划。1998 年长江、松花江特大洪灾后，相继实施了天然林资源保护、退耕还林、野生动植物保护及自然保护区建设等重大生态保护修复工程。在一系列法规、政策、规划、标准规范的引导和保障下，自然保护区呈现快速发展势头，数量和面积急速上升，资金投入大幅度增加。截至 2008 年底，已建立各级各类自然保护区 2 538 个，总面积 14 894 万 hm^2。

三、稳定完善期（2009 年至今）

此阶段自然保护区事业经历了从"速度规模型"向"规范化管理"的转变。在前期"抢救性保护"方针指导下，自然保护区数量和面积都得到了空前的发展，起到了很好的保护作用。但是也存在范围和功能分区不科学、不合理的情况，特别是把一些人口密集的村镇、保护价值较低的耕地及经济林、经济价值较高的资源分布地划入自然保护区，既影响了居民的生产生活，又不利于自然保护区的规范化管理，存在着调整的客观需求。

2009 年，环境保护部印发了《国家级自然保护区规范化建设和管理导则》（试行），指导和规范自然保护区建设和管理。同时，针对保护与开发矛盾日益突出等问题，国务院出台了《关于做好自然保护区管理有关工作的通知》《国家级自然保护区调整管理规定》，2005～2018 年有 1 处国家级自然保护区进行了调整，其中辽宁蛇岛老铁山、宁夏灵武白芨滩、辽宁丹东鸭绿江口湿地、内蒙古西鄂尔多斯和辽宁大连斑海豹 5 处国家级自然保护区 10 年内进行了 2 次调整。重新制定了《自然保护区工程项目建设标准》（建标 195—2018）、《湿地保护工程项目建设标准》（建标 196—2018）等。为了巩固和发展前期保护成果，国家发展和改革委员会、财政部安排专项资金继续用于自然保护区开展生态保护奖补、生态保护补偿等政策，支持国家级自然保护区基础设施和保护管理能力建设等。2015 年，环境保护部等 10 部门印发《关于进一步加强涉及自然保护区开发建设活动监督管理的通知》，严肃查处自然保护区典型违法违规活动，对 400 多个国家级自然保护区开展人类活动遥感监测与实地核查，对 12 个自然保护区进行了重点执法检查，对 7 个问题较严重的国家级自然保护区所在地政府、省级保护区行业主管部门及保护区管理局进行了约谈。2017 年和 2018 年，环境保护部等 7 部委联合进行了"绿盾行动"。

截至 2017 年，中国共建立各种类型、不同级别的自然保护区 2 750 个，总面积 147.33 万 km^2（其中陆地型自然保护区面积约 142.88 万 km^2），占陆地国土面积的 14.88%，高于全球平均水平（13.4%）（范边和马克明，2015）。其中国家级自然保护区 446 个，面积 96.95 万 km^2，占全国保护区总面积的 65.8%，占陆地国土面积的 9.97%（高吉喜等，2019）。中国现在已经是全世界自然保护区面积最大的国家之一，基本形成了类型比较齐全、布局基本合理、功能相对完善的自然保护区网络，建立了比较完善的自然保护区政策、法规和标准体系，构建了比较完整的自然保护区管理体系和科研监测支撑体系，有效发挥了资源保护、科研监测和宣传教育的作用。

第二节　自然保护区布局现状和问题

一、自然保护区布局现状

本研究收集整理了截至 2017 年底中国国家级自然保护区的相关信息，包括自然保护区的名称、保护类型、面积、数量、重点保护植物、重点保护动物及重点保护物种数。其主要数据来源于中国自然保护区名录和中国国家级自然保护区、中国自然保护区数据库。运用 ArcGIS10.2 软件，分析中国国家级自然保护区的面积和数量特征并绘制相关图件。采用统计分析方法对中国国家级自然保护区进行布局特征分析。

（一）自然保护区类型分析

中国现行自然保护区管理体制为分类型、分级别、分部口管理，自然保护区建立途径和管理方式出现多元化发展局面。国务院 1994 年颁布了《中华人民共和国自然保护区条例》，从典型、珍稀、特殊保护价值、科学文化价值和批准权限等角度规定自然保护区的准入条件。1999 年，国家环境保护总局公布了《国家级自然保护区评审标准》，按照自然生态系统类、野生生物类、自然遗迹类三个类别，规定自然属性、可保护属性、保护管理基础 3 个评价项目的 12 个评价因子为赋分指标（表 7-1）。

入选评审标准根据所属类型采用 3 套评审指标：自然生态系统类国家级自然保护区评审指标及赋分；野生生物类国家级自然保护区评审指标及赋分；自然遗迹类国家级自然保护区评审指标及赋分。

马建章（1992）认为评价自然保护区的标准主要包括典型性、稀有性、脆弱性、多样性、面积、自然性、感染力、潜在保护价值、科研潜力 9 个方面。李永

表 7-1 国家级自然保护区评审指标及赋分

类别	评估项目与分值	评估因子与分值
自然生态系统类	自然属性（60）	典型性（15分）、脆弱性（15分）、多样性（10分）、稀有性（10分）、自然性（10分）
	可保护属性（20）	面积适宜性（8分）、科学价值（8分）、经济和社会价值（4分）
	保护管理基础（20）	机构设置与人员配备（4分）、边界划定与土地权属（4分）、基础工作（6分）、管理条件（6分）
野生生物类	自然属性（60）	物种珍稀濒危性（25分）、物种代表性（10分）、种群结构（5分）、生境重要性（10分）、生境自然性（10分）
	可保护属性（20）	面积适宜性（8分）、科学价值（8分）、经济和社会价值（4分）
	保护管理基础（20）	机构设置与人员配备（4分）、边界划定和土地权属（4分）、基础工作（6分）、管理条件（6分）
自然遗迹类	自然属性（60）	典型性（15分）、稀有性（20分）、自然性（15分）、系统性和完整性（10分）
	可保护属性（20）	面积适宜性（8分）、科学价值（8分）、经济和社会价值（4分）
	保护管理基础（20）	机构设置与人员配备（4分）、边界划定与土地权属（4分）、基础工作（6分）、管理条件（6分）

忠和张可荣（2010）提出自然保护区综合评价标准应当包括自然属性、基础设施建设情况、建设管理水平 3 个方面。

中国自然保护区类型划分逐渐与国际分类方法趋于一致。王献溥（1989，2000）、李文华（1984）、朱靖（1992）等探讨了中国自然保护区类型的划分。薛达元等（1994）在总结国内外有关自然保护区类型划分研究进展的基础上，根据中国自然保护区建设和管理的实际状况，研究制定了中国自然保护区类型划分的标准，依据自然保护区类型划分原则，将中国自然保护区定义和划分为三大类 9 个类型：自然生态系统类（森林生态系统类型、内陆湿地和水域生态系统类型、草原与草甸生态系统类型、海洋和海岸生态系统类型、荒漠生态系统类型）、野生生物类（野生植物类型、野生动物类型）、自然遗迹类（古生物遗迹类型、地质遗迹类型）。该标准与国际标准基本衔接，与日后颁布的《中华人民共和国自然保护区管理条例》相一致，与有关主管部门的管理工作具有相关性。

从表 7-2 可以看出，数量较多的是森林生态系统类型（212 个）、野生动物类型（115 个）、内陆湿地和水域生态系统类型（50 个）；而面积较大的则是荒漠生态系统类型（38.03%）、野生动物类型（22.91%）、内陆湿地和水域生态系统类型（20.50%）。这些自然保护区涵盖了需要保护的大部分生态区域，代表了中国主要的森林植被类型、湿地类型、野生动植物栖息地类型和自然遗迹，一定程度上反映了自然生态环境的保护现状和野生动植物的生存状况。

中国自然保护区层级比较齐全、功能相对完善。自然保护区的类型也在不断发展，已经涵盖自然生态、野生生物、自然遗迹三大类，森林、湿地、荒漠、草原、海洋、野生动物、野生植物、地质遗迹和古生物遗迹 9 种类型的体系。

表 7-2 中国国家级自然保护区数量面积统计表

类型		数量/个	占比/%	面积/hm²	占比/%
自然生态系统类	森林生态系统类型	212	47.11	15 424 665.61	15.99
	内陆湿地和水域生态系统类型	50	11.11	19 784 451.00	20.50
	草原与草甸生态系统类型	3	0.67	724 764.00	0.75
	海洋和海岸生态系统类型	17	3.78	481 358.00	0.50
	荒漠生态系统类型	13	2.89	36 700 178.00	38.03
野生生物类	野生植物类型	19	4.22	903 575.55	0.94
	野生动物类型	115	25.56	22 104 707.54	22.91
自然遗迹类	古生物遗迹类型	7	1.56	168 393.00	0.17
	地质遗迹类型	14	3.11	198 698.00	0.21

（二）自然保护区分布区域分析

国家级自然保护区覆盖率在全国的分布相当不均衡，高密度人口地区保护区覆盖率过低。西部地区国家级自然保护区面积较大，且主要集中在西藏、青海、内蒙古、新疆、甘肃和四川6省（自治区），其中西藏、新疆和青海等省（自治区）的保护区覆盖率达到了30%；其他省份保护区平均覆盖率则相当低，仅为5%，而江苏、浙江、河北、河南、安徽、福建、辽宁等人口密度较大的省，自然保护区占国土面积比例还不到3%。

从省域层面来看，国家级自然保护区在各区域分布的不均衡现象比较明显，数量最多的前三个省（自治区）分别是黑龙江、四川和内蒙古，数量最少的后三个省（直辖市）分别是上海、北京和江苏（图7-2）。国家级自然保护区在新疆、西藏

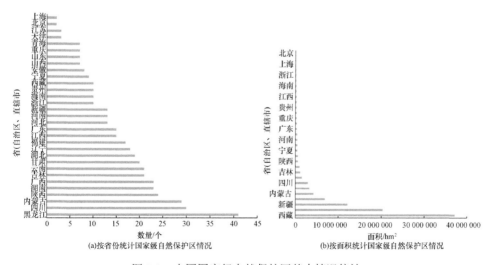

图 7-2 中国国家级自然保护区基本情况统计

等西北地区虽然数量不多，但单体保护区面积均较大，因此面积分布上，该地区占比例较大；与之相反，在中东部地区虽然自然保护区数量较多，但每个自然保护区的面积都较小。

（三）自然保护区覆盖对象分析

1. 不同植被类型的保护现状

中国自然保护区对于不同植被类型的保护程度不均衡。在 47 类陆地自然植被类型中，有 21 类的保护比例低于 10%；亚热带和热带山地针叶林、亚高山落叶阔叶灌丛、垫状（矮）半灌木高寒荒漠、蒿草杂类草高寒草甸、高寒沼泽、高山苔原、高山垫状植被及高山稀疏植被等植被类型的保护比例较高，达到 20% 以上（陈雅涵等，2009）。在空间分布上，青藏高原西部、内蒙古高原的东部以及大兴安岭北部地区的植被保护比例达到 10%，受到了充分的保护，而长江以南地区的植被，大部分类型的保护比例小于 10%。

植被类型保护的分析表明，不同植被类型被保护比例不均衡。在所有植被类型中，约 45% 未受到充分保护（保护比例低于 10%）。对不同优先保护方案的对比分析也表明，以生态系统和植被类型为依据确立的热点地区（Olson and Diner-stein，1998）尚缺乏充分的保护。

2. 野生保护物种的保护

在包含了 783 个保护物种的 216 个自然保护区中，前 5 个保护区即可保护约 49% 的保护物种（381 种），前 21 个保护区可保护约 75% 的保护物种（590 种）。这 21 个自然保护区仅占具有详细保护物种名录的保护区数目（216 个）的 9.7%。按照筛除顺序，216 个保护区中含有保护物种最多的保护区是西双版纳国家级自然保护区，能够补充最多保护物种的保护区依次是武夷山国家级自然保护区、长白山国家级自然保护区、高黎贡山国家级自然保护区、祁连山国家级自然保护区等。从野生动植物保护的角度来看，中国已建立的以保护物种为主的保护区占保护区总数的 29.9%。

3. 热点地区的保护现状

比较中国自然保护区分布图与两种优先保护方案，可知两种方案所提出的生物多样性保护热点地区已建立了大量不同类型或等级的自然保护区，但仍存在一些保护空缺或未充分保护地区。20 世纪末，世界自然基金会（WWF）以生态区的生物多样性保护为理论基础并结合生物多样性热点理论，发起了"全球 200"（"Global 200"）生态区，涉及中国的 11 个陆地生态系统生态区中，北印支亚热带湿润森林、中国东南亚热带森林、中亚山地温带森林和草原与中国西南温带森林 4 个生态区在中国境内的保护区覆盖面积比例低于 10%。在 Tang 等（2006）确定的 10 个热点地区中，红水河上游地区、中国东部山地、南岭山脉 3 个热点地区的被保护比例均低于 10%（表 7-3）。

表 7-3　中国生物多样性热点地区的保护区覆盖状况

热点地区	中国境内面积/km²	保护区数量/个	保护区面积/km²（%）
"全球 200" 热点生态区			
北印支亚热带湿润森林	386 555	173	24 667 (6.4)
中国东南亚热带森林	859 650	604	65 802 (7.7)
中国台湾山地森林	35 422	—	—
阿尔泰山地森林	33 464	3	5 408(16.2)
中亚山地温带森林和草原	252 939	12	11 584 (4.6)
东喜马拉雅针阔叶林	93 127	4	29 462 (31.6)
东喜马拉雅高山草甸	99 301	9	15 644 (15.8)
青藏高原草甸	1 449 269	109	486 175 (33.5)
蒙古大草原	580 986	103	65 220 (11.2)
中国西南温带森林	389 452	154	28 939 (7.4)
横断山针叶林	257 603	95	33 784 (13.1)
Tang 等（2006）确定的热点地区			
横断山脉	408 626	190	57 307 (14.0)
红水河上游地区	69 725	42	4 468 (6.4)
中国东部山地	217 117	187	12 299 (5.7)
武陵山地	89 799	57	9 370 (10.4)
南岭山脉	44 080	34	2 432 (5.5)
秦岭山脉	67 300	32	7 224 (10.7)
西双版纳	19 172	3	2 844 (49.0)
海南岛	33 253	49	3 404 (10.2)
青藏高原	255 011	20	95 430 (14.8)
台湾岛	36 060	—	—

注："—"表示无数据。

二、自然保护区布局问题

中华人民共和国成立以来，中国国家级自然保护区建设和管理取得了巨大的发展，在保护、恢复、发展和合理利用自然资源以及改善人类环境等方面起到积极作用。然而，中国国家级自然保护区的空间布局存在较大问题。

（一）地区之间的国家级自然保护区空间布局极为不平衡

自然保护区的覆盖率在全国的分布相当不均衡，主要特点是林业系统的自然保护区所占比例较大，国家级所占比例偏高，从而造成在类型和等级上存在较大的保护空缺区域，仍有许多关键生态系统和重要物种没有得到很好的保护覆盖。从空间上看，中国现有自然保护区分布西密东疏，大部分保护区集中在中西部，特别是西部少人或无人地区。西部地区面积较大，比例较高，而东部经济发达地区面积、比例相对较小，高密度人口地区保护区覆盖率过低，加强东中部地区不少濒危物种和自然生态系统的保护迫在眉睫。

（二）大型和特大型的国家级自然保护区面积过大

全国大于 10 万 hm² 的大型和特大型自然保护区数量不足全国自然保护区总数的 6%，但其面积则大约占了全国自然保护区总面积的 80%（王智等，2011）。尤其是特大型自然保护区（>100 万 hm²）数量不足全国自然保护区总数的 0.8%，但其面积占全国自然保护区总面积的 58%。这种情况与保护区建立时盲目求大求全的思想有较大关系，导致自然保护区内违规资源开发活动屡禁不止，建设项目难以避开保护区范围，保护与开发的矛盾日益突出。同时，国家级自然保护区面积占全国各级自然保护区总面积的比例也过大。因此，自然保护区范围和功能区划的合理调整将成为自然保护区管理的一项重要任务。

（三）自然保护区网络的布局尚存在保护空缺区域

虽然中国绝大多数自然生态系统类型和重点保护物种在自然保护区内得到较好的保护，但受保护的程度不均衡，自然保护区孤岛化现象日益严重，草原类型自然保护区落后于整体水平。分析国家级自然保护区和中国生态功能保护区及全国重要生态功能区的比例关系可知，国家级自然保护区与中国生态功能保护区的重叠区域比例为 10.01%，国家级自然保护区与全国重要生态功能区的重叠区域比例为 19.79%。并且部分物种和重要的生物地理单元都面临严重威胁，关键生态系统和重要物种没有得到很好的保护覆盖的现象仍然存在，导致部分物种栖息地受到威胁，生态环境遭到破坏，严重影响了自然保护区实效性。据不完全统计，中国绝大部分重要的生态系统已纳入国家级自然保护区体系中，但仍有 20 多种需重点保护的生态系统在国家级自然保护区体系中存在保护空缺（王智等，2011）。

（四）自然保护区边界和功能分区划分不合理

自然保护区与其他类型自然保护地（风景名胜区、地质公园、湿地公园、森林公园等）之间的重叠关系较为明显。国家级自然保护区面积占国土面积的比例超过发达国家平均水平，但是国家级自然保护区面积及各功能区面积的确定受到的人为影响较大，空间划分与社会经济发展之间产生了诸多矛盾，因此国家级自然保护区面积确定、功能区面积的合理分配是亟待解决的问题。

中国国家级自然保护区的演进发展正处于由速度规模型向高质量规范化管理推进，应将全国森林、草原、湿地、荒漠调查监测确定的生物多样性富聚、典型生态系统分布区域，全国野生动植物调查确定的野生动物重要栖息地、野生植物关键生境和重要生态廊道等生态功能极重要、生态系统非常脆弱、生物多样性保护空缺的自然生态空间划定为自然保护区。调整优化自然保护区管控边界，将区内无保护价值的建制城镇或人口密集区域、工业园区等调出。以每个自然保护区为独立自然资源资产登记单元，划清土地、森林、草原、河湖、湿地、海洋等各类自然资源资产所有权边界，明晰自然资源资产所有权人。明确中央和地方事权和支出，创新地方政绩考核机制，加强生态治理监管力度和效率（潘鹤思等，2019）。

第三节　自然保护区空间布局研究进展

一、保护重叠分析

在野生动植物保护方面仅查到两项研究。Brito 等（1999）在研究野生动物旗舰种分布时对比分析了逻辑多元回归与重叠分析的好处与缺点，逻辑多元回归使用数学方程关联变量，重叠分析简单地把变量与存在点重叠，消除无说明的变量，两种技术在识别同一重要变量并解释旗舰物种分布时，逻辑多元回归精确度高达73%，重叠分析只有 32%，但是逻辑多元回归建模过程复杂，统计上耗费时间，重叠分析构建过程较为简单，可以快速获得可靠的结果。York 等（2011）用 Maxent 物种分类模型预测的专业软件对柽柳与捕蝇草空间分布进行重叠分析，预测出合适的分布地可能改变捕蝇草生存环境，能有效控制虫害。

重叠分析在植物生态位宽度上进行了一定应用（陈波和周兴民，1995），但在对生物多样性和自然资源保护方面仍没有人进行研究。中国自然保护地种类较多，在规划建设时对土地管辖范围不明确，各保护形式之间规划范围有许多重叠。在 2008 年全国环境资源法学研讨会上，王欢欢（2008）提出了云南兰江并流地区各种保护形式之间存在严重重叠，包括三江并流国家级自然保护区与三江并流世界自然遗产地大部分地方重叠，并与高黎贡山、白马雪山、哈巴雪山、碧塔海和兰坪云岭五个自然保护区存在部分重叠，另外三江并流地区 10 个风景名胜区都位于三江并流世界遗产地内，并与其他 9 个自然保护区存在许多重叠。但是该研究只是从面积大小上对比，却没有具体做出重叠范围规划图，不能直观地表示各种保护形式的重叠程度。而晏路明（2007）在 GIS 中对福建省农业可持续发展经济区进行了空间叠置分析，将各个层面的指数在空间上可视化表达，从而发现其中潜在的问题。

针对中国保护地建设混乱，保护职责不明确，规划范围不清楚等现象，我们有必要在各种保护形式之间进行重叠分析。由此对中国自然保护地边界重叠问题进行梳理，了解当前各种保护形式的建设情况，找出自然保护地重复建设之处，避免保护设施重复建设，防止保护资金的浪费。

二、保护空缺分析

经过 100 多年的发展，许多国家都建立了比较完善的自然保护体系，保护区在数量和面积上都有较大发展。IUCN 在 2003 年第五届世界公园大会上公布全球保护区数量已达 102 102 个，面积达 18.76 亿 hm^2，占地球陆地面积的 12.5%（李如生和厉色，2003）。但是由于缺少对整个自然保护区体系的统一规划和管理，许多国家已建保护区还存在各种问题，濒危物种或重要生境没有全部包含在保护体系中。例如，美国现在有 90%的濒危和受威胁物种以及它们的栖息地没有被保护区网络覆盖到（Scott *et al.*，2001）。

1985 年美国首次对夏威夷森林鸟类做了调查，发现只有很少一部分鸟类栖息地被保护区覆盖，现有保护区存在严重空缺。由于这种问题越来越突出，Burley（1988）针对生物多样性保护有效性评估首次提出了空缺分析（GAP 分析）概念，即指在现有保护区系统中没有得到充分保护的物种、植被和自然生态系统等的分布区域。随后美国国会把 GAP 分析作为一个国家项目，各州分别开展了研究工作。目前在整个北美洲、欧洲、东南亚和大洋洲的很多国家和地区都在开展 GAP 分析相关研究（Park and Vincent *et al.*，2007），越来越多的国家和学者把它应用到自然保护区规划中（Oldfield *et al.*，2004；Maiorano *et al.*，2006）。从小区域水平到国家行政单元尺度，从大洲范围到全球范围，都有学者在进行 GAP 分析相关研究。Pearlstine 等（2002）评估了美国佛罗里达州的生物多样性保护，仍然与其他州有较大差距。2004 年墨西哥新建 151 个保护区，保护面积增加了 18%，Cantú 等（2004）研究发现在扩大保护区覆盖程度后，大部分特殊地理地貌、重要土地资源和物种得以保护。同时，有研究者对非洲整个大陆上的热带丛林濒危鸟类保护做了 GAP分析研究，发现只有不到一半的鸟类得到保护，大部分地区都还存在保护空缺，需要增补一些森林类型保护区才能保护受威胁的濒危鸟类。Rodrigues 等（2004）通过对全球物种分布信息和自然保护区网络叠加分析，找出了全球尺度生物多样性保护的不足，提出了相应优先关注地区。

中国已建立了比较完整的自然保护区体系，但一些国家重点保护对象仍然存在保护空缺。20 世纪末中国才将保护空缺分析应用到生物多样性保护领域。李迪强等（1999）对单个自然保护区建设进行了保护有效性评价。随后中国研究人员才开始对整个自然保护区网络生物多样性保护进行研究，徐卫华（2002）对中国陆地生态系统保护进行了 GAP 分析,确定了 128 类优先保护生态系统类型。唐小平(2005)运用 GAP 分析方法对中国自然保护区体系中的特有自然生态系统类型、珍稀濒危动植物和重要自然资源进行研究,发现自然保护区覆盖程度和保护力度不足。但是在实际应用过程中 GAP 分析结果并不一致,中国学者又对湖北、江西、陕西、广东等省份自然保护区进行了 GAP 分析。谭勇等(2014)在分析福建省自然保护区建设现状的基础上,利用热点区分析和 GAP 分析方法分析了物种、生态系统和景观 3 个尺度上的生物多样性保护空缺。以上关于中国自然保护区的研究从不同尺度下对自然保护区系统进行 GAP 分析,还有许多学者根据不同保护对象针对某一类物种进行 GAP 分析。例如,方保华(2007)对河南陆生脊椎动物进行保护空缺分析,研究发现仍然有 58 个物种没有受到保护区保护。尹晶萍等(2009)对中国兰属植物的分布进行了分析,研究发现云南、四川、贵州等 6 个省份的保护区都没有有效地保护兰属植物。

综上所述,中国在保护空缺分析相关研究中已有不少成果,多是针对全国自然保护区网络进行的,虽在促进自然保护区合理布局上有指导意义,但难以应用到某一类自然保护区的建立及保护和管理实践中。此外,以往研究仅分析保护区与生物资源分布的关系,实践上在没有自然保护区覆盖的高生物多样性地区未必没有受到其他形式自然保护地的覆盖,其他形式自然保护地也能够对生物多样性保护贡献力量。

三、合理布局方法

(一)空缺分析

1988 年,空缺分析概念首次提出(郭子良等,2013)。之后,空缺分析法由美国 Scott 等(1993)提出,用于评估一个物种在多大程度上受到了保护,成为快速了解一个物种的分布和保护现状的有效手段。空缺分析法通常将物种实际分布数据或模型预测的潜在分布图与现有的保护地体系进行对比,来分析哪些地区是具有优先保护价值却尚未得到有效保护的空缺区域,并增加保护措施(如建立新保护地)。同理,该分析方法也可以用来识别物种调查的空缺区域,在保护区系统内未出现的物种或植被类型的分布区就是空白点,这些空白点正是日后需要加大调查力度和弥补空缺的区域(刘沿江等,2019)。

现代自然保护区建设与管理需要在更高层次(景观尺度)上审视这个问题,重视边缘生境、生态交错带、廊道等具有特殊生态功能的区域(栾晓峰等,2009),将生物保护战略从物种途径扩展到区域景观途径上来(俞孔坚等,1998)。特别需要一种方法对区域尺度内保护区系统的有效性进行评估,于是 GAP 分析应运而生。GAP 分析是一种"粗过滤器"(coarse-filter)式的保护方法,目的是防止更多的物种沦为易危或濒危物种（江红星等，2010）。通过分析研究区植被状况、物种分布及其丰富度，识别生物多样性优先保护的热点地区（hotspot），然后对比该地区土地所有权和保护现状，找到应该受到保护但未出现在保护网络里的空白、遗漏区域——"保护空缺"（gap），即为应当立即采取保护行动的地区。GAP 途径重视从景观尺度上将物种保护和生境保护相结合，强调最大限度地保护生物多样性的先决条件是构建保护区网络（Scott *et al.*，2001）。国外对 GAP 分析的理论研究、技术方法以及 GAP 分析在不同空间尺度的应用研究都取得了显著成绩。一些国家诸如北美洲的美国、危地马拉、墨西哥，欧洲的法国、德国、意大利等 10 国，非洲的利比亚、埃及、南非等 6 国，中东地区的土耳其、以色列和亚洲的日本都开展了本国的 GAP 计划（Hay *et al.*，2001）。

国外保护空缺分析最初主要侧重于对特定物种、植被和自然生态系统类型的分布与现有保护区分布图叠加确定保护空缺，而近些年随着计算机技术的发展和生物多样性信息的完善，综合运用栖息地适宜性模型（habitat suitability models）、物种地理分布模型（models of species' geographic distributions）等数学模型和地理信息系统相结合对区域生物多样性保护进行保护空缺分析逐渐成为研究的热点（Jennings，2000；Hopton and Mayer，2006；Catullo *et al.*，2008）。Cantú 等（2004）在对墨西哥生物多样性保护进行保护空缺分析时，引入了海拔、地貌类型等因素，进一步扩展了保护空缺分析的研究范围。生物多样性基础信息收集的进一步完善，为保护空缺分析的发展提供了越来越广泛的数据来源，这也使得研究人员可以更加开阔的视野开展工作。保护空缺分析正在从较小的区域水平发展到以更大的国家尺度为背景的时代，甚至以全球尺度为背景（De Klerk *et al.*，2004）。

空缺分析方法在中国发展很快，在不同对象、空间尺度、技术方法上都有一定的尝试。但是，由于国家层面的 GAP 分析计划尚未开始，中国的 GAP 分析理论研究还比较零散，仅限于个别区域或者特殊物种。GAP 分析主要是在获得同一区域的物种分布图、植被类型分布图和土地利用图等方面的空间信息基础上，通过图层叠加技术把物种分布图、植被类型分布图和土地利用图与保护区规划图叠加，在地理空间上找出不同植被类型、重要物种分布与保护区的间隙，对其保护空缺进行分析（邹统钎等，2013）。运用 GAP 分析原理对林业系统自然保护区、森林公园和湿地公园的分布情况进行分析，利用 ArcGIS 制成物种保护形式分布空缺图，并将空缺图进行对比，找出尚未被保护地覆盖的地理单元。空缺分析主要包括两个方面。一是将重要生态保护对象图层与自然保护区功能规划范围图叠加，得到尚未被自然保护区覆盖的红松林分布范围，即为保护空缺。二是将保护空缺图与森林公园、湿地公园覆盖范围图叠加，找出没有受到任何保护地保护的分布区，即为保护空白地区。

（二）保护优先区

保护优先区分析（conservation prioritization analysis）是以现有生物多样性数据为基础，运用数学计算方法量化表示需要保护的优先序列的过程。保护优先区通常用生物多样性热点区、生物多样性关键区和生态脆弱区等来表示。生物多样性热点地区一般被认为是某个区域范围生物多样性最丰富的地区。Myers（1988）在分析热带雨林受威胁程度的基础上，提出了热点地区的概念。Myers 和 De Grave（2000）根据物种特有性和受威胁程度研究确定了 18 个全球生物多样性热点地区的划分方案，经应用并修订确定了 25 个全球生物多样性热点地区，涉及中国的热点地区为中国中南部（south-central China）。Rylands 等（1997）以科、属、种等分类水平的特有性为评价标准，提出了"生物多样性特别丰富国家"（megadiversity countries）的概念，并确定了巴西、哥伦比亚、中国等 17 个生物多样性特别丰富的国家的生物多样性。此外，Pimm 和 Lawton（1998）对相关研究进展进行了总结，肯定了热点地区分析途径在生物多样性就地保护中的积极意义，并指出热点地区分析确定的生物多样性热点地区与濒危物种分布并不完全一致、热点地区评价标准各不相同等问题，在应用中可以借鉴其他研究成果。

而 Margules 和 Pressey（2000）在同时考虑自然资源本底和保护成本的基础上，提出了系统保护规划（systematic conservation planning，SCP）概念，系统保护规划是一种基于生物多样性属性特征，确定保护目标的方法，强调确定保护优先区时不仅要考虑自然属性和生物学特征，还要考虑连通性、边界长度以及建立保护区所需的经济和社会成本。由于系统保护规划多选取代表性指标，采用数学算法定量分析，避免了人为主观因素的干扰，具有较强的可重复性，在美国、南非、中国等地区的保护优先区研究中得到了广泛应用和实践（Groves *et al.*，2002；Cowling and Pressey，2003；栾晓峰等，2009）。随着系统保护规划理论的发展以及计算机软件的进步，出现了 C-plan、Sites、Spots 等专门用于生物多样性保护规划的软件（栾晓峰等，2009）。这些研究成果，对全球的生物多样性保护工作有着极为重要的参考价值，推进了全球生物多样性就地保护事业的发展。Brooks 等（2006）对基于生物多样性研究确定的全球生物多样性热点地区、"全球 200"、生物多样性特别丰富国家、植物多样性分布中心（centers of plant diversity）等 9 个全球保护优先区方案进行了整理总结，发现这些保护优先区的确定都是以考虑物种和生态系统的不可替代性和脆弱性为基础的，但是它们的侧重点各不相同，有的侧重于不可替代性，有的则截然相反，而且在不可替代性和脆弱性评价标准的选择上也各不相同，这就造成了这些保护优先区方案间有较大的差异。而且通过对以上方案的分析，发现全球大部分（79%）的陆地表面至少被一个保护优先区方案所覆盖，但是同时考虑多种因素的保护优先区在空间上有较多的重叠。

中国是生物多样性高度丰富的国家之一，在全球生物多样性保护中具有特殊的地位（马克平，2001；姚帅臣等，2019）。20 世纪末，国内学者利用早期积累的动植物分布、植被分布以及经济社会因子等数据，开展了中国生物多样性热点地区及相关领域的研究工作。陈灵芝（1993）根据地区物种丰富度、特有种的数量、遗传资源丰富度和濒危物种集中的程度，首次确定了 35 个中国生物多样性关键地区，其中陆地 19 个、湿地和淡水水域 5 个、海岸和海洋 11 个。而后，徐卫华（2002）根据植物群落分布的特点综合分析了中国陆地自然生态系统的分布情况，找出了 18 个优先保护生态系统集中分布区域作为生态系统保护的重点地区。随后，在中国生物多样性战略和全国自然保护区体系规划中综合考虑生态系统类型代表性、特有程度以及物种丰富程度、濒危程度等因素确定了中国生物多样性保护优先区和关键区，对全国的生物多样性保护工作起到了指导作用（李迪强等，2003；薛达元，2014）。近些年，人们还根据全国物种分布数据确定了中国生物多样性分布中心和生物多样性热点（陈阳等，2002；李振基等，2011；Huang et al.，2011）。此外，中国科研人员还在省域或更小尺度上对地区生物多样性热点地区及相关领域进行了研究探索。例如，王德华等（2008）在对北京市自然保护区体系建设及优先建设方案研究中，通过调查北京 13 个保护区域的植物和植被分布数据，对北京地区植物多样性保护关键地区和保护空缺进行分析，提出了自然保护区和生物廊道的综合规划方案；刘广超和陈建伟（2004）采用"综合指数法"确定了中国西部地区 10 个一级生物多样性热点地区。国内学者还对海南岛、三江源、长江上游等地区的保护物种优先性和保护优先区进行了分析（何友均等，2004；吴波等，2006；余文刚等，2006；张路等，2010；刘某承，2019）。栾晓峰等（2009）则通过系统保护规划的方法分别确定了东北地区生物多样性热点地区和保护空缺。欧阳志云等（2000）在海南省自然保护区体系规划中通过分析不同生态系统的环境敏感性和重要物种生境评价的空间分布特征等因素，提出应优先保护的生态系统和生态功能区。目前，中国在生物多样性保护优先区分析方面开展的研究比较多，在技术上进行了一定的改进，促进了中国自然保护区体系的进一步完善。

（三）生态区保护规划

生态区保护规划（eco-region conservation planning）是保护区域生态系统的重要途径，其以生物地理区划研究为基础进行相关保护规划。生物地理区划可以为生物多样性保护和自然保护区体系建设等提供基础性的资料，为一定地域范围的生物多样性政策的制定提供科学依据（解焱等，2002）。

国际上，主要应用生物地理区划的结果为区域保护区的合理规划布局提供依据（李霄宇，2011）。早在 19 世纪中叶，有研究者就根据鸟类的分布规律，提出了世界陆地动物区划方案，随后又有研究对这个方案进行了修订，最后确定了全球陆地分为 6 个界的划分方案（解焱等, 2002）。而 20 世纪 70 年代, 研究人员首次将生物地理区划与生物多样性就地保护工作结合了起来。为了使全球每个区域的代表物种及其生境都能受到保护, 研究人员又编制了一个世界生物地理区划方案——世界生物地理省分类, 把全球划分为 8 个生物地理区、192 个生物地理省以及 14 个生物群落类型, 这些区域在地理环境和生物区系方面具有明显差异。并建议在每个生物地理省范围内都要选择适宜地段建立生物圈保护区, 使世界主要原生性生态系统类型都得到必要的保护和发展。在其区划方案中, 充分考虑了生物群落对自然地理环境的指示作用, 将生物群落的分布作为生物地理区划的重要依据。其方案对自然保护区布局具有一定的参考价值, 也使得生物地理区划法成为目前自然保护区建设过程中采用较广的一种方法（徐卫华, 2002; 李霄宇, 2011）。随后, Bailey 和 Hogg（1986）发表了世界生态区图, 用于指导全球生物资源的保护。Bailey 和 Hogg（1986）的世界生态区划是根据相邻生态系统的生态关系划分的土地单元, 每个生态区是在空间上相关的生态系统, 他们认为由于气候的变化影响了植物、动物主要生活型的种类和类型的变化, 因此, 在生态区的分区过程中仅考虑了气候因素。由于数据资料限制, 这一系统仅对北美洲地区进行了区划, 但对生物多样性就地保护也有一定的参考价值。此外, 国际上以生物群（biota）为单位的具有一定影响的全球区划方案还有很多, 如世界生态区划（Schultz et al., 1995）、全球生物群区类型（Prentice et al., 1992）、基于生物多样性的生物地理区划框架（Kreft and Jetz, 2010）等, 这些全球分区方案和理念对全球保护区体系建设具有非常重要的指导作用, 推动了生态区保护规划的发展。"全球 200"按主要生境类型划分生态区, 全球生物多样性优先保护地区包括 233 个生态区, 其中涉及中国的主要有 17 个生态区, 主要分布在中国的西南山地、西北山地、东北山地、东部沿海、秦岭山地以及长江中下游地区（赵淑清等, 2000）。

中国的生物地理区划研究工作起步较晚, 但发展很快, 经过半个多世纪的探索, 专家学者提出了许多不同的区划方案。与国外相似, 中国的生物地理区划研究工作也是从对动物的研究发端的, 并在 20 世纪 50 年代初步形成了中国动物地理区划方案。经过多次修订后, 张荣祖（1999）根据中国主要陆栖脊椎动物地理群分布规律和自然条件把中国的动物地理区划分为 2 个界、3 个亚界、7 个区、19个亚区、54 个省。而中国植被区划则一直沿用 20 世纪 80 年代吴征镒的《中国植被》的区划方案, 将中国分为 8 个植物区域、18 个植被地带、85 个植被区。2007年张新时等完成了《中华人民共和国植被图》（1:100 万）, 将全国划分为 8 个植被区域、28 个植被地带、116 个植被区、464 个植被小区。以上地理区划均不是以生物多样性保护为出发点的, 但近几年以生物多样性保护为主要目的的综合生物地理区划方案陆续被提出。李霄宇（2011）以森林类型自然保护区合理布局为出发点, 分析地形、水系、植被等数据, 将中国划分为 3 个自然保护地理大区、7

个自然保护地理地区、33 个自然保护地理区、311 个自然保护地理单元。而倪健等（1998）以生物多样性就地保护为目的，利用气候、土壤、地形等生态地理因子，通过多元统计分析与地理信息系统等手段将全国划分为 5 个生物大区、7 个生物亚区和 18 个生物群区。而后，解焱等（2002）同样对中国生物地理区划方案进行了量化分析，但与倪健等（1998）数学聚类的地理区划结果差异比较大，这就暗示了生物地理特征的多样性，单纯数学聚类等量化分析方法在生态区保护规划中并不适用。

从上述分析可知，保护空缺分析方法直观且易于操作，前提是需要准备大量精确的动植物分布和生态系统类型分布的数据资料。大尺度的保护空缺分析结果可以推动制定具有针对性的区域生物多样性保护行动计划，在区域层面对于自然保护区的布局起到一定的指导作用。保护优先区分析和生物多样性热点地区分析，可以在短期内集中资源保护那些急需保护的地区，提高生物多样性保护的效率。但大尺度的生物多样性热点地区和保护优先区分析容易忽视一些生物多样性并不十分丰富的区域，而这些地区的物种的生存可能面临着更大的威胁。生态区保护规划分析以保护区域生态系统为目标，对区域自然保护区体系建设有重要的指导意义。但是由于生态区是在全球尺度上提出来的，它只能指出自然保护区建设的相应地理区域，并不能确定自然保护区建设的具体位置。而且由于区划标准不一致导致出现不同的生物地理区划方案，影响生物多样性保护决策。这种自然保护区体系构建方法需要进一步探索完善，才能更好地应用于生产实践中。目前自然保护区合理布局研究的 3 种主要途径在实践应用中出现了相互交叉融合的现象，以规避自身的缺陷。对以上 3 种方法进行整合并综合运用到自然保护区体系构建过程中需要进一步的研究和实践。

第四节　国家级自然保护区空缺分析

一、分析方法

基于上述分析，本研究综合采用空缺分析和保护优先区方法的研究思路（图 7-3），结合全球层面的生物地理区划研究成果，首先大尺度上从全球和全国两个层面分析已有保护区域与现有国家级自然保护区的位置关系，采用 ArcGIS 空间分析软件的交集取反工具分析国家级自然保护区与上述两类数据库的交叉重叠情况，进而使用交集区域与国家级自然保护区进行交集裁剪分析，得出可能存在的自然保护区的空缺区域，即保护关键区；然后再将保护关键区与全国生态功能保护区、重要生态功能区进行叠加分析，进而得到国家级自然保护区的保护优先区分布情况。

分析方法：

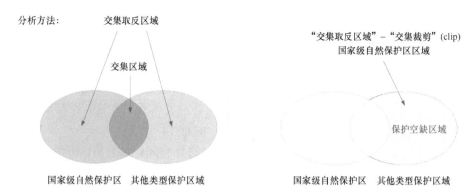

图 7-3　本研究采用的分析思路

本研究使用的全球层面的基础数据集包括世界自然基金会（WWF）的"全球200"生态区、IUCN 的全球生物多样性关键区域、WWF 和 IUCN 的全球植物多样性中心和国家鸟类联盟的全球特有鸟类保护区；使用的全国层面的基础数据集包括环境保护部和中国科学院联合发布的中国生态功能区划、国务院和中国科学院的重点生态功能区划、中国生物多样性优先区等（图 7-4）。为了较为明确地研究上述分析的空缺结果，本研究仍然以郑度等 2007 年生态地理地域区划方案作为参照分析体系。

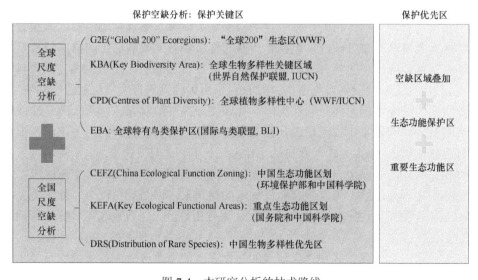

图 7-4　本研究分析的技术路线

二、全球尺度保护空缺分析

（一）"全球 200"生态区分析

世界保护地分布数据库（WDPA）包含了中国大部分大型以及国家级、省级自然保护区的空间分布信息，对于开展自然保护区的布局以及保护效果研究具有重要应用价值。"全球 200"生态区在中国的分布包括以下类型区：北印支亚热带湿润森林、中国东南亚热带森林、中国台湾山地森林、群岛森林、那加-玛纳普里-钦山潮湿森林、东喜马拉雅针阔叶林、中国西南温带森林、阿尔泰山地森林、横断山针叶林、西伯利亚针叶林中部和东部、蒙古大草原、青藏高原草甸、中亚山地温带森林和草原、东喜马拉雅高山草甸，共计 14 个。

将国家级自然保护区与"全球 200"生态区进行空间叠加分析，可以看出"全球 200"生态区在中国的覆盖区域表现出以下特点。①"全球 200"生态区覆盖了中国东北大小兴安岭、新疆伊犁地区、青藏高原地区、四川盆地、秦岭地区、云贵高原地区、岭南地区以及海南岛和台湾岛，其中在青藏高原、四川盆地、秦岭、云贵高原地区形成了连片分布区域。②国家级自然保护区与"全球 200"生态区的空间重叠度较高，基本处于各类生态区的范围之内，如青藏高原地区覆盖有"全球 200"生态区的 7 类区域，分别是中亚山地温带森林和草原、青藏高原草甸、东喜马拉雅高山草甸、东喜马拉雅针阔叶林、横断山针叶林、北印支亚热带湿润森林、中国西南温带森林。中亚山地温带森林和草原包括新疆天山世界自然遗产和巴音布鲁克、西天山、托木尔峰等国家级自然保护区；青藏高原草甸区包括可可西里世界自然遗产和三江源、色林错、若尔盖湿地等国家级自然保护区；东喜马拉雅高山草甸包括珠穆朗玛峰、雅鲁藏布江大峡谷、察隅慈巴沟等国家级自然保护区；东喜马拉雅针阔叶林包括雅鲁藏布江大峡谷、察隅慈巴沟国家级自然保护区；横断山针叶林包括九寨沟风景名胜区世界自然遗产、四川大熊猫世界自然遗产、云南三江并流世界自然遗产、峨眉山-乐山大佛世界自然文化双遗产和亚丁、高黎贡山、卧龙等国家级自然保护区；北印支亚热带湿润森林包括云南三江并流世界自然遗产和哀牢山、无量山、西双版纳等国家级自然保护区；中国西南温带森林包括峨眉山-乐山大佛世界自然文化双遗产和白水江、唐家河、千佛山国家级自然保护区。③国家级自然保护区的保护区域要大于"全球 200"生态区域，上述分布区之外的地区，国家级自然保护的数量多，但是规模较小，处于"全球 200"生态区的范围之外，如长白山地区、太行山地区、江南地区零星分布有国家级自然保护区。

对国家级自然保护区和"全球 200"生态区的重叠区域进行交集取反技术分析，可以得到"全球 200"生态区层面中国存在的保护空缺区域，即"全球 200"生态区减掉国家级自然保护区范围和上述重叠区域之外的地区（图 7-5）。从中可知，中国仍然存在一定的保护空缺和未充分保护地区（可能存在省级及以下的自然保护地）。这种分布情况与植被类型的保护分析一致，新疆北部、四川盆地地区、长江南部地区、长白山地区、太行山-燕山地区等热点地区未得到充分的保护。这些空缺区域包括 IID4 阿尔泰山地草原、针叶林区，IID5 天山山地荒漠、草原、针叶林区，IID3 准噶尔盆地荒漠区的南部地区，HIC1 青南高原宽谷高寒草甸草原区，HIC2 羌塘高原湖盆高寒草原区，HIID3 阿里山地荒漠区，HIIC1 祁连青东高山盆地针叶林、草原区，HIB1 果洛那曲高原山地高寒灌丛草甸区，VA5 云南高原常绿阔叶林、松林区，HIIC1 祁连青东高山盆地针叶林、草原区，VIA2 闽粤桂低山平原常绿阔叶林、人工植被区，VA2 浙闽与南岭山地常绿阔叶林区，IIC2 大兴安岭南段草原区，IIC3 内蒙古东部草原区，IIB3 大兴安岭北段西侧森林草原区，IIC3 内蒙古东部草原区。

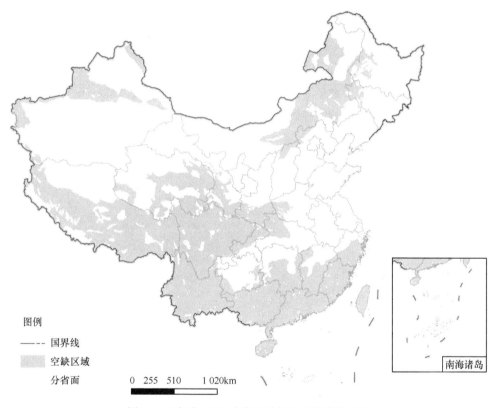

图 7-5 "全球 200"生态区叠加形成的空缺区域

（二）全球生物多样性关键区域分析

中国包含诸多全球关键生物多样性区域，这些区域往往也是各类自然保护地集中分布区，如阿亚科尔和高山草原包括阿尔金山国家级自然保护区，东祁连山包括甘肃祁连山、大通北川河源区国家级自然保护区，三江源保护地区包括三江源国家级自然保护区，九寨沟保护地区包括九寨沟世界自然遗产、九寨沟国家级自然保护区等，羌塘自然保护区与关键保护区的重叠区域达到 85%以上。这些区域不仅在中国具有典型特殊性和代表性，在全球自然生态系统保护中也具有独特性和代表性。

　　对国家级自然保护区和全球生物多样性关键区域进行交集取反技术分析，可以得到全球生物多样性关键区域层面中国存在的保护空缺区域，即生物多样性关键区域减掉国家级自然保护区范围和上述重叠区域之外的地区（图7-6）。从中可知，中国存在一定的保护空缺和未充分保护地区（可能在省级及以下的自然保护地中），主要分布在新疆北部的 IID3 准噶尔盆地荒漠区，IID4 阿尔泰山地草原、针叶林区，IID5 天山山地荒漠、草原、针叶林区；西藏中部地区 HIC2 羌塘高原湖盆高寒草原区南缘地区；HIC1 青南高原宽谷高寒草甸草原区；青海东部、甘肃南部和四川西南地区的 HIID2 昆仑北翼山地荒漠区，HIIC1 祁连青东高山盆地针叶林、草原区，HIB1 果洛那曲高原山地高寒灌丛草甸区，HIIAB1 川西藏东高山深谷针叶林区。东北地区的 IIC2 大兴安岭南段草原区，IIC3 内蒙古东部草原区，上述这些地区的空缺区域规模大、数量多。IIIB1 鲁中低山丘陵落叶阔叶林、人工植被区，VA2 浙闽与南岭山地常绿阔叶林区，这些区域分布呈斑块状，数量多、面积较小。

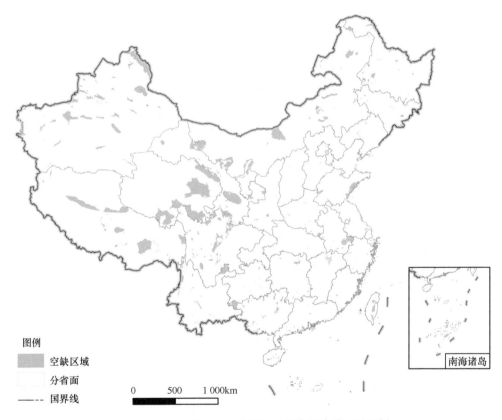

图例

　　空缺区域

　　分省面

——- 国界线

0　　　500　　1 000km

图 7-6　全球生物多样性关键区域的中国空缺区域分析

（三）全球植物多样性中心分析

中国的全球植物多样性中心（WWF/IUCN）有中亚山脉，缅甸北地区，高黎贡山、怒江、碧罗雪山，西双版纳地区，横断山区，岷江地区等。其中，中亚山脉包括新疆天山（托木尔）世界自然遗产和托木尔峰国家级自然保护区，缅甸北地区包括云南三江并流世界自然遗产和高黎贡山国家级自然保护区，高黎贡山、怒江和碧罗雪山地区包括云南三江并流世界自然遗产和高黎贡山国家级自然保护区，西双版纳地区包括纳板河流域、西双版纳国家级自然保护区，横断山区、岷江地区包括黄龙风景名胜区、九寨沟风景名胜区、四川大熊猫栖息地世界自然遗产和王朗、卧龙、雪宝顶等国家级自然保护区。

进而对国家级自然保护区和全球植物多样性中心区域进行交集取反技术分析，可以得到全球植物多样性中心区域层面中国存在的保护空缺区域，即植物多样性中心区域减掉国家级自然保护区范围和上述重叠区域之外的地区（图7-7）。但存在植物多样性中心区域较少被国家级自然保护区覆盖的情况，包括在 IIA2

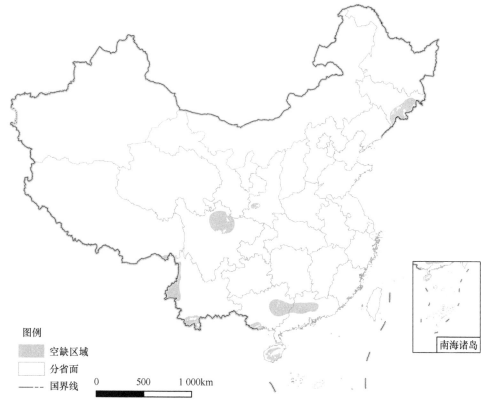

图例

　空缺区域

　分省面

--- 国界线

0　　　500　　1 000km

图 7-7　全球植物多样性中心的中国空缺区域分析

小兴安岭长白山地针叶林区，HIB1 果洛那曲高原山地高寒灌丛草甸区与 HIIAB1 川西藏东高山深谷针叶林区的东北部毗邻地区，VA5 云南高原常绿阔叶林、松林区的西部地区，VIA2 闽粤桂低山平原常绿阔叶林、人工植被区的中部地区，VIIIA1 琼南与东沙、中沙、西沙诸岛季雨林、雨林区等。

（四）全球特有鸟类保护区分析

中国是世界上鸟类最丰富的地区之一，鸟类多样性是生物多样性的重要组成部分，是生态系统中重要的自然资源。其中，涵盖地方鸟类保护区（218EBAs）较为显著的有塔克拉玛干沙漠、青海山区、西藏南部、西藏东部、东喜马拉雅山区、四川西部山区、云南山区以及中国亚热带森林。其中，青海山区包括盐池湾、甘肃祁连山、青海湖等国家级自然保护区；西藏南部包括珠穆朗玛峰、雅鲁藏布江中游河谷黑颈鹤、雅鲁藏布大峡谷国家级自然保护区；西藏东部包括三江源、隆宝、类乌齐马鹿国家级自然保护区；东喜马拉雅山区包括云南三江并流世界自然遗产和雅鲁藏布大峡谷、察隅慈巴沟、高黎贡山国家级自然保护区；四川西部山区包括黄龙风景名胜区、九寨沟风景名胜区、四川大熊猫栖息地世界自然遗产和黄河首曲、若尔盖湿地、卧龙等国家级自然保护区；云南山区包括云南三江并流世界自然遗产和高黎贡山、哀牢山、无量山等国家级自然保护区；中国亚热带森林包括峨眉山–都江堰世界自然文化双遗产和老君山、马边大风顶、乌蒙山等国家级自然保护区。

进而对国家级自然保护区和全球特有鸟类保护区域进行交集取反技术分析，可以得到全球特有鸟类保护区域层面中国存在的保护空缺区域，即全球特有鸟类保护区域减掉国家级自然保护区范围和上述重叠区域之外的地区（图 7-8）。从中可知，未被国家级自然保护区覆盖的区域较多、规模大、集中分布明显，主要包括 IIIB3 华北山地落叶阔叶林区，VA1 江南丘陵盆地常绿阔叶林、人工植被区，VA2 浙闽与南岭山地常绿阔叶林区，VA5 云南高原常绿阔叶林、松林区，VA6 东喜马拉雅南翼山地季雨林、常绿阔叶林区，HIID1 柴达木盆地荒漠区，HIIC1 祁连青东高山盆地针叶林、草原区，HIB1 果洛那曲高原山地高寒灌丛草甸区，HIIAB1 川西藏东高山深谷针叶林区等。

综合上文对于国家级自然保护区和全球尺度上的四类数据库（"全球 200"生态区、全球生物多样性关键区域、全球植物多样性中心、全球特有鸟类保护区）的分析结果，将所得的两两层面的分析结果进行空间叠加，可以得到全球层面中国国家级自然保护区的空缺保护区域分布情况（图 7-9）。从中可以看出，在全球层面，中国国家级自然保护区保护空缺程度较高的地区，即从全球特有鸟类保护区、全球植物多样性中心、全球生物多样性关键区域、"全球 200"生态区四个层面重叠较多的区域，主要集中在大兴安岭地区中南部、四川盆地、东南丘陵地区中部、藏东南地区、横断山脉地区南部，对应于中国生态地理区划的小区进行分

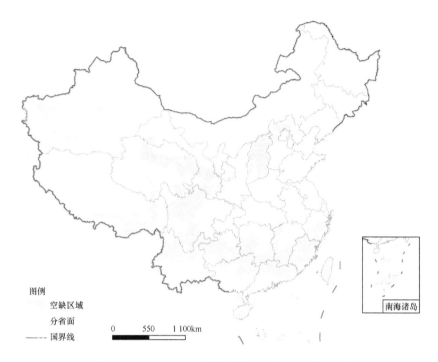

图 7-8　全球特有鸟类保护区的中国空缺区域分析

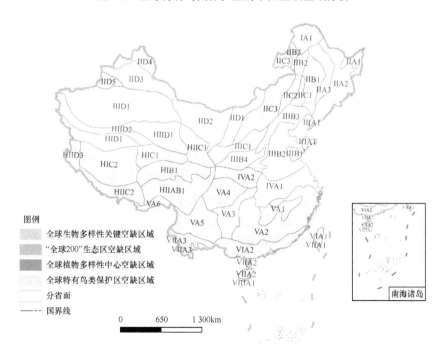

图 7-9　全球层面中国国家级自然保护区的空缺区域分析

析，从区域分布上来看，西南部地区的空缺区域分布较广，具体包括 HIIAB1 川西藏东高山深谷针叶林区，HIIC1 祁连青东高山盆地针叶林、草原区，VA6 东喜马拉雅南翼山地季雨林、常绿阔叶林区，VA5 云南高原常绿阔叶林、松林区，VIIA3 西双版纳山地季雨林、雨林区，VA3 湘黔高原山地常绿阔叶林区；其次是东南丘陵地区的 VA2 浙闽与南岭山地常绿阔叶林区、VIA2 闽粤桂低山平原常绿阔叶林、人工植被区；再次是藏南地区的 HIIC2 藏南高山谷地灌丛草原区，HIC2 羌塘高原湖盆高寒草原区；然后是东北大兴安岭地区的 IIC3 内蒙古东部草原区、IIC2 大兴安岭南段草原区、IIB1 松辽平原中部森林草原区，以及新疆地区的 IID5 天山山地荒漠、草原、针叶林区等生态地理区。

三、全国尺度保护空缺分析

（一）中国生物多样性优先保护区域分析

《中国生物多样性保护战略与行动计划（2011—2030 年）》中划定了 35 个生物多样性优先保护区域，是开展生物多样性保护工作的重点区域。在这 35 个生物多样性保护区中，包含有大量的国家级自然保护区，如青藏高原地区的陆地生物多样性优先保护区域中，羌塘–三江源区、岷山–横断山北段区、喜马拉雅东南部地区、横断山南段、天山–准噶尔盆地西南部、库姆塔格区、祁连山区、西双版纳区等生物多样性优先保护区域的面积达 1 588 523km^2。其中，羌塘–三江源区包括可可西里世界自然遗产和阿尔金山、可可西里、三江源等国家级自然保护区，保护重点为高原高寒草甸、湿地生态系统及藏野驴、野牦牛、藏羚、藏原羚等重要物种及其栖息地，自然景观自东南向西北依次为高寒草原、高寒荒漠草原与高寒荒漠。岷山–横断山北段区包括黄龙风景名胜区、九寨沟风景名胜区、四川大熊猫栖息地世界自然遗产，峨眉山–乐山大佛世界自然文化双遗产，若尔盖湿地、九寨沟、卧龙等国家级自然保护区，保护重点为紫果云杉林、鱼鳞云杉林、云南松林等生态系统及圆叶玉兰、大熊猫、川金丝猴、野牦牛等重要物种及其栖息地，自然景观以常绿阔叶林、落叶阔叶林、针阔混交林、亚高山针叶林等为主。喜马拉雅东南部地区包括珠穆朗玛峰、雅鲁藏布江大峡谷、察隅慈巴沟等国家级自然保护区，保护重点为川滇高山栎林和乔松林等重要生态系统及金铁锁、巨柏、棕尾虹雉、孟加拉虎、叶猴类、豹类、麝类等重要物种及其栖息地；藏东三江流域，是世界上岭谷高差悬殊、河流最为密集、垂直自然带谱最为完整、生物多样性非常丰富的区域，孕育了众多高原山地独有的生物物种，是世界上高海拔地区生物多样性最集中区。横断山南段包括云南三江并流世界自然遗产和亚丁、高黎贡山、栗子坪等国家级自然保护区，保护重点为包石栎林、川滇冷杉林、川西云杉林、高山松林等生态系统以及贡山润楠、金铁锁、平当树、大熊猫、滇金丝猴等重要物种及其栖息地，自然景观包括原始森林、雪山冰川、河流峡谷、沼泽湿地等。天山–准噶尔盆地西南部包括新疆天山世界自然遗产和巴音布鲁克、西天山、托木尔峰等国家级自然保护区，保护重点为雪岭云杉林、黑松林、高山松林等生态系统以及雪豹、北山羊、金雕、新疆北鲵等重要物种及其栖息地，天山最突出的景观资源有雪峰冰川、河流沼泽、高山湖泊、五花草甸、森林草原、湿地河区、红层峡谷和荒漠戈壁等自然景观。库姆塔格区包括罗布泊野骆驼、安南坝野骆驼、敦煌西湖等国家级自然保护区，保护重点为典型的荒漠生态系统、镶嵌其间的荒漠湿地生态系统以及野骆驼、双峰驼、雪豹等重要物种及其栖息地。祁连山区包括盐池湾、甘肃祁连山、连城等国家级自然保护区，保护重点为水源林、河源湿地、祁连圆柏林、青海云杉林等生态系统以及双峰驼、雪豹、盘羊、普氏原羚等重要物种及其栖息地，集森林、草原、湿地、冰川、民族风情等自然人文风光为一体。西双版纳区包括纳板河流域、西双版纳国家级自然保护区，保护重点为兰科植物、云南金钱槭、华盖木、印度野牛、白颊长臂猿、印支虎等重要物种及其栖息地等，景观以丰富迷人的热带雨林、亚热带雨林、热带季雨林、沟谷雨林风光、珍稀动物和绚丽多彩的民族文化、民族风情为主体。

（二）中国生态功能保护区分析

生态功能保护区是指在涵养水源、保持水土、调蓄洪水、防风固沙、维系生物多样性等方面具有重要作用的重要生态功能区内，有选择地划定一定面积予以重点保护和限制开发建设的区域。建立生态功能保护区，有利于保护区域重要生态功能，对于防止和减轻自然灾害，协调流域及区域生态保护与经济社会发展，保障国家和地方生态安全具有重要意义。

2008 年，环境保护部和中国科学院合作，在全国生态调查的基础上，分析区域生态特征、生态系统服务功能与生态敏感性空间分异规律，确定不同地域单元的主导生态功能，制定了《全国生态功能区划》，以明确各类生态功能区的主导生态服务功能以及生态保护目标。全国生态功能一级区共有 3 类 31 个区，包括生态调节功能区、产品提供功能区与人居保障功能区。生态功能二级区共有 9 类 67 个区，包括水源涵养、水土保持、防风固沙、生物多样性保护、洪水调蓄等生态调节功能，农产品与林产品等产品提供功能，以及大都市群和重点城镇群人居保障功能二级生态功能区。

自然保护区是维持区域自然生态功能原生境的重要组成部分，保护成效能够直接影响生态功能保护区的发展质量。从国家级自然保护区的分布来看，它与全国生态功能保护区在空间分布上呈现出较高的一致性，在85%以上的生态功能保护区中都有自然保护区的分布。从东西部发展来看，西部地区两者空间重叠的区域较大，中东部地区的生态功能区包含的国家级自然保护区的面积较小，但是数量较多。

　　进而对国家级自然保护区和全国生态功能保护区进行交集取反技术分析，可以得到全国生态功能保护区层面中国存在的保护空缺区域，即全国生态功能保护区减掉国家级自然保护区范围和上述重叠区域之外的地区（图7-10）。从中可知，国家级自然保护区虽然在绝大部分全国生态功能区中都有分布，但是所占面积的比例较小，虽然这些生态功能区中有其他类型的国家级自然保护地，或省市及其以下自然保护区的存在，但是国家级自然保护区的数量和面积增长仍有较大需要及发展空间。

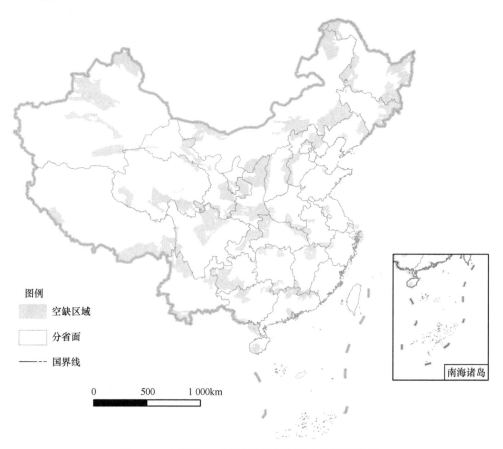

图 7-10　中国生态功能保护区层面的空缺区域分析

（三）中国国家重点生态功能区分析

　　国家重点生态功能区是中华人民共和国对于优化国土资源空间格局、坚定不移地实施主体功能区制度、推进生态文明制度建设所划定的重点区域。国家重点生态功能区是保持并提高生态产品供给能力的区域，所含生态系统十分重要，关系全国或较大范围区域的生态安全。国家重点生态功能区属于《全国主体功能区规划》中的两类"限制开发区"之一，目前已经确定 25 个地区，总面积约 386万 km^2，占全国陆地国土面积的 40.2%。国家重点生态功能区以保护和修复生态环境、提供生态产品为首要任务，因地制宜地发展不影响主体功能定位的适宜产业，引导超载人口逐步有序转移。国家重点生态功能区分为水源涵养型、水土保持型、防风固沙型和生物多样性维护型四种类型。

国家级自然保护区是自然保护地体系的重要类型和关键层级，其数量规模和分布面积的大小，也直接关系到国家重点生态功能区的实现与否。对比分析国家级自然保护区与国家重点生态功能区的分布情况，发现两者也有较高的重叠性。因为国家重点生态功能区是以县级行政区为单位的，所以本指标的对比仅可作为宏观性的参考（图 7-11）。

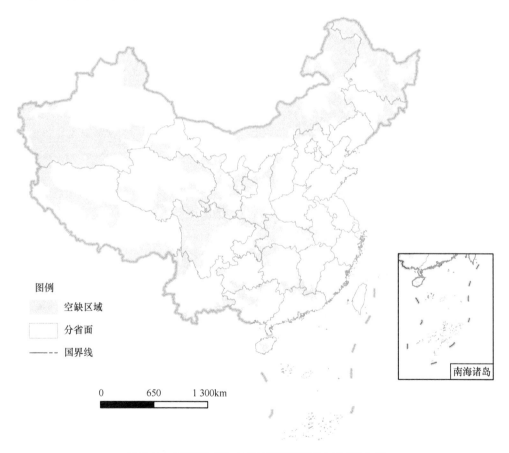

图例
    空缺区域
    分省面
—–– 国界线

0　　650　　1 300km

南海诸岛

图 7-11　国家重点生态功能区层面的空缺区域分析

综合全国尺度三个数据指标的空间分析，可以得到全国尺度上国家级自然保护区的空缺区域（图 7-12）。根据上文关于中国生物多样性保护优先区与国家级自然保护区的叠加分析，以及目前保护区域在中国生态功能保护区和国家重点生态功能区的空间关系，分析可得全国层面国家级自然保护区的空缺保护区域（图 7-12）。从图 7-12 中可以看出，红色斑块表示全国层面国家级自然保护区优先区域，这些区域散布于不同的生态地理区之中，在东北地区、黄土高原地区、秦巴山地、果洛那曲地区、藏东南地区、阿尔泰山地地区等都有显著的分布，从东北向西南方向沿腾冲—黑河一线，两侧显示出的空缺区域较为集中。其中，东北地区的大兴安岭地区的空缺区域包括 IA1 大兴安岭北段山地落叶针叶林区，IIA1 三江平原湿地区，IIA2 小兴安岭长白山地针叶林区，以及内蒙古西部地区的 IIC1 西辽河平原草原区和 IIC3 内蒙古东部草原区；黄土高原地区空缺区包括 IIIC1 黄土高原中北部草原区；秦巴山地地区空缺区域包括 IVA2 秦巴山地常绿落叶阔叶林混交林区；果洛那曲高原地区空缺区域包括 HIB1 果洛那曲高原山地高寒灌丛草甸区，HIIAB1

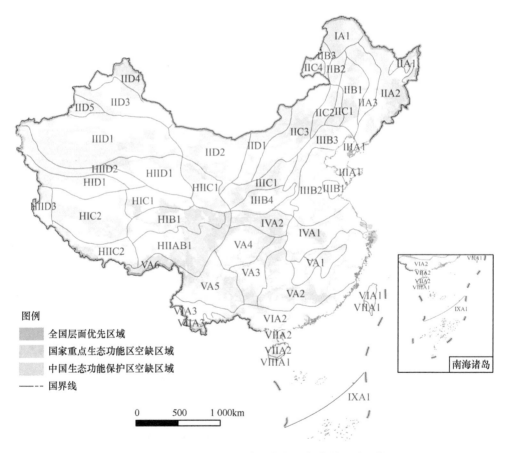

图 7-12　全国层面国家级自然保护区的空缺区域分析

川西藏东高山深谷针叶林区；藏东南地区空缺区域包括 VA6 东喜马拉雅南翼山地季雨林、常绿阔叶林区；阿尔泰地区空缺区域包括 IID4 阿尔泰山地草原、针叶林区。

四、国家级自然保护区空缺区域的优先保护级

前文分别从全球尺度、全国尺度两个层面，对于自然保护区设置的重要影响指标的空缺区域进行了空间分析。将上述这些空缺区域进行综合叠加，可以得出重叠层级高低的区域。采用 ArcGIS 空间断裂法将其划分为六个级别，以此表明未来国家级自然保护区新设置的重点优先设置区域的所在位置（图 7-13）。其中按照重要性，可以将四级以上等级的区域作为重点考虑的优化区域对象。从中可知，四级以上等级区域分布呈现出一定的集聚性，分布板块最为明显、集中的区域在

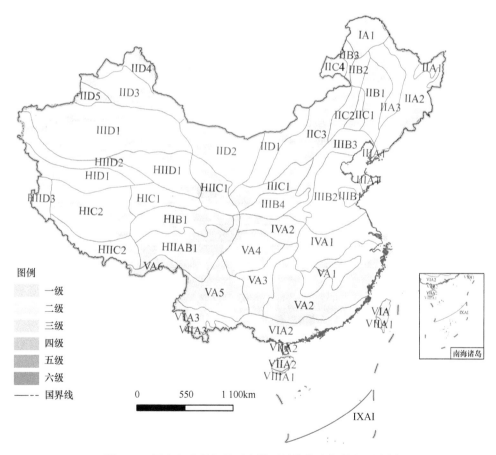

图 7-13　国家级自然保护区空缺区域的优先保护级别分析

HIIC1 向南至 VA6 生态地理小区之中，它们分别是 HIIC1 祁连青东高山盆地针叶林、草原区，HIB1 果洛那曲高原山地高寒灌丛草甸区，HIIAB1 川西藏东高山深谷针叶林区，VA6 东喜马拉雅南翼山地季雨林、常绿阔叶林区，VA5 云南高原常绿阔叶林、松林区；第二个比较集中的地带为 VA5 向东至 VA2，包括 VA1 江南丘陵盆地常绿阔叶林、人工植被区，VA2 浙闽与南岭山地常绿阔叶林区，VA3 湘黔高原山地常绿阔叶林区，VIA2 闽粤桂低山平原常绿阔叶林、人工植被区；第三个比较集中的地带为东北地区，包括 IA1 大兴安岭北段山地落叶针叶林区，IIA2 小兴安岭长白山地针叶林区，IIC1 西辽河平原草原区；其他分布区域没有表现出地带性特点，主要以生态地理小区中的斑块的形式存在，包括 IID4 阿尔泰山地草原、针叶林区的北部地区，HIID1 柴达木盆地荒漠区的东南部地区，IVA1 长江中下游平原与大别山地常绿阔叶混交林、人工植被区的中部地区。

根据前文关于国家级自然保护区的分布特点可知，中国现有的国家级自然保护区呈现东部数量多、单体面积小，西部数量少、单体面积大的总体特征，这决定了未来国家级自然保护区的设置中，需要采用不同的途径进行扩充和调整。主要包括以下方面。

1）在东中部地区的优先区分布中，针对主要优先级分布在四级（表 7-4）以上的生态地理区，应考虑采用单体自然保护区扩充，与周边保护地打通联系的方式适当扩大保护面积；并且在优先级得分较高的地区考虑将现有较低级别的省级或市县级自然保护区进行合并和升格，以扩大东中部地区重要生态系统的保护区域规模。

表 7-4　国家级自然保护区优先设置区域分布情况

中国陆地生态地理区域			主要优先级分布	优先设置建议
温度带	干湿地区	自然区		
I 寒温带	A 湿润地区	IA1 大兴安岭北段山地落叶针叶林区	三级	√
II 中温带	A 湿润地区	IIA1 三江平原湿地区	三级	√
		IIA2 小兴安岭长白山地针叶林区	四级	√√
		IIA3 松辽平原东部山前台地针阔叶混交林区	二级、三级	√
	B 半湿润地区	IIB1 松辽平原中部森林草原区	二级、三级	√
		IIB2 大兴安岭中段山地草原森林区	二级	√
		IIB3 大兴安岭北段西侧森林草原区	一级、二级	√
	C 半干旱地区	IIC1 西辽河平原草原区	一级、二级	√
		IIC3 内蒙古东部草原区	一级	√
		IIC4 呼伦贝尔平原草原区	二级、三级	√

中国陆地生态地理区域			主要优先级分布	优先设置建议
温度带	干湿地区	自然区		
II 中温带	D 干旱地区	IID1 鄂尔多斯及内蒙古高原西部荒漠草原区	一级、二级	√
		IID2 阿拉善与河西走廊荒漠区	一级、二级	√
		IID3 准噶尔盆地荒漠区	一级、二级	√
		IID4 阿尔泰山地草原、针叶林区	四级、五级	√√√
		IID5 天山山地荒漠、草原、针叶林区	一级、三级	√
	B 半湿润地区	IIIB1 鲁中低山丘陵落叶阔叶林、人工植被区	三级	√
		IIIB2 华北平原人工植被区	三级	√
		IIIB3 华北山地落叶阔叶林区	二级、三级	√
		IIIB4 汾渭盆地落叶阔叶林、人工植被区	二级、三级	√
	C 半干旱地区	IIIC1 黄土高原中北部草原区	二级、四级	√√
	D 干旱地区	IIID1 塔里木盆地荒漠区	二级、三级	√
IV 北亚热带	A 湿润地区	IVA1 长江中下游平原与大别山地常绿阔叶混交林、人工植被区	二级、三级	√
		IVA2 秦巴山地常绿落叶阔叶林混交林区	一级、二级、三级	√
V 中亚热带	A 湿润地区	VA1 江南丘陵盆地常绿阔叶林、人工植被区	二级、三级	√
		VA2 浙闽与南岭山地常绿阔叶林区	四级、五级	√√√
		VA3 湘黔高原山地常绿阔叶林区	三级、四级	√√
		VA4 四川盆地常绿阔叶林、人工植被区	一级、三级、四级	√√
		VA5 云南高原常绿阔叶林、松林区	四级、五级	√√√
		VA6 东喜马拉雅南翼山地季雨林、常绿阔叶林区	五级、六级	√√√
		VIA2 粤闽桂低山平原常绿阔叶林、人工植被区	一级、四级、五级	√√√
		VIIA2 琼雷山地丘陵半常绿季雨林区	五级	√√√
		VIIA3 西双版纳山地季雨林、雨林区	四级、五级	√√√
HI 高原亚热带	B 半湿润地区	HIB1 果洛那区高原山地高寒灌丛草甸区	五级、六级	√√√
	C 半干旱地区	HIC1 青南高原宽谷高寒草甸草原区	四级、五级	√√√
		HIC2 羌塘高原湖盆高寒草原区	一级、五级	√√
HII 高原温带	A/B 湿润/半湿润地区	HIIAB1 川西藏东高山深谷针叶林区	五级、六级	√√√
	C 半干旱地区	HIIC1 祁连青东高山盆地针叶林、草原区	四级、五级、六级	√√√
		HIIC2 藏南高山谷地灌丛草原区	一级、三级	√
		HIID3 阿里山地荒漠区	一级	√

注:"√"表示常规设置考虑;"√√"表示重点设置考虑;"√√√"表示加强设置考虑。

2）在西部地区的优先区分布中，分布较广的主要集中在祁连山向南至横断山地区的南北向生态地带里，这个地区是中国第一阶梯向第二阶梯的过渡地带，生态系统多样、自然环境复杂，目前设置的国家级自然保护区数量不多，单体规模面积稍大于东部地区，相对于客观存在的自然生境规模面积较小，因此未来设置中应考虑扩充单体自然保护区的规模，同时大量的增设国家级自然保护区，以实现对该地区的充分保护。

3）在中国东北、西北、西南边境地区，存在着大量优先级别比较高的生态区域，但是目前设置的国家级自然保护区偏少。这些地区不仅生态重要性突出，而且对于边境安全管理也极其重要，未来应以自然保护区的形式进行新增设置，明确自然保护区的空间界限，提高该地区的管理水平和管控标准，以实现生态安全和边境安全的双重管控。

第八章　中国国家级自然公园与资源保存区布局优化

　　自然公园是保护重要独特的自然生态系统、自然遗迹和自然景观，具有生态、观赏、文化和科学价值，能够促进区域可持续利用的区域。自然公园是快速城市化、自然环境退化、旅游开发等背景下形成的合理保护和利用自然资源的一种模式，与国家公园和自然保护区相比，自然公园在利用强度、休闲服务方面与人类活动贴合程度更加紧密（李铮生，1985）。美国严玲璋和麦克罗林等对自然公园做出如下阐述。国家自然公园应建立在具有一种或多种自然生态系统和具有自然美、自然特色的地区，应具备以下功能：保护独特的自然生态系统；提供科学研究场所；提供教育、科普条件；供人们游乐休养（郝文康，1987）。相对于国家公园，自然公园是功能比较单一或特殊的公园。

　　中国自然公园是"以国家公园为主体的自然保护地体系"的重要组成部分，2019 年 6 月中共中央办公厅和国务院办公厅联合发布的《关于建立以国家公园为主体的自然保护地体系的指导意见》提出，"自然公园是指保护重要的自然生态系统、自然遗迹和自然景观，具有生态、观赏、文化和科学价值，可持续利用的区域。确保森林、海洋、湿地、水域、冰川、草原、生物等珍贵自然资源，以及所承载的景观、地质地貌和文化多样性得到有效保护。包括森林公园、地质公园、海洋公园、湿地公园、草原公园等各类自然公园"。由于上述各类公园的设立主要是为保护单一类型的自然要素，因此在同一地域中产生空间交叉甚至重叠的现象比较突出，进而导致重叠设置、多头管理的乱象。自然公园和国家公园、自然保护区属于新的自然保护地体系中的一级分类，也是上述两类主题的有效补充。自然公园类的自然保护地未来将"按照同级别保护强度优先、不同级别低级别服从高级别的原则进行整合，做到一个保护地、一套机构、一块牌子"。因此，需要研究现有自然公园所包含的各类自然保护地的基本特征和关系特点，研究国外典型国家自然公园设置的基本情况和经验，提出未来中国自然公园空间整合和布局优化的策略，为自然公园的科学合理设置提供决策依据。

第一节　自然公园建设目标与功能

　　自然公园是国土空间治理的重要组成部分，是对自然物种生存发展的保护和利用，也对资源保护、土地利用等多方面具有重要作用，其建设要本着绿色发展、生态优先、积极保护及永续利用等原则进行，成为助力实现美丽中国的重要手段（沈祥，2021）。自然公园的建设是在自然生态系统保护和抚育的基础之上，保持具有当地特色的、传统的耕作景观，满足大众对独特的自然文化景观的游览需求。自然公园基本上以农业经济为主，兼具风景资源抚育和休闲观光建设，是以自然景观属性为主的区域性自然和景观综合体，从而构建面向未来的自然保护活动场所、与自然景观联系的休闲游憩活动、独特自然文化景观体验的活动场所（王洪涛，2008）。自然公园类似于 IUCN 关于自然保护地六种类型划分中的第 V 种类型（陆地/海洋景观保护地），它是用于人类需要的持续恢复的自然原始地区，传统农业、林业和人类聚集等比例达到75%以上，能够开展高强度的游憩利用（庄优波，2018）。

自然公园建设的目标包括两个方面：第一个目标是将自然生态系统和景观保护利用与区域文化系统相关联，在自然保护、区域经济发展和高品质环境营造方面进行有效协调和平衡；第二个目标是将自然公园的自然保护和景观抚育，以及大众休闲游憩需求相结合，创造自然、独特的游憩空间和场所，优化生活空间、提高大众生活质量。综合两个目标来看，自然公园是建立在自然保护基础之上，融合了可持续旅游、农林业生产经营、文化资源开发的区域发展模式（图8-1）。

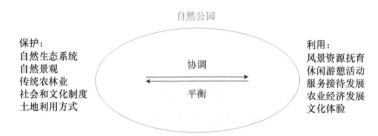

图 8-1 自然公园要素关系和发展目标

根据自然公园的发展目标，可以概括出自然公园的功能包括以下几个方面。

1）自然资源和景观保护与抚育。自然生态系统的发展和演化形成了原生自然景观，在其上叠加长期人类活动形成了人与自然关联的地域景观，自然公园建设既要建立起与之匹配的自然保护体系保护赖以生存的环境，也要保障人类消费需求能够在自然文化景观的基础上得以实现。例如，草原公园能够有效防止草场退化、完善草原自然保护地体系、维护草原生物多样性（姚天冲和周自达，2020）。

2）基于土地利用和传统农林经济发展，保护地方特色耕作方式和景观。自然公园建设区域内长期发展形成多样化的传统耕作景观，这就需要基于环境保护的土地利用和景观多样性的保护方式，实施生态产业、农业文化体验等有利于自然保护的经营模式，形成面向区域经济和环境的可持续发展、生态文化协同建设的新模式。

3）基于自然文化景观开展休闲游憩场所营造和产品建设，保护历史文化遗产和地方特色。区域内一般存在长期演化形成的农业文化景观、居住方式、传统建筑技艺、传统民俗文化等，自然公园建设带来的可持续经营方式能够保护自然公园内传统文化景观，在保护具有历史价值的建筑、文化遗址及其周围环境等基础上，突出地域文化艺术特征。

4）建立面向大众休闲游憩需求的旅游服务体系。结合自然保护设施中融入休闲游憩设施建设需求，在保护自然环境、景观和文化体验的前提下，为休闲、观光和娱乐活动提供便利，如提供旅游交通、住宿、游憩步道、标识系统、休憩设施、接待中心等。在文化旅游形式上，结合地方文化、传统节庆活动，开展自然观赏、自然文化体验、博物馆展览等文化教育项目。

5）通过自然解说和环境教育，培养公众环境意识，促进人与自然协调发展。利用自然公园的资源和设施条件，对自然生态系统功能、生物多样性、人与自然协同演化、文化发展与特色等进行解说系统建设，对公众开展自然环境仪式教育，培养公众认识自然能力，促进公众对自然的接触，加强公众对自然环境问题的理解和认识，提高公众对于人与自然协调发展的科学认识。通过环境教育、文化和旅游等活动激发大众探索尊重自然和地方文化。

第二节　国外典型国家自然公园发展情况

一、德国自然公园

依据德国《联邦自然保护和景观抚育法》的定义，德国自然公园是指具有较大面积的适合游憩和休闲娱乐功能的、特定的法定保护区域。德国自然公园和国家公园同属于一个系统，但是自然公园体系的规模更大，在德国更有影响力。

在德国共有 98 个自然公园，总面积约 8.5 万 km²，约为德国国土面积的 25%。自然公园遍布德国全境，面积大小差距很大，国境地带的自然公园则大多被纳入"欧洲公园"网络体系。最早的是 1921 年建设的吕讷堡石楠自然公园；最大的黑森林中北部自然公园面积为 3 750km²；最小的七峰山自然公园面积为 5 000hm²。例如，黑森州北部的迈森–考凤尔森林自然公园，面积约 42 000hm²，公园范围内包含了多个小城市和村庄，仅城市维岑豪森和周边村庄人口就达到 1.8 万余人。而巴伐利亚州的阿尔特穆哈塔尔自然公园，面积为 2 962km²，涵盖了 30 多个中小城市、城镇和村庄，总人口为 30 余万人。

德国自然公园的各类用地比例大致为：农业用地 54%，林业用地 29%，城市或城镇用地，以及道路用地为12%，其他类型用地为5%。自然公园基本上是以农业和林业建设为主，兼有风景资源抚育和休闲观光的规划和建设形式（王洪涛，2008）。

二、俄罗斯自然公园

俄罗斯《联邦特别自然保护区域法》规定有下列级别的特别自然保护区域：国家级自然保护区、全国和地方性的国家自然禁猎区、国家公园、自然公园、自然遗产地，以上特别自然保护区域属于自然保护资源（部分）。根据其他法律规定，属于特别自然保护区域的还有植物园、树木公园、疗养院、医疗保健地。上述特别自然保护区域占俄罗斯国土总面积的10.5%，全球平均值为12%，美国和新西兰分别为21.2%和22.3%。

俄罗斯的自然公园从属于区域政权机关，由所在的州或边疆区财政预算支持。2005年，俄罗斯共有50个自然公园，占地面积15.30万 km^2，占国土总面积的0.8%；大多数自然公园面积在300km^2以下，一般融资源保护与娱乐为一体。俄罗斯第一批自然公园在1995年建成。随着法律法规的修改，自然公园的数量有所增加。与自然公园平行的还有自然遗迹地，分为地质学、水文学、植物学、动物学和综合类。2005年，自然遗迹地的总面积为4.15万 km^2，占国土总面积的0.3%；其中包括39个联邦级，总面积为280 km^2；9 897个地方级。每个自然遗迹地的面积总体上不超过2km^2（尤·依·彼尔谢涅夫和王凤昆，2007）。

三、法国自然公园

法国区域自然公园是伴随第二次世界大战之后快速城市化、农业现代化进程，为了减弱其对乡村自然环境、保护乡村历史文化景观、促进乡村区域发展而按政府政策发展起来的。目标是针对拥有丰富自然文化遗产，但经济发展相对落后的乡村地区，在保护地方遗产和景观资源的基础上，促进休闲旅游业的发展，增进就业，提高区域经济发展能力。在法国，"一个或多个市镇的全部或部分领土被证实有独特的自然或文化遗产价值可以用来放松、休闲、旅游之后，都可以归入'区域自然公园'，同时对公园的保护和管理也非常重要"（Yamamoto et al.，2009）。

法国区域自然公园的初衷是庇护生态系统脆弱的领土及濒危的自然文化遗产。但随着区域自然公园的不断发展，其目标已从最初单一的环境保护扩展到了自然文化遗产保护、社会经济发展促进、提高公众环境意识和参与地区的空间规划等方面[1]。截至2015年，法国共建立了51个区域自然公园，其中有2个为海外

---

[1] 相关信息请参考：http://www.parcs-naturels-regionaux.fr/article/missions。

领地。区域自然公园面积共占法国领土面积的 15%，区域自然公园共涵盖了 4 386
个市镇、400 万人口、32 万家企业。法国区域自然公园均衡地分布在巴黎盆地和
人口较少的偏远地区，涵盖了法国各种典型的景观类型。

区域自然公园在领土面积、人口密度等各方面差异较大（王心怡和张晋石，
2016）。例如，在领土面积方面，奥弗涅火山区域自然公园面积达 3 950km²，而
什弗留兹山谷（Haute Vallée de Chevreuse）区域自然公园面积仅有 245km²。在
人口密度方面，圭亚那（Guyana）公园为 1.5 人/km²，斯卡披斯库（Scarpe-Escaut）
公园人口密度最大，为 360 人/km²。在森林覆盖面积方面，朗格多克（Haut
Languedoc）公园的森林覆盖面积为 80%，而科唐坦与贝桑湿地（Marais du Cotentin
et du Bessin）公园的森林覆盖面积仅为 2%[①]。法国区域自然公园分布广泛，彼此
间有着不同的地域特征，它们之间的巨大差异使得公园在管理方面不能一概而论，
因此，各个公园制定的规章充分发挥了重要作用。

第三节　中国自然公园的布局特征与存在的问题

中国自然公园是随着自然生态系统保护，基于资源环境和景观特点，采用不
同分类模式和划分标准而形成的部分各自独立管理的体系，尚无统一的尺度和标
准。这种分类体系最初建立在自然生态系统之上，之后转向基于管理目标的分类
系统，与自然资源的可持续利用目标相结合（喻泓等，2006）。它们大多是从各个
部门的立场进行设立和管理的，体现了自然资源保护旅游利用的统筹意义。本节
将分析各类国家级自然公园的基本特征和发展情况，为后文的优化布局提供前期
基础。

一、分类体系

中国的自然公园包括森林公园、风景名胜区、地质公园、海洋公园、湿地公
园、草原公园、沙漠公园等各类自然保护地等。多种类型的自然公园设立有效保
护了中国生态系统、生物物种和自然景观。森林公园、风景名胜区、水利风景区、
湿地公园、地质公园、海洋特别保护区等也是构建中国新的自然保护地体系的重
要组成部分。2018 年中央和国家机关机构改革前，这些自然保护地类型分属环保、
林业、建设、水利、国土等部门管理，各类自然保护地在定义、保护对象、功能
定位等方面存在明显差异（表 8-1）。由于类型划分不合理，管理体制不顺畅等因
素，存在诸如自然保护地边界范围交叉重叠、自然生态区域被部门因素割裂等问
题，导致自然生态系统保护不足或保护过度、保护与发展不协调等各种矛盾。

① 相关信息请参考：http://www.parcs-naturels-regionaux.fr/article/quest-ce-quun-parc-naturel- regional-definition。

表 8-1　中国自然公园所含类型及其功能定位

保护地	定义	功能定位	管理部门
森林公园	森林景观特别优美，人文景观比较集中，观赏、科学、文化价值高，地理位置特殊，具有一定的区域代表性，旅游服务设施齐全，有较高的知名度，可供人们游览、休息或进行科学、文化、教育活动的场所	保护森林生态系统、野生动物；开展科学、文化、教育活动；旅游	林业部门
风景名胜区	具有观赏、文化或者科学价值，自然景观、人文景观比较集中，环境优美，可供人们游览或者进行科学、文化活动的区域	保护自然、人文景观；开展科学、文化、教育活动；旅游	建设部门
湿地公园	以具有显著或特殊生态、文化、美学和生物多样性价值的湿地景观为主体，具有一定规模和范围，以保护湿地生态系统完整性、维护湿地生态过程和生态服务功能并在此基础上以充分发挥湿地的多种功能效益、开展湿地合理利用为宗旨，可供公众游览、休闲或进行科学、文化和教育活动的特定湿地区域	保护生态系统、湿地生物；开展科学、文化、教育活动；旅游；资源利用	林业部门
水利风景区	以水域（水体）或水利工程为依托，按照水利风景资源，即水域（水体）及相关联的岸地、岛屿、林草地、建筑等能对人产生吸引力的自然景观和人文景观的观赏、文化、科学价值和水资源生态环境保护质量及景区利用的特点，可以开展观光、娱乐、休闲、度假和科学、文化、教育活动的区域	保护水域及关联岸地、岛屿、林草地等；开展科学、文化、教育活动；旅游；资源利用	水利部门
沙漠公园	以荒漠景观为主体，以保护荒漠生态系统和生态功能为核心，合理利用自然与人文景观资源，开展生态保护及植被恢复、科研监测、宣传教育、生态旅游等活动的特定区域	保护典型性和代表性的荒漠生态系统；科学教育、美学观赏	林业部门
地质公园	以具有特殊地质科学意义，较高的美学观赏价值的地质遗迹为主体，并融合其他自然景观与人文景观而构成的独特的自然区域	保护地质遗迹、自然人文景观；开展科学、文化、教育活动；旅游；资源利用	国土部门

注：作者根据资料总结。

二、总体分布特征

自然公园在维护国家生态安全、保护生物多样性、保存自然遗产和改善生态环境质量等方面发挥了重要作用。本章选择自然公园的主要类型（风景名胜区、地质公园、森林公园、湿地公园、沙漠公园、水利风景区）进行分析。

截至 2017 年底，中国国家级自然保护区、风景名胜区、地质公园、森林公园、湿地公园、沙漠公园、水利风景区共计 3 063 个，占所有保护地的 84.80%。其中包括国家森林公园 881 个，占总数的 28.76%；国家湿地公园 898 个，占总数的 29.32%；国家级风景名胜区 244 个，占总数的 7.97%；国家地质公园 271 个，占总数的 8.84%；国家沙漠公园 55 个，占总数的 1.80%。

以"胡焕庸线"分界来看，自然公园集中分布于东部、中部和南部；分布数量随着地势阶梯的升高倍数递减；中温带、暖温带、北亚热带和中亚热带较多。其中，国家湿地公园、国家地质公园和国家森林公园、水利风景区、沙漠公园等布局呈现资源依赖性特点。①国家级地质公园主要分布在地质构造活动性大、地形变化剧烈或地质遗迹发育完整的区域；②国家级湿地公园集中分布在长江区、松花江区、淮河区和黄河区。国家级风景名胜区的分布呈现景观依赖性特点：由于地质地貌、水资源等是构成景观的重要条件，国家级风景名胜区的布局在这些资源丰富的地区呈现集聚特点。

中国国家级自然公园呈现集聚分布的总体特征，地域性明显，在长江中下游和黄河中下游地区分布较多。从省区分布情况来看，数量上不均衡分布的特征明显，数量最多的是山东、湖南和黑龙江，分别有 240 个、206 个和 189 个，最少的是天津，仅有 9 个，平均每个省区拥有自然保护地 110 个。全国自然保护地平均密度为 3.55 个/万 km²，密度最高的是北京，达到 27.38 个/万 km²，其次是上海（19.04 个/万 km²）和山东（15.27 个/万 km²）；最低的是西藏，只有 0.36 个/万 km²。自然公园表现出明显的集聚分布特征，从最近邻空间系统聚类方法计算热点区，一级热点区覆盖了江苏、浙江、安徽、河南、湖北的大部分区域，以及山东、江西、湖南等省的部分地区。二级热点区分别分布在晋陕豫黄河干流地区、冀鲁豫交界、赣浙闽交界、湘鄂赣交界以及长三角地区。三级热点区分布在东经100°以东的地区，主要位于黄河中下游和长江中下游地区（潘竞虎和徐柏翠，2018）。

三、单类型分布特征

本部分将对七类自然公园各自的特点和空间分布进行分析，其中森林公园、湿地公园、沙漠公园数据收集自国家林业和草原局官网（http://www.forestry.gov.cn/）与湿地中国网（http://www.shidicn.com），风景名胜区、城市湿地公园数据收集自住房和城乡建设部官网（http://www.mohurd.gov.cn）与其他公开信息。以上数据收集截至 2017 年，不含香港、澳门和台湾地区。

（一）国家森林公园

森林公园是指森林景观特别优美，人文景观比较集中，观赏、科学、文化价值高，地理位置特殊，具有一定的区域代表性，旅游服务设施齐全，有较高的知名度，可供人们游览、休息或进行科学、文化、教育活动的场所。森林公园分为国家森林公园、省级森林公园和市、县级森林公园三级。

1999 年，国家林业局制定《中国森林公园风景资源质量等级评定标准》（GB/T 18005—1999）。评价指标分为综合层、项目层、因子层三级，综合层指标 3 个，项目层指标 18 个（表 8-2）。评价总分 50 分，分为三级。

表8-2　国家森林公园评价指标及因子分值

综合评价层与分值（权值）	项目评价层（权值）	评价因子（权值/分）
森林风景资源质量(30分)	地文资源（20分）	典型度（5）、自然度（5）、吸引度（4）、多样度（3）、科学度（3）
	水文资源（20分）	典型度（5）、自然度（5）、吸引度（4）、多样度（3）、科学度（3）
	生物资源（40分）	地带度（10）、珍稀度（10）、吸引度（8）、多样度（6）、科学度（6）
	人文资源（15分）	珍稀度（4）、典型度（4）、多样度（3）、吸引度（2）、利用度（2）
	天象资源（5分）	多样度（1）、珍稀度（1）、典型度（1）、吸引度（1）、利用度（1）
	资源组合状况(1.5分)	组合度
	特色附加（2分）	特殊影响和意义
区域环境质量（10分）	大气质量（2分）	国家大气环境质量一级标准或二级标准
	地表水质量（2分）	国家地面水环境质量一级标准或二级标准
	土壤质量（1.5分）	国家土壤环境质量一级标准或二级标准
	负离子质量（2.5分）	主要景点负离子质量
	空气细菌含量（2分）	空气细菌含量
旅游开发利用条件(10分)	公园面积（1分）	规划面积大于500hm^2
	旅游适游期（1.5分）	适游天数
	区位条件（1.5分）	客源市场
	外部交通（4分）	铁路、公路、水路、航空
	内部交通（1分）	游览通达性
	基础设施条件（1分）	水、点、通信和接待能力

1）一级：40～50分。资源价值和旅游价值高，难以人工再造，应加强保护，制定保全、保存和发展的具体措施。

2）二级：30～39分。资源价值和旅游价值较高，应当在保证其可持续发展的前提下，进行科学、合理的开发利用。

3）三级：20～29分。在开展风景旅游活动的同时进行风景资源质量和生态环境质量的改造。

三级以下的森林公园风景资源，应首先进行资源的质量和环境改善。

中国国家级森林公园的空间分布与森林资源量、区域经济发展水平和交通可达性密切相关，具有东南密集、西北稀疏的特点，东南地区连片高密度分布，西北地区局部零星集聚。东北林区、西南林区、东南林区是主要的分布区域。其中，大别山、山东丘陵、长白山和小兴安岭、大兴安岭、太行山、巫山与雪峰山、南岭、长江中下游、天山、祁连山、雅鲁藏布江等地区是国家森林公园最早的集聚地区；华北平原地区的国家森林公园较少。在时间发展上，表现出数量较多的地区增长速度较快的变化特征。从分布上来看，湖北、陕西、吉林、广西、内蒙古等省份紧邻省界线区域分布多，浙江、山东等地也有较多分布。云南、四川森林资源丰富，但是由于地形条件复杂，经济发展水平不高，交通可达性不高，国家森林公园面积较小（郑茹敏等，2019）。

（二）国家级风景名胜区

国家级风景名胜区是指具有观赏、文化或者科学价值，自然景观、人文景观比较集中，环境优美，可供人们游览或者进行科学、文化活动的区域。风景名胜区是自然文化遗产保护地和重要的生态功能区。风景名胜区包括山岳型、湖泊型、河川型、瀑布型、海岛海滨型、森林型、岩溶型、火山型和人文风景型。

中国风景名胜区的级别划分主要根据公园面积、水陆条件、区位优势等条件进行。《风景名胜区管理暂行条例》按照景物的观赏、文化、科学价值和环境质量、规模大小、游览条件等和市县级、省级、国家重点风景名胜区三级来建设。2006 年出台的《风景名胜区条例》将风景名胜区调整为国家级和省级两个级别。

风景名胜区偏重具有科学文化和观赏价值的自然人文景观。2000 年建设部发布的《风景名胜区规划规范》（GB 50298—1999），对风景名胜资源的综合评价层、项目评价层、因子评价层做了明确规定（表 8-3），并对景源评价分级分为特级、一级、二级、三级、四级五个级别。

表 8-3　风景名胜区资源评价指标层次表

综合评价层与赋值	项目评价层	因子评价层
景源价值（70～80）	欣赏价值	景感度、奇特度、完整度
	科学价值	科技值、科普值、科教值
	历史价值	年代值、知名度、人文值
	保健价值	生理值、心理值、应用值
	游憩价值	功利性、舒适度、承受力
环境水平（20～10）	生态特征	种类值、结构值、功能值
	环境质量	要素值、等级值、灾变率
	设施状况	水电能源、工程管网、环保设施
	监护管理	监测机能、法规配套、机构设置
利用条件（5）	交通通信	便捷性、可靠性、效能
	食宿接待	能力、标准、规模
	客源市场	分布、结构、消费
	运营管理	职能体系、经济结构、居民社会
规模范围（5）	面积、体量	
	空间、容量	

注：来源于《风景名胜区规划规范》（GB 50298—1999）。

1）特级景源：具有珍贵、独特、世界遗产价值和意义，有世界奇迹般的吸引力。

2）一级景源：具有名贵、罕见、国家重点保护价值和国家代表性作用，在国内外著名和有国际吸引力。

3）二级景源：具有重要、特殊、省级重点保护价值和地方代表性作用，在省内外闻名和有省际吸引力。

4）三级景源：具有一定价值和游线辅助作用，有市县级保护价值和相关地区的吸引力。

5）四级景源：具有一般价值和构景作用，有本风景区或当地的吸引力。

《风景名胜区规划规范》规定，按照景区用地规模可分为小型风景区（20km² 以下）、中型风景区（21～100km²）、大型风景区（101～500km²）、特大型风景区（500km² 以上）。同时提出了地理位置和区域分析的评价要求以及保护培育、风景游赏、典型景观、游览设施、基础工程、居民社会调控、经济发展引导、土地利用协调、分期发展 9 个专项规划的要求。

国家级风景名胜区从 1982 年开始由国务院审定公布，截至 2017 年，中国共建立了风景名胜区 1 051 处，其中国家级风景名胜区已经颁布了九批 244 处，总面积达到了 10.66 万 km²，占国土总面积的 1.10%，这些区域属于国家主体功能区划定的禁止开发区，也是国家生态保护红线的管控区（张同升和孙艳芝，2019）。

（三）国家湿地公园

湿地作为全球三大生态系统之一，属于重要的自然资源，为数量庞大的野生动植物提供了不可替代的生境，并为人类提供了重要的淡水资源（Engelhardt and Ritchie，2001；王昌海等，2012）。湿地公园是以湿地景观为主体，以湿地生态系统保护为核心，兼顾湿地生态系统服务功能展示、科普宣教和湿地合理利用示范，蕴涵一定文化或美学价值，可供人们进行科学研究和生态旅游，予以特殊保护和管理的湿地区域（国家林业局，2010）。湿地公园以具有显著或特殊生态、文化、美学和生物多样性价值的湿地景观为主体，具有一定规模和范围，以保护湿地生态系统完整性、维护湿地生态过程和生态服务功能并在此基础上以充分发挥湿地的多种功能效益、开展湿地合理利用为宗旨，可供公众游览、休闲或进行科学、文化和教育活动的特定湿地区域。湿地生态系统的保护管理成为关系国家生态安全的重要内容（Rodriguez and Lougheed，2010；Cui et al.，2015；Hu et al.，2017）。

截至 2017 年底，中国已建 898 处国家湿地公园，包括通过验收的国家湿地公园 248 处，以及国家湿地公园试点 650 处。其中河流型和湖泊型约占 80%。在已建国家湿地公园中，单个国家湿地公园面积普遍不足 50km²，其中面积小于 10km² 的微型和小型国家湿地公园的数量高达 341 个，占总数量的 37.97%，但面积却仅占所有国家湿地公园的 5.31%。虽然面积超过 300km² 的特大型国家湿地公园数量较少，仅占其总数量的 1.78%，但其覆盖的国土面积占国家湿地公园总面积的 35%（张同升和孙艳芝，2019）。分地区来看，国家湿地公园集中分布在长江中下游湿地区、黄河中下游湿地区，两个湿地区所拥有的国家湿地公园数量占全国的近一半，这不仅因为两个湿地区湿地资源比较丰富，而且社会经济状况也相对较好，为国家湿地公园的建设奠定良好的自然条件和物质基础。而青藏高寒湿地区尽管湿地资源非常丰富，但由于社会经济状况较差且地理区位比较偏僻而导致国家湿地公园数量相对较少。分省份来看，呈现中部多、西部较多和东部相对较少的特点，华南、山东、湖北、黑龙江和新疆的国家湿地公园数量多、面积大，数量均超过 50 个。海南、福建和浙江等东部沿海省区国家湿地公园的建设数量和面积均低于全国平均水平，其数量多在 20 个以下，面积不足 500km²。在云贵高原、西北干旱和半干旱地区、近海与海岸地区的国家湿地公园还较少。

（四）国家沙漠公园

国家沙漠公园是以荒漠景观为主体，以保护荒漠生态系统和生态功能为核心，合理利用自然与人文景观资源，开展生态保护及植被恢复、科研监测、宣传教育、生态旅游等活动的特定区域。建设国家沙漠公园要具备以下基本条件：①所在的沙漠生态系统要具有典型性，或者位于全国防沙治沙的重要区位；②国家沙漠公园面积原则上不低于 200hm²，公园中沙漠土地面积一般应占公园总面积的 60% 以上；③区域内水资源能够保证国家沙漠公园生态和其他用水需求；④在防沙治沙的理论研究和生态学、生物学、地学等方面有较高的科学价值；⑤自然和人文景观具有一定丰富度、愉悦度、完整度和奇异度。

为科学指导国家沙漠公园的建设和发展，原国家林业局相继颁布了《国家林业局关于做好国家沙漠公园建设试点工作的通知》（林沙发〔2013〕145 号）和《国家沙漠公园试点建设管理办法》（林沙发〔2013〕232 号），并于 2013 年 8 月在宁夏中卫市设立中国首个国家沙漠公园，截至 2017 年底，中国国家沙漠（石漠）公园共有 103 处。

国家沙漠公园是防沙治沙事业的重要组成部分，对创新治沙新模式、促进区域社会经济可持续发展具有积极意义。相对于其他类型的自然公园，国家沙漠公园建设要依托沙漠资源，主要分布在新疆、甘肃、内蒙古等中国北方沙漠地区。

（五）国家地质公园

地质公园是以具有特殊地质科学意义、较高的美学观赏价值的地质遗迹为主体，并融合其他自然景观与人文景观而构成的一种独特的自然区域。建立地质公园的主要目的有三个：保护地质遗迹及其环境；促进科普教育和科学研究的开展；

合理开发地质遗迹资源，促进所在地区社会经济的可持续发展。

《国家地质公园建设标准》采用分项计分方法，评估项目 3 类 12 个分项因子（表 8-4）。每个分项因子又分为 a、b、c、d 四级，共 48 个评价因子，总分 100 分，得分小于 60 分时，具有否决意义。

表 8-4　地质公园评价指标及因子分值

评估项目与分值	评估因子与分值
自然属性（60）	典型性（15分）、稀有性（17分）、自然性（8分）、系统性和完整性（10分）、优美性（10分）
可保护属性（20）	面积适宜性（6分）、科学价值（8分）、经济和社会价值（6分）
保护管理基础（20）	机构设置与人员配备（4分）、边界划定与土地权属（3分）、基础工作（6分）、管理条件（7分）

注：整理自《国家地质公园评审标准》（试行）。

截至 2017 年，中国正式授权八批共 271 处国家地质公园，主要集中在东部和中部地区，有研究表明全国范围的国家地质公园呈集聚–随机分布状态，空间分布存在密集区与稀疏区并存的现象。东部、西部地区的国家地质公园呈集聚–随机分布，而中部、东北地区的国家地质公园呈随机分布状态，说明东部与西部地区国家地质公园的集聚程度高于中部与东北地区（何小芊和刘策，2019）。各省份拥有的国家地质公园数量差距较大，排名前 10 的省（自治区）有四川、福建、河南、湖南、安徽、山东、广西、甘肃、云南、河北，数量占全国的 50.18%。近年来随着国家地质公园数量的整体增加，省际的不平衡性在逐渐减弱。

（六）国家海洋公园

国家海洋公园是海洋特别保护区的一种类型，以海洋区域内的生物多样性和海洋景观保护为主，兼顾海洋科考、环境教育以及休憩娱乐，使生态环境保护和社会经济发展等目标共同得到较好的满足。2004 年中国建立了第一个国家级海洋特别保护区，2010 年国家海洋局修订了《海洋特别保护区管理办法》，将海洋公园纳入海洋特别保护区体系（彭福伟等，2019），2011 年 5 月 19 日发布了新建 5 处国家级海洋特别保护区和首批 7 处国家级海洋公园的决定。截至 2017 年，国家海洋局发布中国国家级海洋公园共有 42 家，在渤海、黄海、东海和南海均有分布。

国家级海洋特别保护区与海洋公园，将充分发挥海洋特别保护区在协调海洋生态保护和资源利用关系中的重要作用，有效地推进中国海洋特别保护区的规范化建设和管理，促进沿海地区社会经济的可持续发展和海洋生态文明建设。

（七）国家草原自然公园

国家草原自然公园是具有较为典型的草原生态系统特征、有较高的生态保护和合理利用示范价值，以生态保护和草原科学利用示范为主要目的，兼具生态旅游、科研监测、宣教展示功能的特定区域。建设条件包括如下两个。①所在区域的草原生态系统具有典型性和代表性，或区域生态地位重要；或草原生物多样性丰富；或生物物种独特；或草原主体功能及合理利用具有示范性。②面积原则上不低于 500hm²，国家草原自然公园试点中草地面积一般应占公园总面积的 80% 以上；土地所有权、使用权权属无争议，四至清晰，相关权利人同意建设国家草原自然公园；自然景观优美或者具有较高历史文化价值；具有重要或者特殊科学研究、自然教育价值；所在位置交通方便，具有通达性。

2019 年 9 月，为加强草原保护，发展草原旅游，传承草原文化，规范草原合理利用，促进完善以国家公园为主体的自然保护地体系，推动草原自然公园建设，开展了国家草原自然公园创建工作。2020 年 8 月，国家林业和草原局从内蒙古、四川、云南、西藏、甘肃、青海、宁夏、新疆等重点省（自治区）中选取符合条件的区域作为国家草原自然公园建设试点，公布了内蒙古自治区敕勒川等 39 处全国首批国家草原自然公园试点建设名单。标志着中国国家草原自然公园建设正式开启。

四、布局存在问题

自然公园是伴随着人与自然矛盾出现和演化而发展起来的资源保护、管理和利用的技术手段。根据自然资源特点和发展实际需求，自然公园采取不同的分类建设模式，形成了类型多样的体系。这种分类体系最初建立在自然生态系统之上，之后转向基于管理目标的分类系统，并与资源的可持续利用目标相结合（喻泓等，2006）。各类自然公园的分级主要是基于该类型自然保护对象的品质、规模，根据行政区等级进行分等管理。

自然公园目前的这种管理方式是按照自然保护地管理目标进行分类管理的，入选的标准不一，难免出现布局不合理、同一公园多块牌子，同一自然地理单元内相邻、相连的各类自然保护地存在管理分割、孤岛化等问题，导致单一保护目标与经济发展需求脱节等问题，进而造成了空间布局上的困扰。马童慧等（2019）对中国 1 532 个具有空间重叠的自然保护地进行空间分析，发现鲁中山区、太行山、大别山、天目山–怀玉山、皖江等生态功能区的自然保护地重叠最为严重；黑龙江、安徽、山东、河南、湖北、湖南等省范围内的自然保护地空间重叠状况明显高于其他省，而晋冀豫与皖鄂赣这两处三省交界处重叠程度更高，其他多处三省交界区域也存在自然保护地的中度重叠。

上述空间重叠衍生出地方部门的保护资金重复投放和地方政府之间的利益争夺。单一类型的自然公园侧重某类具体资源的保护和利用，如森林公园侧重森林景观，湿地公园侧重湿地景观，水利风景区侧重水域或水利工程，湿地公园侧重湿地景观。自然公园在强调生态资源代表性和典型性的同时，更强调与区域社会经济发展相结合的利用价值，尤其是自然公园在利用生态资源环境发展休闲旅游业时更强调利用。

第四节　中国自然公园布局优化策略

一、自然公园布局优化总体目标

自然公园优化布局要充分考虑与人类活动、经济社会发展之间的关系，保持自然生态系统完整性和生态廊道连通性，维持良好的自然和文化价值，促进生态系统服务能力的功能优化和发展提升，科学确定范围，与国家公园和自然保护区的布局形成良好匹配，做到一个自然保护地一块牌子。

二、自然公园布局优化思路

自然公园是未纳入国家公园、自然保护区的专类自然保护地，包括森林公园、地质公园、湿地公园、海洋公园、沙漠公园等自然生态对象，是前两者的有效补充，自然公园的布局应在上述自然保护地的范围之外。《关于建立以国家公园为主体的自然保护地体系的指导意见》中明确了自然公园兼具自然保护、历史文化遗产保护，以及适当强度的休闲旅游利用，提出自然保护地的"整合优化归并过程中，应当遵从保护面积不减少、保护强度不降低、保护性质不改变的总体要求，遵照强度级别从高到低的原则，整合优化后要做到一个自然保护地只有一套机构，只保留一块牌子"。自然公园的重要性仅次于国家公园和自然保护区，国家公园和自然保护区的建设范围确定之后，有一定保护价值的地域将大部分归为自然公园。

三、自然公园布局优化措施

自然公园是国家公园和自然保护区的重要补充类型，在整个自然保护地体系中起着平衡保护与开发之间的关系、加强各类自然保护地之间的生态连通性和景观完整性的重要作用，因此自然公园的布局优化应加强自然保护地体系在空间布局上的联通能力，能够有利于构建自然保护地的空间廊道，同时又能结合当地区域经济社会发展优势和需求，来达到优化国土生态空间格局、维持生物多样性与自然景观、服务人类社会经济发展的综合目标。

（一）确定自然公园布局优化模式和优先序列

自然公园的优化布局将包括交叉重叠地区整合、不同类型自然公园合并和局地升级等方式，优化调整思路就是要处理好现有主要类型自然公园之间的关系，对同一自然地理单元相连（邻）的自然公园，按照生态系统完整、物种栖息地连通、保护管理统一、游憩利用有效的方式进行合并重组。自然公园布局优化应着力于解决存在的区域交叉、空间重叠、保护管理分割、破碎和孤岛化问题，以"交叉重叠整合、类型功能主导、主体发展意愿、宜高不宜低"的原则开展优化。①交叉重叠整合、类型功能主导。若干交叉、重叠自然保护地整合为一个主导类型的自然保护地。②综合发展主体意愿，同时结合地方管理和责任主体在未来自然保护地建设和利用方面的自身意愿。③挂牌以最高级别为准，宜高不宜低，对于整合后的自然公园，以最高级别进行设置，如一个国家级和若干个省、市或其他地方级合并的应保留国家级牌子。

（二）构建自然公园体系化管理模式

交叉重叠问题形成的重要原因是碎片化、离散式的部门管理，虽然各类自然资源同属于同一自然生态系统，但却被划分为森林、湿地、地质、景观等多种类型，并且每种类型设定时采用的评价方法和指标不同，加之互相之间缺乏沟通交流，各自挂牌建设，从而形成了一地多牌的现象。自然公园整合首先要明确自然公园的主管部门，将不同类型的自然公园归属于同一部门管理，在森林、湿地、风景区层面设置二级体系，并提出相应的管理标准和技术方法，从体制上形成自上而下的统一体系。

（三）通过空间分析和区划等手段优化现有格局

基于上述统一体系建设和重叠区域的整合，在具体操作层面要根据生态地理区划、区域经济社会发展水平、地方居民生产生活需求等多方面因素，综合考虑自然公园的设置。优化需要打破过度集聚、密度过大的不均衡格局，以自然保护和休闲游憩需要为综合导向，寻求全国范围内的均衡发展。在东西部地区科学处理好数量和面积之间的关系，防止数量过多或单体面积过大的现象出现。对于西部地区自然公园建设，更多的要考虑其与当地经济发展之间的密切关系，加强引导和支持西部地区自然资源的利用与价值转化，在评定数量上给予一定的倾斜。对于生态重要性较高的地区，探索以自然公园和区域经济融合发展的新模式，以自然公园新业态植入来促进当地经济增长、社会就业和扶贫建设。

第五节　中国资源保存区概况与布局优化策略

一、中国资源保存区概况

中国资源保存区主要是种质资源保存区，主要包括水产种质资源保护区和畜牧遗传资源保护区，其中水产种质资源保护区是指为保护水产种质资源及其生存环境，在具有较高经济价值和遗传育种价值的水产种质资源的主要生长繁育区域，依法划定并予以特殊保护和管理的区域、滩涂及其毗邻的岛礁、陆域。它是农业农村部依据《中华人民共和国渔业法》《中国水生生物资源养护行动纲要》《水产种质资源保护区管理暂行办法》等有关规定于 2007 年开始建立的，截至 2018 年底，共有 553 处，初步构建了分布广泛、类型多样的水产种质资源保护区网络。

畜牧遗传资源保护区是指国家为保护特定畜禽遗传资源，即畜禽及其卵子（蛋）、胚胎、精液、基因物质等遗传材料，在其原产地中心产区划定的特定区域。它是农业农村部依据《水产种质资源保护区管理暂行办法》和《畜禽遗传资源保种场保护区和基因库管理办法》批准建立的，始建于 2008 年，截至 2016 年底，共建立 23 处。

二、资源保存区布局优化总体目标

资源保存区主要是面向种质资源保护和利用进行优化保护的自然生态区域，包括水产种质资源保护区、农林种质资源保护区等。种质资源是在漫长的生物进化与人类文明发展过程中形成的，是人类发展的最宝贵财富。与其他类型的自然保护地相比，资源保存区主要布局在动植物栖息地相对集中的地区，允许一定程度开发利用。资源保存区建设的总体目标是构建多层次收集保护、多元化开发利用的新格局（鲁飞，2020），解决种质资源库收集、原位保护的区域空间问题，使种质资源保存数量不断增加、保存质量逐步提高，形成中国种质资源保存与利用体系，维护国家物种安全、生态安全，促进经济社会可持续发展。

三、资源保存区布局优化思路

中华人民共和国成立以来，先后开展了多次全国性大规模的农作物、林作物和其他类型种质资源征集与考察搜集，建立了国家种质资源保存长期库、中期库、种质圃、原生境保护点和国家基因库相结合的种质资源保护体系。但是，随着经济社会发展和城镇化进程推进，以及气候变化、外来物种入侵、商品良种大面积推广、国外畜禽品种引进等因素的影响，大量地方品种消失和新品种出现，种质资源仍然存在本底不清、特有资源消失风险加剧、资源保护体系与鉴定设施不完善的问题。

为了促进以上问题的解决，资源保存区建设应坚持异位保存与原位保护相结合、政府主导与高效利用相结合的原则，构建多层次、多元化开发利用和多渠道支持的新格局（颜伟，2020），加强种质资源原生境区域保护层次和力度，推

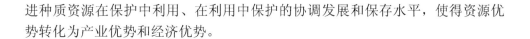

进种质资源在保护中利用、在利用中保护的协调发展和保存水平，使得资源优势转化为产业优势和经济优势。

四、资源保存区布局优化措施

（一）加强种质资源的收集保存，强化农作物种质资源的深度发掘

组织统筹各方力量收集和普查中国种质资源类型和名录，重点和系统调查种质资源起源中心和多样性中心的优异种质资源，对于关键种质资源进行抢救性保护。开展资源保存区的编目、入库保存，定期监测种质资源库和原生境保护点保护资源的活力与遗传完整性，完善种质资源分类管理标准。

（二）构建异地种质资源保存区与种质保存圃相结合的资源保护区体系

支持改扩建一批种质资源库（场、区、圃），新建、扩建一批综合性或专业性基因库、保种场、保护区、原生境保护点，建设一批种质资源中期库、短期库、种质圃，认定登记一批种质资源保护单位，健全农业种质资源保存体系。构建以综合基因库为核心，以保种场、保护区、种质圃和原生境保护点为支撑的完整性种质资源保护地体系，完善并建设一批野生近缘植物原生境保护点，承担野生近缘植物保护和监测，建立加强本区域内特色种质资源的保存设施，作为国家种质资源保护体系的补充。

（三）拓展种质资源保存区功能，建立与种质保存圃、原生境保护点共同组成的种质资源共享利用体系

从现有种质资源库（圃）、品种改良（分）中心等，择优建立一批种质资源鉴定与评价区域分中心，承担适宜该区域生态环境的种质资源精准鉴定，以及引进资源的观察试种等任务。依托现有国家种质资源保存中心，加大对种质资源及其野生近缘植物的保护，建成种质保存库、种质保存圃、原生境保护点和鉴定评价中心为网点的国家种质资源共享利用体系。

第九章 结论与建议

第一节 研究结论

本书基于中国自然保护地的现状和问题的分析，提出了自然保护地空间布局合理性评价指标体系和重要自然保护地分类体系方案，并基于自然保护区、国家公园、自然公园和资源保存区四个类型的特点分析，提出了相应的空间优化布局方法和重点，为中国自然保护地体系建设提供理论借鉴。

（一）构建了重要自然保护地布局合理性评价指标体系

中国自然保护地体系在宏观布局上存在自然保护地覆盖范围与保护需求不完全匹配，在中观上存在自然保护地之间的空间交叠问题突出，在微观上存在功能分区固化的基本问题。保护自然、服务人民和永续发展是中国新型自然保护地体系建设的三大目标，布局合理是中国新型自然保护地体系建设考核的重要内容，应包括保护对象有效覆盖、空间功能持续协调和生态系统服务公平三个方面的内容。本书以中国基础国情和自然保护地建设目标为导向，针对中国重要自然保护地布局出现的问题，将"自然保护地布局合理"分解为保护对象有效覆盖、空间功能持续协调和生态系统服务公平三大维度，结合已有研究，按照独立性、系统性、科学性、可操作原则筛选相应指标，建立了包括保护对象有效覆盖、生态系统服务公平、空间功能持续协调的评估体系。同时遵循保护、效率、公正原则，以中国重要自然保护地布局合理为总体目标，以生态保护有效、生态系统服务公平和空间功能协调为子目标提出自然保护地布局的优化路径。

（二）提出了重要自然保护地的分类体系

遵循保护性、完整性、主导性和系统性原则，强调自然生态系统和生物多样性保护、自然资源的可持续利用，促进所在区域的可持续发展，旨在以自然保护为基础促进区域经济社会的协调发展，实现人地关系和谐的目标。基于这种发展理念，可将自然保护地体系的建设目标分为生态目标、价值目标、功能目标、区域目标四类。生态目标、价值目标至上的自然保护地对应的是最严格保护，生态、价值、功能目标并重的自然保护地对应的是严格保护和重点保护，以传统利用方式维持价值与功能存在的生态系统对应的是重点保护，这样按照最严格保护、严格保护、重点保护、一般保护 4 个层次的保护级别，将中国自然保护地划分为 4 种类型：国家公园、自然保护区、自然公园和资源保存区。

（三）开展了重要自然保护地新体系的优化布局分析

本书系统梳理了自然保护地体系建设在国土生态安全、生态文明制度改革中的重要政策内涵，确定了国家公园、自然保护区、自然公园和资源保存区的优化布局方案。在国家公园方面，本书提出了"全局评价、类型比较"的渐进式评价方法，从自然生态系统本体、自然生态系统服务两个层面，提出了国家公园潜在区域识别的指标体系，具体包括自然生态系统完整性、生态重要性、生物多样性、原真性、自然景观、文化遗产六类。通过单指标层栅格赋值与多指标层综合叠加相结合的方式，对中国国家公园潜在区域进行系统评估，在全国层面遴选出包括黄山、雅鲁藏布大峡谷、羌塘高原、色林错、天山北麓、呼伦贝尔草原等 55 个国家公园潜在区域，其中陆地型国家公园 48 个，海洋型国家公园 7 个。

围绕国家级自然保护区规模不平衡、大型和特大型的国家级自然保护区面积过大、自然保护区网络的布局尚存在保护空缺区域等重要问题，对于国家级自然保护区和全球尺度上的四类数据库（"全球 200"生态区、全球生物多样性关键区域、全球植物多样性中心、全球特有鸟类保护区），结合全国尺度三个数据指标（中国生物多样性优先保护区域、中国生态功能保护区、中国国家重点生态功能区）的空间分析，得到全国尺度上国家级自然保护区的空缺区域和优先保护级别。建议如下。①在东中部地区的优先区分布中，针对主要优先级分布在四级以上的生态地理区，应考虑采用单体自然保护区扩充，与周边保护地打通联系的方式适当扩大保护面积；并且在优先级得分较高的地区考虑将现有较低级别的省级或市县级自然保护区进行合并和升格，以扩大东中部地区重要生态系统的保护区域规模。②西部地区的优先区分布中，分布较广的主要集中在祁连山向南至横断山地区的南北向生态地带中，目前设置的国家级自然保护区数量不多，单体规模面积稍大于东部地区，相对于客观存在的自然生境规模面积较小，因此未来设置中应考虑扩充单体自然保护区的规模，同时大量增设国家级自然保护区，以实现对该地区的充分保护。③东北、西北、西南边境地区，存在着大量优先级别比较重要的生态区域，但是目前设置的国家级自然保护区偏少，未来应以自然保护区的形式进行新增设置，明确自然保护区的空间界限，提高该地区的管理水平和管控标准，以实现生态安全和边境安全的双重管控。

自然公园和资源保存区的生态重要性要低于国家公园和自然保护区，在整个自然保护地体系中起着平衡保护与开发之间的关系、加强各类自然保护地之间的生态连通性和景观完整性的重要作用。自然公园的布局优化应以加强自然保护地体系在空间布局上的联通能力，能够有利于构建自然保护地的空间廊道，并结合当地区域经济社会发展优势和需求，通过布局优化模式和优先序列、构建体系化管理模式，并通过空间分析和区划等手段优化现有格局的方式，来达到优化国土生态空间格局、维持生物多样性与自然景观、服务人类社会经济发展的综合目标。资源保存区优化的总体目标是构建多层次收集保护、多元化开发利用的新格局，解决好种质资源库收集、原位保护的区域空间问题，维护国家物种与生态安全。

第二节　研究建议

本书探讨了中国自然保护地体系优化布局评价方法、自然保护地分类系统以及优化布局，但由于自然保护地体系复杂、数据整合难度较大以及不同学科对于不同类型自然保护地功能认识的差异，因此在今后的研究中还需要注意在以下几个方面加强。

一、深化研究建立自然保护地布局评价的模型方法

本书分析提出了中国自然保护地布局评价的原则性指标，为提升评价结果的应用价值，需要在综合不同类别基础数据的基础上，构建评价模型，完善评价方法，对布局现状与潜力进行定量分析，评估不同尺度国土空间的自然保护地布局合理性，以更加精准地优化空间布局。

二、细化自然保护地体系各类型保护管理方式

本书提出了中国自然保护地一级分类为4种大类18种小类，明确了保护强度，但不同保护对象（如地质遗迹和野生动植物）适宜的保护利用方式具有较大差异，应根据主要保护对象特点和保护管理目标，定性与定量相结合，细分管理类别，进而针对性地实施评估和监督，提高管理效率，优化空间布局。

三、结合多学科成果进行自然保护地体系优化方案的集成

本书以生态地理分区为框架，建立相关指标体系评估了自然保护区、国家公园的优化布局方案，主要思路是基于地理空缺分析的基础上完成中宏观优化方案，但在实际过程中，仍要考虑生物多样性保护热点区域、旗舰物种的生态学方面的因素，因此在今后研究中应当加强不同学科之间的思路和数据融合，形成更全面的集成方案。

四、整合不同门类和部门的数据基础进行综合分析

　　自然保护地体系复杂、数据量极大，不同研究部门对于自然保护地体系的研究各有特色，数据基础也有所差异，在研究中存在数据不全面和偏差问题，因此在未来的研究中建议进行多部门充分合作，统筹自然与人文两种类型数据，实现整合共享，形成更加综合和有效的数据分析基础。

主要参考文献

白效明. 1993. 关于制定我国区域生物多样性中心评价标准的思考. 农村生态环境, (4): 50-53, 64.

白雪红, 王文杰, 蒋卫国, 等. 2019. 气候变化背景下京津冀地区濒危水鸟潜在适宜区模拟及保护空缺分析. 环境科学研究, 32(6): 1001-1011.

蔡秋阳, 高翅. 2015. 不同尺度下国家级风景名胜区规模分布特征探究. 中国园林, 31(12): 87-91.

陈冰, 朱彦鹏, 罗建武, 等. 2015. 云南省国家级自然保护区与其他类型保护地关系分析. 生态经济, 31(12): 129-135.

陈波, 周兴民. 1995. 三种蒿草群落中若干植物种的生态位宽度与重叠分析. 植物生态学报, 19(2): 158-169.

陈君帜. 2016. 建立中国国家公园体制的探讨. 林业资源管理, (5): 13-19, 70.

陈克林. 2019. 湿地学校建设指南. 北京: 中国林业出版社.

陈灵芝. 1993. 生物多样性保护现状及其研究. 植物杂志, (5): 7-9.

陈苹苹. 2004. 美国国家公园的经验及其启示. 合肥学院学报(自然科学版), 14(2): 55-58.

陈雅涵, 唐志尧, 方精云. 2009. 中国自然保护区分布现状及合理布局的探讨. 生物多样性, 17(6): 664-674.

陈阳, 陈安平, 方精云. 2002. 中国濒危鱼类、两栖爬行类和哺乳类的地理分布格局与优先保护区域: 基于《中国濒危动物红皮书》的分析. 生物多样性, 10(4):359-368.

陈耀华, 黄丹, 颜思琦. 2014. 论国家公园的公益性、国家主导性和科学性. 地理科学, 34(3): 257-264.

范边, 马克明. 2015. 全球陆地保护地 60 年增长情况分析和趋势预测. 生物多样性, 23(4): 507-518.

方保华. 2007. 河南省国家级自然保护区陆生脊椎动物保护空缺比较研究. 林业资源管理, (5): 76-81.

付励强, 宗诚, 孔石, 等. 2015. 国家级自然保护区与风景名胜区的空间分布及生态旅游潜力分析. 野生动物学报, 36(2): 218-223.

傅伯杰, 于丹丹, 吕楠. 2017. 中国生物多样性与生态系统服务评估指标体系. 生态学报, 37(2): 341-348.

高吉喜, 徐梦佳, 邹长新. 2019. 中国自然保护地 70 年发展历程与成效. 中国环境管理, 11(4): 25-29.

高洁煌, 蔚东英. 2017. 俄罗斯国家公园的管理制度及对我国的启示. 南京林业大学学报(人文社会科学版), 17(3): 99-106.

高晓龙, 林亦晴, 徐卫华, 等. 2020. 生态产品价值实现研究进展. 生态学报, 40(1): 24-33.

龚心语, 黄宝荣, 张丛林, 等. 2020. 基于旅游生态足迹的神农架国家公园可持续性管理研究. 环境工程技术学报, 10(5): 806-813.

郭建科, 王绍博, 王辉, 等. 2017. 国家级风景名胜区区位优势度综合测评. 经济地理, 37(1): 187-195.

郭子良, 李霄宇, 崔国发. 2013. 自然保护区体系构建方法研究进展. 生态学杂志, 32(8): 2220-2228.

郭子良, 王清春, 崔国发. 2016. 我国自然保护区功能区划现状与展望. 世界林业研究, 29(5): 59-64.

郭子良, 邢韶华, 崔国发. 2017. 自然保护区物种多样性保护价值评价方法. 生物多样性, 25(3): 312-324.

郭子良, 张曼胤, 崔丽娟, 等. 2019. 中国国家湿地公园的建设布局及其动态. 生态学杂志, 38(2): 532-540.

国家林业局. 2010. 国家林业局关于印发《国家湿地公园管理办法（试行）》的通知. http://www.forestry.gov.cn/main/5925/20200414/090421637750747.html [2013-9-17].

郝文康. 1987. 试论我国国家自然公园的建立. 东北林业大学学报, (3): 102-107.

何思源, 苏杨. 2019. 原真性、完整性、连通性、协调性概念在中国国家公园建设中的体现. 环境保护, 47(3): 28-34.

何思源, 苏杨, 罗慧男, 等. 2017. 基于细化保护需求的保护地空间管制技术研究: 以中国国家公园体制建设为目标. 环境保护, 45(2): 50-57.

何思源, 苏杨, 闵庆文. 2019. 中国国家公园的边界、分区和土地利用管理: 来自自然保护区和风景名胜区的启示. 生态学报, 39(4): 1318-1329.

何小芊, 刘策. 2019. 中国国家地质公园空间可达性分析. 山地学报, 37(4): 602-612.

何小芊, 王晓伟, 熊国保, 等. 2014. 中国国家地质公园空间分布及其演化研究. 地域研究与开发, 33(6): 86-91.

何友均, 崔国发, 冯宗炜, 等. 2004. 三江源自然保护区森林-草甸交错带植物优先保护序列研究. 应用生态学报, 15(8):1307-1312.

呼延佼奇, 肖静, 于博威, 等. 2014. 我国自然保护区功能分区研究进展. 生态学报, 34(22): 6391-6396.

黄宝荣, 马永欢, 黄凯, 等. 2018. 推动以国家公园为主体的自然保护地体系改革的思考. 中国科学院院刊, 33(12): 1342-1351.

黄宝荣, 欧阳志云, 郑华, 等. 2006. 生态系统完整性内涵及评价方法研究综述. 应用生态学报, 17(11): 2196-2202.

黄木娇, 杨立, 李学武, 等. 2017. 基于管理目标的自然保护区分类方法研究. 资源开发与市场, 33(9): 1036-1040.

黄木娇, 杨立, 唐小平, 等. 2018. 基于生态服务功能和人类足迹的自然保护区分类. 福建农林大学学报(自然科学版), 47(1): 88-96.

黄如良. 2015. 生态产品价值评估问题探讨. 中国人口·资源与环境, 25(3): 26-33.

纪大伟, 邓红, 马志华. 2010. 天津古海岸与湿地国家级自然保护区范围调整及其必要性研究. 湿地科学与管理, 6(1): 30-33.

江红星, 刘春悦, 侯韵秋, 等. 2010. 3S 技术在鸟类栖息地研究中的应用. 林业科学, 46(7): 155-163.

姜超, 马社刚, 王琦淞, 等. 2016. 中国 5 种主要保护地类型的空间分布格局. 野生动物学报, 37(1): 61-66.

蒋莉, 黄静波. 2015. 罗霄山区旅游扶贫效应的居民感知与态度研究: 以湖南汝城国家森林公园九龙江地区为例. 地域研究与开发, 34(4): 99-104.

蒋明康, 王智, 秦卫华, 等. 2006. 我国自然保护区分级分区管理制度的优化. 环境保护, (21): 34-37.

蒋明康, 王智, 朱广庆, 等. 2004. 基于 IUCN 保护区分类系统的中国自然保护区分类标准研究. 农村生态环境, 20(2): 1-6, 11.

金鉴明, 王礼嫱. 1982. 学习大自然的课堂: 介绍中国自然保护展览. 环境保护, (6): 17-19.

靳川平, 刘晓曼, 王雪峰, 等. 2020. 长江经济带自然保护地边界重叠关系及整合对策分析. 生态学报, 40(20): 7323-7334.

孔石, 曾頔, 杨宇博, 等. 2013. 中国国家级自然保护区与森林公园空间分布差异比较. 东北农业大学学报, 44(11): 56-61.

孔石, 付励强, 宋慧, 等. 2014. 中国自然保护区与国家地质公园空间分布差异. 东北农业大学学报, 45(9): 73-78.

孔洋阳, 韩海荣, 康峰峰, 等. 2013. 莫莫格国家级自然保护区生态评价. 浙江农林大学学报, 30(1): 55-62.

李道进, 逄勇, 钱者东, 等. 2014. 基于景观生态学源: 汇理论的自然保护区功能分区研究. 长江流域资源与环境, 23(S1): 53-59.

李迪强. 2003. 全国林业系统自然保护区体系规划研究. 北京: 中国大地出版社.

李迪强, 蒋志刚, 王祖望. 1999. 青海湖地区生物多样性的空间特征与 GAP 分析. 自然资源学报, 14(1): 48-55.

李东瑾, 毕华. 2016. 中国国家森林公园旅游景区空间结构研究. 中国人口·资源与环境, 26(S1): 274-277.

李南岍, 沈炜, 崔国发. 2005. 浅析自然保护区自然资本评估体系建立. 山东林业科技, (1): 66-68.

李如生. 2005. 美国国家公园管理体制. 北京: 中国建筑工业出版社.

李如生, 厉色. 2003. 保护全球化 跨国界受益: 来自第五届世界公园大会的报告. 中国园林, (11): 73-77.

李士成, 李少伟, 希娜·吉, 等. 2018. 西藏自然保护区现状分析及其空间布局评估. 生态学报, 38(7): 2557-2565.

李文华. 1984. 英国的自然保护. 生态学杂志, (2): 61-64.

李霄宇. 2011. 国家级森林类型自然保护区保护价值评价及合理布局研究. 北京: 北京林业大学博士学位论文.

李鑫, 田卫. 2012. 基于景观格局指数的生态完整性动态评价. 中国科学院研究生院学报, 29(6): 780-785.

李一琳, 丁长青. 2016. 基于 GIS 和 MaxEnt 技术对濒危物种褐马鸡的保护空缺分析. 北京林业大学学报, 38(11): 34-41.

李永忠, 张可荣. 2010. 自然保护区综合评价标准初探. 甘肃林业, (5): 23-25.

李振基, 陈圣宾, 巫渭欢. 2011. 自然保护区的生物多样性测度. 厦门大学学报(自然科学版), 50(2): 471-475.

李铮生. 1985. 日本的自然公园. 中国园林, (2): 24-25.

理查德·福特斯. 2003. 美国国家公园. 大陆桥翻译社, 译. 北京: 中国轻工业出版社.

梁冰瑜, 彭华, 翁时秀. 2015. 旅游发展对乡村社区人际关系的影响研究: 以丹霞山为例. 人文地理, 30(1): 129-134.

刘东来. 1989. 自然保护区经营的探讨: 以松山、大明山、峛岛三个自然保护区为例. 自然资源, (1): 21-28.

刘东来. 1996. 建立保护区经营类型系统促进我国保护区事业的发展. 林业科学, (6): 553-563.

刘广超, 陈建伟. 2004. 我国西部地区生物多样性热点地区的评定与划分. 西部林业科学, 33(3): 18-25.

刘国明, 杨效忠, 林艳, 等. 2010. 中国国家森林公园的空间集聚特征与规律分析. 生态经济, (2): 131-134.

刘鸿雁. 2001. 加拿大国家公园的建设与管理及其对中国的启示. 生态学杂志, 20(6): 50-55.

刘慧明, 高吉喜, 宋创业, 等. 2019. 紫花含笑适宜生境的保护空缺与人类干扰分析. 中国环境科学, 39(9): 3976-3981.

刘亮亮. 2010. 基于 GIS 大连市环境在线监测系统研究与开发. 大连: 大连理工大学硕士学位论文.

刘某承, 王佳然, 刘伟玮, 等. 2019. 国家公园生态保护补偿的政策框架及其关键技术. 生态学报, 39(4): 1330-1337.

刘信中. 1989. 试论我国自然保护区分类和管理体系. 南京林业大学学报(自然科学版), (4): 42-47.

刘沿江, 李雪阳, 梁旭昶, 等. 2019. "在哪里"和"有多少"? 中国雪豹调查与空缺. 生物多样性, 27(9): 919-931.

刘洋, 吕一河. 2008. 旅游活动对卧龙自然保护区社区居民的经济影响. 生物多样性, 16(1): 68-74.

刘映杉. 2012. 国外主要国家保护区分类体系与管理措施. 现代农业科技, (7): 224-225, 228.

卢琦, 赖政华, 李向东. 1995. 世界国家公园的回顾与展望. 世界林业研究, (1): 34-40.

卢元平, 徐卫华, 张志明, 等. 2019. 中国红树林生态系统保护空缺分析. 生态学报, 39(2): 684-691.

鲁飞. 2020. 保护种质资源 保障国家粮食安全. 农经, (5): 40-43.

栾晓峰, 黄维妮, 王秀磊, 等. 2009. 基于系统保护规划方法东北生物多样性热点地区和保护空缺分析. 生态学报, 29(1): 144-150.

罗金华. 2013. 中国国家公园设置及其标准研究. 福州: 福建师范大学博士学位论文.

吕偲, 曾晴, 雷光春. 2017. 基于生态系统服务的保护地分类体系构建. 中国园林, 33(8): 19-23.

马建章. 1992. 以经济建设为中心, 开创我国野生动物养殖业的新局面. 野生动物, (1): 12-14.

马克平. 2001. 中国生物多样性热点地区(Hotspot)评估与优先保护重点的确定应该重视. 植物生态学报, 25(1): 124-125.

马乃喜, 张阳生. 1986. 塔里木河流域胡杨林带和博斯腾湖水资源的保护. 西北大学学报(自然科学版), (3): 107-112.

马童慧, 吕偲, 雷光春. 2019. 中国自然保护地空间重叠分析与保护地体系优化整合对策. 生物多样性, 27(7): 758-771.

孟宪民. 2007. 美国国家公园体系的管理经验: 兼谈对中国风景名胜区的启示. 世界林业研究, 20(1): 75-79.

闵庆文, 马楠. 2017 生态保护红线与自然保护地体系的区别与联系. 环境保护, 45(23): 26-30.

倪健, 陈仲新, 董鸣, 等. 1998. 中国生物多样性的生态地理区划. 植物学报, (4): 83-95.

欧阳志云, 徐卫华. 2014. 整合我国自然保护区体系, 依法建设国家公园. 生物多样性, 22(4): 425-427.

欧阳志云, 杜傲, 徐卫华. 2020. 中国自然保护地体系分类研究. 生态学报, 40(20): 7207-7215.

欧阳志云, 肖寒, 韩艺师, 等. 2000. 区域自然保护区体系规划方法及其在海南岛保护区规划中的应用. 见: 中国生态学学会. 生态学的新纪元: 可持续发展的理论与实践. 北京: 中国生态学学会: 4(未正式发表资料).

潘鹤思, 李英, 柳洪志. 2019. 央地两级政府生态治理行动的演化博弈分析: 基于财政分权视角. 生态学报, 39(5): 1772-1783.

潘竟虎, 徐柏翠. 2018. 中国国家级自然保护地的空间分布特征与可达性. 长江流域资源与环境, 27(2): 353-362.

潘竟虎, 张建辉. 2014. 中国国家湿地公园空间分布特征与可接近性. 生态学杂志, 33(5): 1359-1367.

彭福伟, 李俊生, 袁淏, 等. 2019. 建立国家公园体制总体方案研究. 北京: 中国环境出版社.

彭琳, 赵智聪, 杨锐. 2017. 中国自然保护地体制问题分析与应对. 中国园林, 33(4): 108-113.

彭杨靖, 樊简, 邢韶华, 等. 2018. 中国大陆自然保护地概况及分类体系构想. 生物多样性, 26(3): 315-325.

权佳, 欧阳志云, 徐卫华, 等. 2009. 中国自然保护区管理有效性的现状评价与对策. 应用生态学报, 20(7): 1739-1746.

沈祥. 2021. 浅谈国土空间规划体系下自然公园规划. 现代园艺, 44(10): 51-52.

石金莲, 卢春天. 2015. 自然保护区旅游可持续发展评估研究现状及展望. 世界林业研究, 28(1): 18-22.

石金莲, 李俊清, 李绍泉, 等. 2003. 辽宁老秃顶子国家级自然保护区评价. 林业科学研究, 16(6): 720-725.

束晨阳. 2016. 论中国的国家公园与保护地体系建设问题. 中国园林, 32(7): 19-24.

宋秉明. 2001. 美国与加拿大国家公园与原住民互动关系之比较. 国家公园学报, 11(1): 96-114.

宋秀杰, 赵彤润. 1997. 松山自然保护区的生态评价. 环境科学, 18(4): 77-79, 96-97.

苏杨, 郭婷. 2017-11-20. 建立国家公园体制强化自然资源资产管理. 中国环境报, 第 3 版.

苏杨, 何思源, 王宇飞, 等. 2018. 中国国家公园体制建设研究. 北京: 社会科学文献出版社.

苏杨, 汪昌极. 2006. 美国自然文化遗产管理经验及对中国有关改革的启示. 中国发展, (1): 38-42.

苏杨, 王蕾. 2015. 中国国家公园体制试点的相关概念、政策背景和技术难点. 环境保护, 43(14): 17-23.

谭勇, 何东进, 游巍斌, 等. 2014. 福建省自然保护区生物多样性保护的 GAP 分析. 福建农林大学学报(自然科学版), 43(3): 251-255.

唐芳林. 2010. 中国国家公园建设的理论与实践研究. 南京: 南京林业大学博士学位论文.

唐芳林, 王梦君, 黎国强. 2017. 国家公园功能分区探讨. 林业建设, (6): 1-7.

唐小平. 2005. 中国自然保护区网络现状分析与优化设想. 生物多样性, 13(1): 81-88.

唐小平. 2014. 中国国家公园体制及发展思路探析. 生物多样性, 22(4): 427-431.

唐小平. 2016. 中国自然保护区从历史走向未来. 森林与人类, (11): 24-35.

唐小平, 栾晓峰. 2017. 构建以国家公园为主体的自然保护地体系. 林业资源管理, (6): 1-8.

唐小平, 蒋亚芳, 刘增力, 等. 2019. 中国自然保护地体系的顶层设计. 林业资源管理, (3): 1-7.

陶一舟, 赵书彬. 2007. 美国保护地体系研究. 环境与可持续发展, (4): 40-42.

田美玲, 方世明. 2017. 中国国家公园准入标准研究述评: 以 9 个国家公园体制试点区为例. 世界林业研究, 30(5): 62-68.

王昌海, 崔丽娟, 马牧源, 等. 2012. 湿地资源保护经济学分析: 以北京野鸭湖湿地为例. 生态学报, 32(17): 5337-5344.

王德国, 邢韶华, 崔国发, 等, 2008. 甘肃连城自然保护区8种主要森林类型的植物物种多样性研究. 西部林业科学, 37(3): 51-55.

王洪涛. 2008. 德国自然公园的建设与管理. 城乡建设, (10): 73-75.

王欢欢. 2008. 三江并流区域保护区重叠的法律问题研究. 见: 中国法学会环境资源法学研究会, 水利部, 河海大学. 水资源可持续利用与水生态环境保护的法律问题研究. 南京: 2008 年全国环境资源法学研讨(年会)论文集: 5(未正式发表资料).

王瑾, 张玉钧, 石玲. 2014. 可持续生计目标下的生态旅游发展模式: 以河北白洋淀湿地自然保护区王家寨社区为例. 生态学报, 34(9): 2388-2400.

王连勇. 2003. 加拿大国家公园规划与管理: 探索旅游地可持续发展的理想模式. 重庆: 西南师范大学出版社.

王梦君, 唐芳林, 孙鸿雁, 等. 2014. 国家公园的设置条件研究. 林业建设, (2): 1-6.

王秋凤, 于贵瑞, 何洪林, 等. 2015. 中国自然保护区体系和综合管理体系建设的思考. 资源科学, 37(7): 1357-1366.

王献溥. 1980. 关于保护区的类型和管理问题. 东北林学院学报, (2): 1-6.

王献溥. 1989. 自然保护区简介(十二) 中国自然保护区的现况和发展. 植物杂志, (4): 4-7.

王献溥, 郭柯. 2005. 中国保护区分类的研究. 植物资源与环境学报, 14(2): 49-53.

王心怡, 张晋石. 2016. 法国区域自然公园评述. 风景园林, (12): 81-89.

王应临, 杨锐, 埃卡特·兰格. 2013. 英国国家公园管理体系评述. 中国园林, 29(9): 11-19.

王智, 柏成寿, 徐网谷, 等. 2011. 我国自然保护区建设管理现状及挑战. 环境保护, (4): 18-20.

王智, 蒋明康, 朱广庆, 等. 2004. IUCN 保护区分类系统与中国自然保护区分类标准的比较. 农村生态环境, 20(2): 72-76.

魏钰, 雷光春. 2019. 从生物群落到生态系统综合保护: 国家公园生态系统完整性保护的理论演变. 自然资源学报, 34(9): 1820-1832.

魏钰, 何思源, 雷光春, 等. 2019. 保护地役权对中国国家公园统一管理的启示: 基于美国经验. 北京林业大学学报(社会科学版), 18(1): 70-79.

温战强, 高尚仁, 郑光美. 2008. 澳大利亚保护地管理及其对中国的启示. 林业资源管理, (6): 117-124.

吴波, 朱春全, 李迪强, 等. 2006. 长江上游森林生态区生物多样性保护优先区确定: 基于生态区保护方法. 生物多样性, 14(2): 87-97.

吴承照, 刘广宁. 2017. 管理目标与国家自然保护地分类系统. 风景园林, (7): 16-22.

吴后建, 但新球, 王隆富, 等. 2015. 中国国家湿地公园的空间分布特征. 中南林业科技大学学报, 35(6): 50-57.

吴佳雨. 2014. 国家级风景名胜区空间分布特征. 地理研究, 33(9): 1747-1757.

夏涛, 陈尚, 郝林华, 等. 2017. 海洋国家公园建设优先区研究. 环境保护, 45(14): 34-38.

夏友照, 解焱, John M. 2011. 保护地管理类别和功能分区结合体系. 应用与环境生物学报, 17(6): 767-773.

肖玉, 谢高地, 鲁春霞, 等. 2016. 基于供需关系的生态系统服务空间流动研究进展. 生态学报, 36(10): 3096-3102.

谢凝高. 1995. 世界国家公园的发展和对我国风景区的思考. 城乡建设, (8): 24-26.

解焱. 2016. 我国自然保护区与 IUCN 自然保护地分类管理体系的比较与借鉴. 世界环境, (S1): 53-56.

解焱, 李典谟, MacKinnon J. 2002. 中国生物地理区划研究. 生态学报, 22(10): 1599-1615.

徐基良. 2006. 我国自然保护区分类、分级与分区管理. 林业工作研究, (7): 8-14.

徐基良, 李建强, 刘影. 2014. 各具特色的国家公园体系. 森林与人类, (5): 118-124.

徐网谷, 王智, 钱者东, 等. 2015. 中国自然保护区范围界定和有效保护面积现状分析. 生态与农村环境学报, 31(6): 791-795.

徐卫华. 2002. 中国陆地生态系统自然保护区体系规划. 长沙: 湖南农业大学硕士学位论文.

徐志高. 2012. 西藏芒康滇金丝猴国家级自然保护区范围与功能区调整初探. 中南林业调查规划, 31(4): 39-41, 45.

薛达元. 2014. 中国生物多样性保护新战略:《中国生物多样性保护战略与行动计划(2011—2030年)》. 科技成果管理与研究, (4): 83.

薛达元, 蒋明康, 王献溥. 1993. 我国自然保护区级别划分标准的研究. 农村生态环境, (2): 1-4, 66.

颜伟. 2020. 加强地方种质资源保护 促进种业发展和乡村振兴. 江苏农村经济, (5): 32-34.

晏路明. 2007. 福建农业经济可持续发展区域差异的空间叠置分析. 农业系统科学与综合研究, 23(1): 10-14, 18.

燕然然, 蔡晓斌, 王学雷, 等. 2013. 长江流域湿地自然保护区分布现状及存在的问题. 湿地科学, 11(1): 136-144.

杨洪, 贺喜, 袁开国. 2014. 湖南地质公园旅游开发研究. 经济地理, 34(8): 180-185.

杨嘉陵, 任俐坚. 2012. 浅谈四川省自然保护区功能区划. 四川林勘设计, (3): 35-36, 40.

杨明举, 白永平, 张晓州, 等. 2013. 中国国家级风景名胜区旅游资源空间结构研究. 地域研究与开发, 32(3): 56-60.

杨锐. 2001. 美国国家公园体系的发展历程及其经验教训. 中国园林, (1): 62-64.

杨锐. 2003. 美国国家公园规划体系评述. 中国园林, 19(1): 44-47.

杨锐. 2004. 美国国家公园入选标准和指令性文件体系. 世界林业研究, 17(2): 36, 64.

杨锐. 2015. 防止中国国家公园变形变味变质. 环境保护, 43(14): 34-37.

杨瑞卿, 肖扬. 2000. 太白山国家级自然保护区的生态评价. 地理学与国土研究, 16(1): 75-78.

杨振, 程鲲, 付励强, 等. 2017. 东北林业系统自然保护区、森林公园和湿地公园的空间重叠分析. 生态学杂志, 36(11): 3305-3310.

姚帅臣, 闵庆文, 焦雯珺, 等. 2019. 面向管理目标的国家公园生态监测指标体系构建与应用. 生态学报, 39(22): 8221-8231.

姚帅臣, 闵庆文, 焦雯珺, 等. 2021. 基于管理分区的神农架国家公园生态监测指标体系构建. 长江流域资源与环境, 30(6): 1511-1520.

姚天冲, 周自达. 2020. 关于建设国家草原自然公园的思考. 草原与草业, 32(4): 14-19.

姚维岭, 陈建强. 2011. 基于空间分异视角的国家地质公园区域协同发展研究. 资源与产业, 13(4): 93-98.

尹晶萍, 樊国胜, 段晓梅, 等. 2009. 兰属植物分布模型和保护空缺分析. 河北林业科技, (1): 39-41.

尤·依·彼尔谢涅夫, 王凤昆. 2007. 俄罗斯生态保护构架: 特别自然保护区域体系. 野生动物,

28(1): 39-41.

游巍斌, 俞建安, 陈炳容, 等. 2015. 世界双遗产地武夷山风景名胜区居民旅游感知分析. 生态与农村环境学报, 31(6): 844-852.

余文刚, 罗毅波, 金志强. 2006. 海南岛野生兰科植物多样性及其保护区域的优先性. 植物生态学报, 30(6): 911-918.

俞孔坚, 李迪华, 段铁武. 1998. 生物多样性保护的景观规划途径. 生物多样性, 6(3): 205-212.

喻泓, 罗菊春, 崔国发, 等. 2006. 自然保护区类型划分研究评述. 西北农业学报, 15(1): 104-108.

袁朱. 2007. 国外有关主体功能区划及其分类政策的研究与启示. 中国发展观察, (2): 54-56.

曾贤刚, 虞慧怡, 谢芳. 2014. 生态产品的概念、分类及其市场化供给机制. 中国人口·资源与环境, 24(7): 12-17.

张昌贵, 李景侠, 强晓鸣. 2009. 陕西牛背梁国家级自然保护区生态评价. 西北农林科技大学学报(自然科学版), 37(2): 73-80.

张丛林, 陈伟毅, 黄宝荣, 等. 2020. 国家公园旅游可持续性管理评估指标体系: 以西藏色林错-普若岗日冰川国家公园潜在建设区为例. 生态学报, 40(20): 7299-7311.

张建亮, 王智, 徐网谷. 2019. 以国家公园为主体的自然保护地分类方案构想. 南京林业大学学报(人文社会科学版), 19(3): 57-69.

张进伟. 2012. 云南省国家公园与社区旅游利益分配制度必要性研究. 经济研究导刊, (34): 163-164.

张路, 欧阳志云, 徐卫华, 等. 2010. 基于系统保护规划理念的长江流域两栖爬行动物多样性保护优先区评价. 长江流域资源与环境, 19(9): 1020-1028.

张娜, 吴承照. 2014. 自然保护区的现实问题与分区模式创新研究. 风景园林, (2): 126-131.

张倩, 李文军. 2006. 新公共管理对中国自然保护区管理的借鉴: 以加拿大国家公园改革为例. 自然资源学报, 21(3): 417-423.

张荣祖. 1999. 二十一世纪东亚保护地策略: 第三次东西保护地会议简报. 山地学报, (4): 399-400.

张同升, 孙艳芝. 2019. 中国国家级风景名胜区的空间特征和价值功能. 城市发展研究, 26(8): 6-12.

张香菊, 钟林生. 2021. 基于空间正义理论的中国自然保护地空间布局研究. 中国园林, 37(2): 71-75.

张晓. 2001. 挪威国家公园: 国家遗产的重要组成部分. 见: 张晓, 郑玉歆. 中国自然文化遗产资源管理. 北京: 社会科学文献出版社: 399-414.

张晓妮, 王忠贤. 2011. 太白山自然保护区生态旅游开发的 SWOT 分析. 西北林学院学报, 26(1): 199-204.

赵金崎, 桑卫国, 闵庆文. 2020. 以国家公园为主体的保护地体系管理机制的构建. 生态学报, 40(20): 7216-7221.

赵淑清, 方精云, 雷光春. 2000. 全球200: 确定大尺度生物多样性优先保护的一种方法. 生物多样性, 8(4): 435-440.

赵智聪, 彭琳, 杨锐. 2016. 国家公园体制建设背景下中国自然保护地体系的重构. 中国园林, 32(7): 11-18.

郑度. 2008. 中国生态地理区域系统研究. 北京: 商务印书馆.

郑茹敏, 梅林, 付占辉, 等. 2019. 中国国家森林公园时空演变特征及其影响因素分析. 资源开发与市场, 35(2): 197-202, 215.

中共中央办公厅, 国务院办公厅. 2017. 建立国家公园体制总体方案. http://politics.people.com.cn/n1/2017/0927/c1001-29561108.html. [2017-9-27].

中共中央办公厅, 国务院办公厅. 2019. 建立以国家公园为主体的自然保护地体系. http://legal.people.com.cn/n1/2019/0627/c42510-31199363.html. [2019-9-27].

钟林生, 周睿. 2017. 国家公园社区旅游发展的空间适宜性评价与引导途径研究: 以钱江源国家公园体制试点区为例. 旅游科学, 31(3): 1-13.

钟林生, 邓羽, 陈田, 等. 2016. 新地域空间: 国家公园体制构建方案讨论. 中国科学院院刊, 31(1): 126-133.

周大庆, 夏欣, 张昊楠, 等. 2015. 中国自然植被就地保护现状评价. 生态与农村环境学报, 31(6): 796-801.

周睿, 钟林生, 刘家明, 等. 2016. 中国国家公园体系构建方法研究: 以自然保护区为例. 资源科学, 38(4): 577-587.

周鑫, 黄治昊, 张孝然, 等. 2017. 京津冀地区自然植被保护与自然保护区布局研究. 生态科学, 36(1): 64-71.

朱春全. 2014. 关于建立国家公园体制的思考. 生物多样性, 22(4): 418-420.

朱靖. 1980. 自然保护. 生物学通报, (1): 24-28.

朱靖. 1990. 中国的自然保护. 生态学报, (1): 54-60.

朱里莹, 徐姗, 兰思仁. 2017. 中国国家级保护地空间分布特征及对国家公园布局建设的启示. 地理研究, 36(2): 307-320.

朱忠福. 2018. 九寨沟功能分区存在的问题与对策研究. 无锡商业职业技术学院学报, 18(2): 35-39.

庄优波. 2014. 德国国家公园体制若干特点研究. 中国园林, 30(8): 26-30.

庄优波. 2018. IUCN 保护地管理分类研究与借鉴. 中国园林, 34(7): 17-22.

邹统钎, 余繁华, 徐慧君. 2013. 基于 GAP 分析的自然保护区管理效率评析. 资源科学, 35(9): 1877-1883.

Borrini F G, Dudley N, Jaeger T, et al. 2017. IUCN 自然保护地治理: 从理解到行动. 朱春全, 李叶, 赵云涛, 等译. 北京: 中国林业出版社.

Davey A G. 2005. 保护区国家系统规划. 王智, 译. 北京: 中国环境科学出版社.

Dudley N. 2015. IUCN 自然保护地管理分类应用指南. 朱春全, 欧阳志云, 等译. 北京: 中国林业出版社.

Pigram J J, Jenkins J M. 2011. 户外游憩管理. 高峻, 朱璇, 吴云, 等译. 重庆: 重庆大学出版社.

Primack R B, 马克平, 蒋志刚. 2014. 保护生物学. 北京: 科学出版社.

Angermeier P L, Karr J R. 1994. Biological integrity versus biological diversity as policy directives: protecting biotic resources. Bioscience, 44(10): 690-697.

Bailey R G, Hogg H C. A world ecoregions map for resource reporting. Environmental Conservation. 13(3):195-202.

Brito C, Crespo E G, Paulo O S. 1999. Modelling wildlife distributions: logistic multiple regression vs overlap analysis. Ecography, 22(3): 251-260.

Brooks J S, Franzen M A, Holmes C M, et al. 2006. Testing hypotheses for the success of different conservation strategies. Conservation Biology, 20(5): 1528-1538.

Buckley R. 2012. Sustainable tourism: research and reality. Annals of Tourism Research, 39(2):

528-546.

Burley F W. 1988. Monitoring biological diversity for setting priorities in conservation in biodiversity. Washington DC: National Academy Press.

Cantú C, Wright R G, Scott J M, *et al.* 2004. Assessment of current and proposed nature reserves of Mexico based on their capacity to protect geophysical features and biodiversity. Biological Conservation, 115(3): 411-417.

Catullo G, Masi M, Falcucci A, *et al.* 2008. A gap analysis of southeast Asian mammals based on habitat suitability models. Biological Conservation, 141(11): 2730-2744.

Cowling R M, Pressey R L. 2003. Introduction to systematic conservation planning in the cape Floristic region. Conservation Biology, 112(1-2): 1-13.

Cui L L, Li G S, Liao H J, *et al.* 2015. Integrated approach based on a regional habitat succession model to assess wetland landscape ecological degradation. Wetlands, 35(2): 281-289.

De Klerk H M, Fjeldsa J, Blyth S, *et al.* 2004. Gaps in the protected area network for threatened Afrotropical birds. Biological Conservation, 117(5): 529-537.

Devictor V, Godet L, Julliard R. 2007. Can common species benefit from protected areas. Biological Conservation, 139(1-2): 29-36.

Dudley N. 2008. Guidelines for applying protected area management categories. Gland: IUCN.

Engelhardt K A M, Ritchie M E. 2001. Effects of macrophyte species richness on wetland ecosystem functioning and services. Nature, 411(6838): 687-689.

Forbes G, Woodley S, Freedman B. 2003. Making ecosystem-based science into guidelines for ecosystem-based management: the greater fundy ecosystem experience. Parks and Heritage, 7: 103-112.

Groves C R, Jensen D B, Valutis L L. 2002. Planning for biodiversity conservation: putting conservation science into practice. Bioscience, 52(6):499-512.

Guo Z, Cui G. 2015. Establishment of nature reserves in administrative regions of mainland China. PLoS ONE, 10(3): e0119650.

Hay G J, Marceau D J, Dubé P, *et al.* 2001. A multiscal framework for landscape analysis: object-specific analysis and upscaling. Landscape Ecology, 16: 471-490.

Holdgate M. 1999. The green web: a union for world conservation. London: Earthscan Publications Ltd.

Hopton M E, Mayer A L. 2006. Using self-organizing maps to explore patterns in species richness and protection. Biodiversity and Conservation, 15(14): 4477-4494.

Hu S J, Niu Z G, Chen Y F, *et al.* 2017. Global wetlands: potential distribution, wetland loss, and status. Science of the Total Environment, 586: 319-327.

Huang G L, Zhou W Q, Ali S. 2011. Spatial patterns and economic contributions of mining and tourism in biodiversity hotspots: a case study in China. Ecological Economics, 70(8): 1492-1498.

James K R. 1994. Measuring biological integrity. *In*: Meffe G K, Carroll C R. Principles of conservation biology. Sunderland: Sinauer Associates Inc: 483-485.

Jennings M D. 2000. GAP analysis: concepts, methods and recent results. Landscape Ecology, 15(1): 5-20.

Kreft H, Jetz W. 2010. A framework for delineating biogeographical regions based on species distributions. Journal of Biogeography, 37(11): 2029-2053.

Locke H, Dearden P. 2005. Rethinking protected area categories and the new paradigm. Environmental Conservation, 32(1): 1-10.

Maiorano L, Falcucci A, Boitani L. 2006. Gap analysis of terrestrial vertebrates in Italy: priorities for conservation planning in a human dominated landscape. Biological Conservation, 133(4): 455-473.

Margules C R, Pressey R L. 2000. Systematic conservation planning. Nature, 405(6783): 243-253.

McNamee K. 1993. From wild places to endangered spaces: a history of Canada's national park. *In*: Dearden P. Parks and Protected Areas in Canada: planning and management. Toronto: Oxford University Press: 17-44.

Myers N. 1988. Tropical deforestation and climatic-change. Environmental Conservation, 15(4): 293-298.

Myers A A, De Grave S. 2000. Endemism: origins and implications. Vie et Milieu-Life and Environment, 50(4): 195-204.

National Parks Service. 2005. The Naitonal parks. Index 2005-2007. Washington DC: U. S. Department of the Interior(Informally published data).

Ocampo L, Ebisa J A, Ombe J, *et al*. 2018. Sustainable ecotourism indicators with Fuzzy Delphi Method: a Philippine perspective. Ecological Indicators, 93: 874-888.

Oldfield T E E, Smith R J, Harrop S R, *et al*. 2004. A gap analysis of terrestrial protected areas in England and its implications for conservation policy. Biological Conservation, 120(3): 303-309.

Olson D M, Dinerstein E. 1998. The global 200: A representation approach to conserving the Earth's most biologically valuable ecoregions. Conservation Biology, 12(3): 502-515.

Park H B, Vincent C E. 2007. Evolution of Scroby Sands in the east Anglian coast, UK. Journal of Coastal Research, (50): 868-873.

Pearlstine L G, Smith S E, Brandt L A, *et al*. 2002. Assessing state-wide biodiversity in the Florida GAP Analysis project. Journal of Environmental Management, 66(2): 127-144.

Pimm S L, Lawton J H. 1998. Ecology-planning for biodiversity. Science, 279(5359): 2068-2069.

Prentice I C, Cramer W, Harrison S P, *et al*. 1992. A global biome model: predicting global vegetation patterns from plant physiology and dominance, soil properties and climate. Journal of Biogeography, 19(2): 117-134.

Riggio J, Jacobson A P, Hijmans R J, *et al*. 2019. How effective are the protected areas of East Africa? Global Ecology and Conservation, 17: e00573.

Rodriguez R, Lougheed V. 2010. The potential to improve water quality in the middle Rio Grande through effective wetland restoration. Water Science and Technology, 62(3): 501-509.

Rodrigues A S L, Akçakaya H R, Andelman S J, *et al*. 2004. Global gap analysis: priority regions for expanding the Global Protected-Area Network. Bioscience, 54(12): 1092-1100.

Rylands A B, Mittermeier R A, Rodriguez-Luna E. 1997. Conservation of neotropical primates: threatened species and an analysis of primate diversity by country and region. Folia Primatologica, 68(3-5): 134-160.

Sayre R, Karagulle D, Frye C, *et al*. 2020. An assessment of the representation of ecosystems in global protected areas using new maps of world climate regions and world ecosystems. Global Ecology and Conservation, 21: e00860.

Schultz J, Jordan I, Jordan D. 1995. The ecozones of the world: the ecological divisions of the geosphere. Berlin: Springer Verlag.

Scott J M, Davis F W, Csuti B, *et al*. 1993. Gap analysis: a geographic approach to protection of biological diversity. Journal of Wildlife Management, 57(4): 673.

Scott J M, Davis F W, Mc Ghie R G, *et al*. 2001. Nature reserves: do they capture the full range of America's biological diversity? Ecological Applications, 11(4): 999-1007.

SEDAC(Socioeconomic Data and Application Center). 2017. Global human footprint(geographic), V2 (1995−2004). http://sedac.ciesin.columbia.edu/ [2017-3-19].

Su X K, Han W Y, Liu G H, *et al.* 2019. Substantial gaps between the protection of biodiversity hotspots in alpine grasslands and the effectiveness of protected areas on the Qinghai-Tibetan Plateau, China. Agriculture, Ecosystems & Environment, 278: 15-23.

Sun S, Sang W, Axmacher J C. 2020. China's national nature reserve network shows great imbalances in conserving the country's mega-diverse vegetation. Science of The Total Environment, 717: 137-159.

Tang Z Y, Wang Z H, Zheng C Y, *et al.* 2006. Biodiversity in China's mountains. Frontiers in Ecology and the Environment, 4(7): 347-352.

Thede A K, Haider W, Rutherford M B. 2014. Zoning in antional parks: are Canadian zoning practice outdated? Journal of Sustainable Tourism, 22(4): 626-645.

UNEP-WCMC, IUCN, NGS. 2018. Protected planet report 2018. https://www.planeta.com/protected-planet-2018/ [2018-11-18].

Watson J E M, Dudley N, Segan D B, *et al.* 2014. The performance and potential of protected areas. Nature, 515(7525): 67-73.

World Bank. 2015. Data of China. http://data.worldbank.org/country/china [2021-2-5].

Wright P, Rollins R. 2002. Managing the national parks. *In*: Dearden P. Parks and protected areas in Canada, planning and management, 2nd ed. Oxford: Oxford University Press.

Wu J G, Gong Y Z, Wu J J. 2018. Spatial distribution of nature reserves in China: driving forces in the past and conservation challenges in the future. Land Use Policy, 77: 31-42.

Xu W, Li X, Pimm S L, *et al.* 2016. The effectiveness of the zoning of China's protected areas. Biological Conservation, 204(Part B): 231-236.

Yamamoto M, Furuido H, Kujirai Y. 2009. Reflections on zoning translated document and bibliographic note: a forty-year history of French regional natural parks. Forest Economy, 62(3): 11-29.

Yang H B, Viña A, Winkler J A, *et al.* 2109. Effectiveness of China's protected areas in reducing deforestation. Environmental science and pollution research international, 26(18): 18651-18661.

York P, Evangelista P, Kumar S, *et al.* 2011. A habitat overlap analysis derived from maxent for tamarisk and the south-western willow flycatcher. Frontiers of Earth Science, 5(2): 120-129.

Young K R. 1993. National Park protection in relation to the ecological zonation of a neighboring human community: an example from northern Peru. Mountain Research and Development, 13(3): 267-280.

Zhang L B, Luo Z H, Mallon D, *et al.* 2017. Biodiversity conservation status in China's growing protected areas. Biological Conservation, 210(Part B): 89-100.

Zhong L, Buckley R C, Wardle C, *et al.* 2015. Environmental and visitor management in a thousand protected areas in China. Biological Conservation, 181: 219-225.